72 小时 精通

Dreamweaver CS6
网页制作

九州书源◎编著

清华大学出版社
北京

内 容 简 介

《Dreamweaver CS6网页制作》一书详细而又全面地介绍了使用Dreamweaver CS6制作网页的相关知识，主要内容包括网页设计基础，Dreamweaver CS6的基本操作，认识网页布局，网页元素的添加，超级链接和Spry菜单的使用，多媒体对象的使用，认识HTML和CSS，使用Div+CSS布局网页，表单的交互性，行为和Spry面板的使用，模板、库和扩展的管理应用以及动态网站的应用等。最后一章还通过制作静态网页和动态网页对网页制作的相关知识和操作进行了综合演练。

本书内容全面，图文对应，讲解深浅适宜，叙述条理清晰，并配有多媒体教学资源包，对网页制作初、中级用户有很大的帮助。本书适用于公司职员、在校学生、教师以及各行各业相关人员进行学习和参考，也可作为设计类培训班的网页设计培训教材。

本书和资源包有以下显著特点：

100节交互式视频讲解，可模拟操作和上机练习，边学边练更快捷！

实例素材及效果文件，实例及练习操作，直接调用更方便！

全彩印刷，炫彩效果，像电视一样，摒弃"黑白"，进入"全彩"新时代！

372页数字图书，在电脑上轻松翻页阅读，不一样的感受！

图书在版编目（CIP）数据

Dreamweaver CS6网页制作 / 九州书源编著. —北京：清华大学出版社，2015（2024.9重印）

（72小时精通）

ISBN 978-7-302-37959-1

Ⅰ. ①D… Ⅱ. ①九… Ⅲ. ①网页制作工具 Ⅳ. ①TP393.092

中国版本图书馆CIP数据核字（2014）第207775号

责任编辑：赵洛育
封面设计：李志伟
版式设计：文森时代
责任校对：马军令
责任印制：杨 艳

出版发行：清华大学出版社
    网 址：https://www.tup.com.cn，https://www.wqxuetang.com
    地 址：北京清华大学学研大厦A座   邮 编：100084
    社 总 机：010-83470000   邮 购：010-62786544
    投稿与读者服务：010-62776969，c-service@tup.tsinghua.edu.cn
    质量反馈：010-62772015，zhiliang@tup.tsinghua.edu.cn
印 装 者：三河市铭诚印务有限公司
经 销：全国新华书店
开 本：185mm×260mm   印 张：24   字 数：614千字
版 次：2015年10月第1版   印 次：2024年9月第14次印刷
定 价：89.80元

产品编号：052270-02

PREFACE 前言

随着社会的发展与进步，越来越多的行业（如学校、医院、企事业单位等）开始制作个性化网页，以提高其宣传力和影响力。本书结合网页的设计与制作，以 Dreamweaver CS6 在 Windows 7 操作系统下运行为例，针对需要学习网页制作的读者特意编写，希望通过本书的学习可以让读者在最短的时间内从网页制作的初学者变成网页制作的高手。

■ 本书的特点

本书主要对使用 Dreamweaver CS6 制作网页的方法进行讲解。当您在茫茫书海中看到本书时，不妨翻开它看看，关注一下它的特点，相信它一定会带给您惊喜。

25 小时学知识，47 小时上机：本书以实用功能讲解为核心，每节分为学习和上机两个部分，学习部分以操作为主，讲解每个知识点的操作和用法，操作步骤详细、目标明确；上机部分相当于一个学习任务或案例制作，同时在每章最后提供有视频上机实战任务，书中给出操作要求和关键步骤，其具体操作过程放在资源包中。

知识丰富，简单易学：书中讲解内容由浅入深，操作步骤目标明确，并分小步讲解，与图中的操作提示相对应，并穿插了"提个醒"、"问题小贴士"和"经验一箩筐"等小栏目。其中"提个醒"主要是对操作步骤中的一些方法进行补充或说明；"问题小贴士"是对用户在学习知识过程中产生的疑惑的解答；而"经验一箩筐"则是对知识和技巧的总结，以提高读者对软件及网页制作的掌握能力。

技巧总结与提高：本书以"秘技连连看"列出了学习网页制作的技巧，并以索引目录的形式指出其具体的位置，使读者能更方便地对相关知识进行查找。最后还在"72 小时后该如何提升"栏目中列出了学习本书过程中应该注意的地方，以提高读者的学习效果。

书与资源包相结合：本书的操作部分均在资源包中提供了视频演示，并在书中指出了相对应的路

※如果您还在为不会操作 Dreamweaver 而发愁；
※如果您还在为不知道怎么制作静态网页而焦虑；
※如果您还在为不知如何布局网页结构而不知所措；
※如果您还在为不知如何使用 Div+CSS 而闷闷不乐；
※如果您还在为不知如何制作动态网页而苦恼；
※请翻开《Dreamweaver CS6 网页制作》，这些问题都能在其中找到并得到解决的办法，让您从此可以自主制作出各种个性化网页。

径和视频文件名称，读者可以打开视频文件对某一个知识点进行学习。

　　排版美观，全彩印刷：本书采用双栏图解排版方式，一步一图，图文对应，并在图中添加了操作提示标注，以便于读者快速学习。

　　超值多媒体教学资源包：本书配有多媒体教学资源包，读者可扫描图书封底的"文泉云盘"二维码，或登录清华大学出版社网站（www.tup.com.cn），在对应图书页面下查阅资源包的获取方式。资源包中提供了书中操作所需的素材、效果和视频演示，还赠送了大量相关的教学教程。

■ 本书的内容

　　本书共分为 5 部分，读者在学习的过程中可循序渐进，也可根据自身的需求，选择需要的部分进行学习。各部分的主要内容如下。

　　Dreamweaver CS6 入门知识（第 1~2 章）：主要介绍网页设计背景、网页配色及 Dreamweaver CS6 的界面认识、Dreamweaver CS6 的基本操作、网站的创建、导入和导出网页、网页文档的创建及站点的管理等知识，让读者在制作网站前，对网页设计的基础操作有一个初步的了解。

　　网页布局（第 3 章）：主要介绍传统的表格布局和较为复杂的框架布局，让读者能够有选择性地使用合适的方法对网页进行灵活的布局。

　　网页元素、模板、行为的使用（第 4~11 章）：主要介绍网页中的各种元素（文本、多媒体、Spry 制作的链接）、HTML 和 CSS 的应用（HTML 标记介绍、CSS 样式的语法及特效）、Div+CSS 布局、表单、Spry 面板、行为、模板和库的各种应用方法，让读者掌握为网页添加丰富特效的方法。

　　动态网站的使用（第 12 章）：主要介绍制作动态网站前的配置（IIS 和服务）、配置后创建动态网站、连接数据库、在网页中显示动态数据和对大量的数据进行分页显示等知识。

　　综合实例（第 13 章）：综合运用本书的 Dreamweaver CS6 基础知识、Div+CSS 布局、行为和模板的相关知识，练习制作"美食 .html"静态网站和"网站后台管理"动态网站。

■ 联系我们

　　本书由九州书源组织编写，参加本书编写、排版和校对的工作人员有刘霞、何晓琴、包金凤、李星、曾福全、陈晓颖、向萍、廖宵、贺丽娟、彭小霞、蔡雪梅、杨怡、李冰、张丽丽、张鑫、张良军、简超、朱非、付琦、何周、董莉莉、张娟。

　　由于作者水平有限，书中疏漏和不足之处在所难免，欢迎读者不吝赐教。

九州书源

CONTENTS录

网页

72 HOURS

网页设计基础

第 1 章

学习 2 小时

● 认识网页设计
● 认识 Dreamweaver CS6 界面

在学习设计和制作网页的方法前，用户需要先了解网页的相关知识，包括网页设计背景、常见网页的组成元素、网页设计工具及方法、网页布局方式和网页色彩搭配等。熟悉这些知识后，就可以开启 Dreamweaver CS6，了解其工作界面，掌握网页设计的工作环境，以提高自身的工作效率。

上机 3 小时

1.1 认识网页设计

对于许多初学者而言，"网页设计"仅仅是一个概念。网页设计是否需要掌握大量的电脑知识、程序语言和工具软件呢？会不会非常难呢？其实，网页设计就和学电脑差不多，只要找到合适的工具软件，并学好如何使用它们，然后按照一定的规范来进行操作，就能完成网页设计的工作。当然做设计还需要一定的背景知识、行业知识和设计技巧，才能设计出好的网页作品。

学习 1 小时

🔍 了解网页设计背景知识和常见的网页组成元素。

🔍 掌握网页设计工具及设计方法。

🔍 熟悉网页布局、色彩搭配和网站制作的一般步骤。

1.1.1 网页设计背景

在互联网时代，Internet（互联网）已经成为人们生活中不可或缺的部分，它为人们提供了大量的服务，其中最重要的就是"WWW"服务。"WWW"是"World Wide Web"的英文缩写，被称做"万维网"，是一种基于 Internet 界面的信息服务。"万维网"就像由千千万万的网页通过超级链接等方式构成的大网，这些网页都遵循着同一种标准，同时按照特定的方式相互关联，它们共同遵循一种被称做 HTML 语言规范的标准。

🔑 用浏览器打开网页：浏览器是一种专门用于解析 HTML 网页代码的工具软件，通过它可以看到精美的网页效果。

🔑 网页源代码：网页本身都是由 HTML 源代码构成的，HTML 需要按照一定的规范书写。

1.1.2 常见网页的组成元素

在使用浏览器上网时，我们看到的一个个漂亮的页面就是网页。而对于任何一个网页，组成它的最基本元素主要是文本、图像、动画、视频和表单，下面分别对网页的主要组成元素进行介绍。

🔑 **文本**：文本一直是人类最重要的信息载体与交流工具，网页中的信息也以文本为主。与图像相比，文本虽然不如图像那样能够很快引起浏览者的注意，但却能更准确地表达信息的内容和含义。为了丰富文本的表现力，网页可以通过文本的字体、字号、颜色、底纹和边框等来展现信息。文本在网页中的主要功能是显示信息和超级链接。

🔑 **图像**：图像在网页中主要用于提供信息、展示作品、装饰网页、表现风格和超级链接。网页中使用的图像主要是 GIF、JPEG、PNG 等格式。

🔑 **动画**：动画实质上是动态的图像。在网页中使用动画可以有效地吸引浏览者的注意。由于活动的对象比静止的对象更具有吸引力，因而在网页中适当地使用动画可以提高网页的表现力和交互性。网页中使用较多的动画是 GIF 与 Flash 动画。

🔑 **视频**：视频文件的采用让网页变得非常精彩而且有动感。在网页中常见的视频文件有 RealPlayer、MPEG、FLV、AVI 和 DivX 等。而网络上的诸多插件也使得在网页中插入这些视频文件的操作变得非常简单。

🔑 **表单**：表单是用于填写申请或提交信息时的交互页面，如电子邮箱、主页空间和 QQ 号码等的申请页面及登录页面，或者进行内容搜索的搜索页面等都是采用表单来实现交互的。表单由不同功能的表单域组成，最简单的表单组成也要包含一个输入区域和一个提交按钮。

1.1.3 设计工具及设计方法简介

Dreamweaver CS6 是公认的最专业的网页设计软件之一，但这并不意味着有了 Dreamweaver CS6 就能完成所有网页设计的工作，通常还需要同时使用其他图形图像处理、动画制作、Web 编程工具配合来完成网页设计和开发工作。

在进行网页设计之前，常常需要处理大量的图像素材，这些加工的工作如果仅用 Dreamweaver CS6 来完成是不太现实的，毕竟 Dreamweaver CS6 只是一款网页设计软件，所以需要利用专业的图形图像处理软件来实现对图像素材的加工和处理。下面对常用图像处理和制作软件进行介绍。

🔑 **化腐朽为神奇的 Photoshop**：Adobe 公司的 Photoshop 软件是一款功能强大的图形图像处理软件，它被广泛地应用于平面设计、网页美工等领域，是设计师们最为青睐的设计利器之一。

🔑 **Adobe 的切片工具 Fireworks**：Adobe 的 Fireworks 也是功能强大的图形图像处理软件，它不但可以进行图像处理，还可以直接输出图形网页文档，另外制作逐帧的 GIF 小动画也是它的拿手好戏。

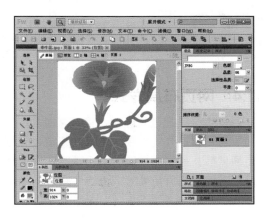

003
72🔲
Hours

62
Hours

52
Hours

42
Hours

32
Hours

22
Hours

12
Hours

> **经验一箩筐——矢量图像**
>
> 现在网络上的矢量素材越来越多，所谓矢量素材就是可以任意放大，且放大后图像质量不会下降的图像素材，其中的元素还可以单独拆分，给设计者带来了巨大的便利。对于这些矢量素材，Photoshop 和 Fireworks 这样的图像处理软件就无能为力了，而需要用专门的矢量图像处理软件。

🔑 **特立独行的 CorelDRAW**：Corel 公司的 CorelDRAW 软件，在处理矢量图形方面可谓得心应手。

🔑 **Adobe 的矢量工具 Illustrator**：Illustrator 是 Adobe 推出的矢量软件，其独有的 AI 文件格式受到广泛支持。

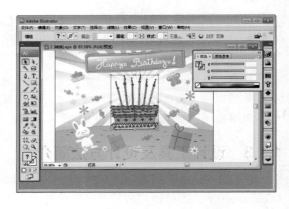

🔑 **高手必备的动画制作软件 Flash**：Adobe 的 Flash 是专业级的矢量动画制作软件，利用它可以制作出非常复杂的网页动画和交互式网页应用，如网页小游戏等。

🔑 **Flash 的最佳伴侣 Swish**：与 Flash 相比，Swish 只能算是初级软件，但其功能非常丰富，制作动画文字是其专长，因此受到了广大网页设计师的一致好评。

1.1.4 网页布局方式

在网页设计规划阶段，最需要考虑的问题是如何设计网页布局样式，它对整个网站最终呈现的效果起着重要的作用，就如同建造大楼之前绘制的图纸一样。设计、制作网页前的布局设计不但直接关系到页面结构的合理性，同时还可以在一定程度上映射出该网站的类型定位。下面将对常见的网页布局方式进行介绍。

🔑 "国"字型布局：它的特点是规范，内容主次由上到下，网页上面是标题条幅、导航栏，下面是网站相关内容信息等，这是最为常见的一种网页布局方式。

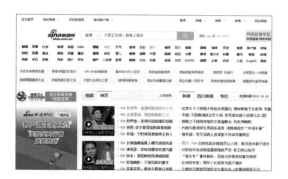

🔑 "拐角"型布局：它的特点是把相关内容的链接和相关的文字信息分别放到网页左面或右面，而网站的上面是标题条幅或主要内容导航栏，例如校园网站等。

🔑 "标题正文"型布局：它的特点是利用文字来布局，除了标题，下面就是文章，像一些专门的文章、小说页面或注册页面属于这种类型。

🔑 "封面"型布局：它的特点是网站的首页由一些精美、有创意的图案结合一些小的动画组成，在页面中，没有导航栏指示，只有简单的"进入"等超级链接。

005

72 ⌇
Hours

62
Hours

52
Hours

42
Hours

32
Hours

22
Hours

12
Hours

■ 经验一箩筐——如何选择网站布局

不同类型的网站有其自身的布局特点，如门户类网站由于其内容承载量大，通常会采用"国字"型页面布局，以便在有限的页面范围容纳更多内容和功能；而搜索引擎类网站往往以简捷的"标题正文"型布局来展现，以便最大限度地提高使用者的访问速度；展示类网站为展现产品或服务的特点，常会以具有极强视觉冲击力的"封面"型布局来加深访问者对主题的印象。

由于一些约定俗成的设计理念长期对访问者产生的潜移默化影响，造成了很多访问者在看到网页页面后，很快就能判断出网站的类型，因此应根据网页的类型和用途选择合适的布局样式。

1.1.5 网页色彩要素搭配

网页的色彩是树立网站形象的关键之一。好的配色方案不仅能在视觉上给访问者以美的享受，而且还能充分展现网站的风格，营造出理想的浏览氛围。

色彩对事物的表现力有着其他形式无法比拟的绝佳效果。作为网页设计师，掌握色彩运用原理，并熟知各种色彩对访问者心理的影响，结合自己所具备的平面构图知识，在网页设计中准确用色，才能有效地传达特定信息并充分渲染网站的主题氛围。下面对常见的网页配色方案进行介绍。

🔑 **以蓝色为主的配色方案：** 蓝色容易让人联想到大海、湖泊和天空，它象征着青春。深蓝色，给人以沉稳、冷静、善于思考的印象，亮蓝则给人以开放、富有活力的感觉。

🔑 **以绿色为主的配色方案：** 绿色象征着自然、和谐、健康、青春等，让人感觉到新鲜与活力，它常被用于医疗、健康食品等领域的相关网站。

🔑 **以黑白为主的配色方案：** 黑、白配搭看似最简单的组合，但往往又是最不容易控制的组合，两者搭配可以产生很多不同的效果，比如下图体现的就是时尚、酷炫的现代气息，非常符合时下年轻人特立独行的心态。

🔑 **以红色为主的配色方案：** 红色给人以温暖、大气的感觉，下图是一个民生保险的网站，采用暗红色为基调，显得沉稳、大气，充分展示了关爱健康的主题特色。

经验一箩筐——如何确定网页具体使用什么颜色

对于新手而言，有时候虽然网站的整体色调确定了，但具体使用什么颜色、如何搭配仍然是一个难题，这时可以多参考其他成熟网站的配色方案，有必要时还可以用颜色拾取器拾取其他网站的配色来作为自己选择颜色的依据。

读书笔记

🔑 **以粉色为主的配色方案**：粉色象征着浪漫、温馨，常被用于向观众传递爱情、幸福、甜蜜、可爱的感觉，在一些以女性或婴幼儿为主题的网站上常见到以粉色为基调的配色方案。

🔑 **以黄色为主的配色方案**：黄色用于表示警示或危险，比如各种抢修车辆、施工现场的安全警示标志等，但有时黄色也可以用于传递真诚、安全、幸福及值得信赖等感觉。

1.1.6　网站制作的一般步骤

没有规矩不成方圆，任何工作都有它赖以遵循的方法、步骤和规范。要成为一名合格的网页设计师，就应该有良好的职业习惯，在设计制作网页的过程中做到每一步都有章可循。

一个完整的网站设计作品从构思到最终完成要大致经历以下几步：需求分析→整体策划→制作效果图→切片、制作页面文档→修改完善→发布，如果是动态网站，则还需要进行大量的 Web 代码开发工作，下面将对网页制作的几个步骤进行介绍。

1. 需求分析、栏目设计

与软件设计类似，设计网页也需要事先完成需求分析，确定网站整体定位及网站的主题，然后对网站进行整体策划，包括网站的整体风格、色调、布局方式、频道划分和栏目设置等。

2. 设计制作效果图

对需要制作的网站进行分析和设计后，则可根据策划方案制作效果图，在制作效果图之前也可以先在纸上大致勾画一下网站的样子，然后使用图形设计软件（如 Photoshop）结合事先准备的素材制作出首页及各个子页面的完整效果图（如下图是某个网站在 Photoshop 中制作的网站首页及其他部分子页面）。

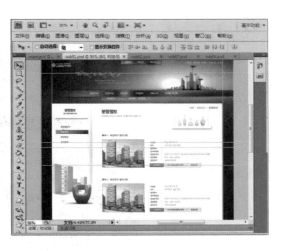

62
Hours

52
Hours

42
Hours

32
Hours

22
Hours

12
Hours

3. 切片、生成 HTML 文档

在 Photoshop 中制作完网站效果图后，可使用切片工具将整幅效果图按网页布局的要求逐一进行切片，制成静态页面文档（如左图为在 Photoshop 中切片的效果，右图则为切片后生成的 HTML 网页文档）。

经验一箩筐——切片的作用

切片其实就是把一幅完整的图片按要求分割成若干块，一方面切片后可以提高网页的下载速度（一幅大图的下载速度比组成大图的若干小图的下载速度要慢得多），另一方面也是为网页文档制作的需要，因为不是所有的地方都要用到图片。

4. 修正、加工 HTML 文档

使用 Dreamweaver CS6 对制作出来的网页文档与设计方案进行对比，对不符合设计要求或尚未达到预期效果的部分进行修正、改进，同时进行必要的加工，使之成为真正的 Web 网页。

上机 1 小时 ▶ 特色网站观摩学习

🔍 进一步理解范例网站的布局结构。　🔍 进一步理解范例网站的配色方案。

本例不涉及具体网页制作，主要是带大家观摩和了解一些特色网站，形成对网页设计工作的一个大体轮廓和基本印象，并进一步理解网页的布局方式和色彩要素。

实例演示\第1章\特色网站观摩学习

STEP 01： 了解"Yahoo"网站结构

打开 IE 浏览器，在浏览器地址栏中输入"http://www.yahoo.com"，然后按 Enter 键打开 Yahoo 首页，查看 Yahoo 的网站布局结构。

STEP 02： 学习"可口可乐"网站配色

在浏览器的地址栏中输入"http://www.icoke.cn"，打开可口可乐网站。学习网站的主色调和配色方案，领会以红色为主的网站给来访者带来的视觉感受。

009

72⊠ Hours

62 Hours

STEP 03： 了解"flickr"网站结构

在浏览器地址栏中输入"http://www.flickr.com"，打开 flickr 网站。学习网站的布局结构，加深对标题正文型网站布局结构的印象。

52 Hours

STEP 04： 学习"奔驰"网站配色

在浏览器地址栏中输入"http://www.mercedes-benz.com"，打开奔驰公司官方网站。学习网站的主色调和配色方案，领会以黑、白、灰为主的网站给来访者带来的视觉感受。

42 Hours

32 Hours

1.2 认识 Dreamweaver CS6 工作界面

作为网页开发利器的 Dreamweaver CS6，是集网页制作和管理网站于一身的所见即所得的网页编辑器，它是第一套针对专业网页设计的视觉化网页开发工具，利用它可以轻而易举地制作出跨越平台限制和浏览器限制的充满动感的网页。

22 Hours

12 Hours

学习1小时

🔍 熟悉 Dreamweaver CS6 的工作界面。

🔍 熟悉 Dreamweaver CS6 的标题栏、菜单栏和多文档窗口编辑界面。

🔍 了解 Dreamweaver CS6 的面板组和"属性"检查器面板。

🔍 了解 Dreamweaver CS6 不同风格的界面。

1.2.1　友善的工作界面及视图

　　Dreamweaver CS6 不仅有友善的工作界面，还使用了自适应网格版面。在发布前使用多屏幕预览审阅设计，可大大提高工作效率。与早期的 Dreamweaver 版本相比，Dreamweaver CS6 在操作界面上网页编辑的易用性更强，下面将分别介绍其工作界面和各视图的作用。

🔑 **欢迎界面**：在"开始"菜单中选择【Adobe】/【Adobe Dreamweaver CS6】命令即可启动 Dreamweaver CS6，并进入欢迎界面，方便用户打开或创建多种类型的网页。

🔑 **实时视图**：使用支持显示 HTML5 内容的 WebKit 转换引擎，在发布之前检查制作的网页。帮助网页开发者确保版面的跨浏览器兼容性和版面显示的一致性。

🔑 **自适应网格版面**：建立复杂的网页设计和版面，无需忙于编写代码，自适应网格版面能够及时响应，以协助设计在台式机和各种屏幕大小不同的设备中显示的项目。

🔑 **视图与代码编辑同步**：利用简洁、业界标准的代码为各种不同设备和计算机开发项目，提高工作效率。直观地创建复杂网页设计和页面版面，无需忙于编写代码。

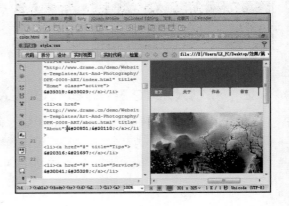

1.2.2 标题栏和菜单栏

Dreamweaver CS6 的操作界面由标题栏、菜单栏、"插入"浮动面板、文档工具栏、文档窗口、状态栏、属性检查器、面板组、帮助中心和扩展管理器等部分组成，其中文档窗口是显示和编辑文档内容的核心区域。Dreamweaver CS6 中的所有功能都集合在标题栏和菜单栏中，而 Dreamweaver CS6 的标题栏与菜单栏是融为一体的，位于其界面最顶端。下面将对菜单栏的操作方法进行简单介绍。

🔑 **菜单命令的执行方法**：选择某个目标菜单项，在弹出的下拉菜单中选择对应的命令即可执行该命令，一些命令也可以通过按后面对应的快捷键快速执行。

🔑 **对多级菜单的操作**：对于右侧带▶符号的命令，表示该命令含有子菜单，将鼠标移至该命令上，将弹出子菜单，选择其中的子级命令执行即可。

▌经验一箩筐——标题栏的功能

Dreamweaver CS6 的标题栏与其他 Windows 软件类似，包括软件图标 **Dw**、"最小化"按钮 ▬、"最大化"按钮 ◻、"关闭"按钮 ×，另外还包括"布局"按钮 ▦▾、"站点"按钮 ▲▾ 等扩展功能按钮和用于切换界面方案的 设计器▾ 按钮。

1.2.3 多文档窗口编辑界面

Dreamweaver CS6 的文档编辑区包括文档工具栏、编辑区、编码工具栏和状态栏，在文档编辑区可以进行多文档编辑操作。

下面将在 Dreamweaver CS6 中新建几个网页文档，然后进行多文档操作。其具体操作如下：

资源文件 实例演示 \ 第1章 \ 多文档窗口编辑界面

62
Hours
▲

52
Hours
▲

42
Hours
▲

32
Hours
▲

22
Hours
▲

12
Hours
▲

STEP 01： 创建多文档

1. 启动 Dreamweaver CS6，首先在欢迎界面中单击 HTML 按钮，新建一个空白 HTML 文档。然后选择【文件】/【新建】命令，在打开的"新建文档"对话框中，选择"空白页"选项卡。
2. 在"页面类型"列表框中选择"HTML 模板"选项。
3. 在"布局"列表框中选择"列固定，左侧栏、标题和脚注"选项。
4. 单击 创建(R) 按钮关闭对话框，创建成功。

STEP 02： 切换文档窗口

在 Dreamweaver CS6 文档窗口中，单击对应文档的标题栏，即可将该文档切换为当前文档。

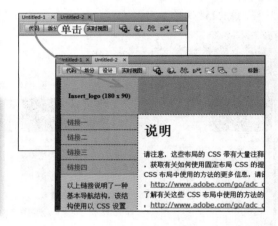

读书笔记

STEP 03： 窗口化文档

在文档窗口中单击 ▣ 按钮，将多个文档显示为窗口状态，单击 ▫ 按钮，则将文档还原成按选项卡的方式进行排列。

STEP 04： 切换视图

在文档窗口中单击 代码 按钮，将编辑窗口切换为代码和设计同步窗口。

提个醒　分别在文档窗口中单击 代码 按钮、拆分 按钮、设计 按钮和 实时视图 按钮，可以将编辑窗口切换为不同的显示状态，方便编辑网页和实时查看页面效果。

1.2.4　面板组

面板组是停靠在操作窗口右侧的浮动面板集合，包含了网页文档编辑的常用工具，在 Dreamweaver CS6 的面板组中除了之前提到的"插入"面板外，还包括 CSS 样式、AP 元素、标签检查器、数据库、绑定、服务器行为、文件和资源等多个面板。

1. "插入"浮动面板

在面板组中最常用的就是"插入"浮动面板，它是 Dreamweaver CS6 中非常重要的组成部分，主要用于在网页中插入各类网页元素，包括"常用"、"布局"、"表单"、"数据"、"Spry"、"jQuery Mobile"、"InContext Editing"、"文本"和"收藏夹"插入栏。下面将对"插入"浮动面板的操作进行介绍。

🔑 使用"插入"浮动面板："插入"浮动面板中默认显示的是"常用"插入栏，如需切换到其他类别的列表中，只需单击插入栏顶部的类别列表按钮▼，在弹出的列表中选择相应的类别即可。

🔑 应用"插入"浮动面板的功能："插入"浮动面板包含了 Dreamweaver CS6 编辑网页的所有元素，应用该面板可以方便地为页面添加元素，也可以为文本等元素设置样式。

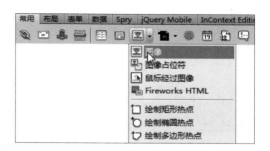

提个醒　与 Dreamweaver CS6 中的其他面板不同，可以将"插入"浮动面板从其默认停靠位置拖出并放置在"文档"窗口顶部的水平位置。

▌经验一箩筐——面板组的各种操作方法

面板组中的所有浮动面板都有一些共同的操作，如打开浮动面板、显示浮动面板、移动浮动面板、折叠和展开浮动面板组，下面将分别对其操作方法进行介绍。

🔑 打开浮动面板：在浮动面板组中单击某个浮动面板名称按钮即可显示该浮动面板的内容。

🔑 显示浮动面板：选择"窗口"菜单中的相应命令或直接按快捷键可以显示对应的浮动面板。

🔑 移动浮动面板：在浮动面板上按住鼠标左键不放，并将其拖动到操作界面的任意位置后释放鼠标，可将该浮动面板拖离浮动面板组。

🔑 折叠和展开浮动面板组：在浮动面板组中单击"展开"按钮◀可以将面板组展开，单击"折叠"按钮▶▶可以将面板组折叠为图标按钮。

62
Hours

52
Hours

42
Hours

32
Hours

22
Hours

12
Hours

2. 收藏夹管理

在"插入"浮动面板的"收藏夹"分类下，允许用户将自己平时最常使用的按钮添加到其中，从而提高网页制作的工作效率。下面将介绍自定义收藏夹的操作方法，其具体操作如下：

资源文件　实例演示 \ 第 1 章 \ 收藏夹管理

STEP 01： 切换到"收藏夹"分类

在"插入"浮动面板中单击下拉按钮▼，在弹出的下拉列表中选择"收藏夹"选项，即可在"插入"浮动面板中切换至"收藏夹"分类列表面板中。

提个醒

在"插入"浮动面板中单击下拉按钮▼，在弹出的下拉列表中选择其他选项，也可切换到相应的列表面板中。

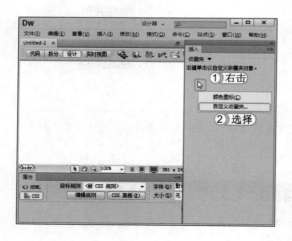

STEP 02： 执行"自定义收藏夹"命令

1. 在"插入"浮动面板的"收藏夹"分类列表中单击鼠标右键。
2. 在弹出的快捷菜单中选择"自定义收藏夹"命令，打开"自定义收藏夹对象"对话框。

读书笔记

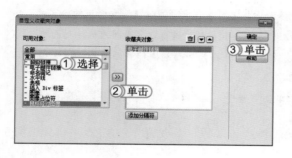

STEP 03： 添加对象到收藏夹

1. 在打开对话框左侧的"可用对象"列表框中选择"超级链接"选项。
2. 单击中间的 ≫ 按钮，将该对象添加到"收藏夹对象"列表框。
3. 单击 确定 按钮。

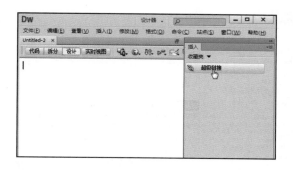

使用收藏夹功能

返回"插入"面板的"收藏夹"分类下，可发现"超级链接"已经被加入收藏夹。

> **提个醒**
> 单击添加的按钮即可使用相应的插入功能。另外，如果不再需要，也可以从收藏夹中删除该对象。

经验一箩筐——整理收藏夹

当收藏夹中添加的按钮越来越多，会导致使用不便，这时可以对收藏夹进行清理，删除使用率低的对象，同时可以将对象分类并调整顺序，然后在不同的分类之间插入分隔符以示区分。

1.2.5 "属性"面板

"属性"面板通常用于设置和查看所选对象的各种属性，它位于 Dreamweaver CS6 操作界面底部。与以前的版本相比，Dreamweaver CS6 的"属性"面板也发生了变化，下面将以页面"属性"面板为例讲解各部分的相关知识。

1. "HTML"属性与"CSS"属性切换

在 Dreamweaver CS6 中，对象的属性分为"HTML"属性与"CSS"属性，单击"属性"面板左下角的 `<> HTML` 和 `CSS` 按钮便可在这两种属性之间进行切换。

2. "HTML"属性与"CSS"属性的区别

单击"HTML"属性面板中的相应按钮可直接以 HTML 代码的形式为对象设置属性，单击"CSS"属性面板中的相应按钮则会以定义 CSS 样式代码的形式来定义对象属性。

3. 通过"HTML"属性面板设置属性

选择编辑窗口中的任意文本后，在"HTML"属性面板中单击 **B** 和 *I* 按钮，将为该文本设置加粗和斜体属性。程序将会直接在文本前后添加相应的代码"<strong> </strong>"和"<em></em>"。

62
Hours
▲

52
Hours
▲

42
Hours
▲

32
Hours
▲

22
Hours
▲

12
Hours

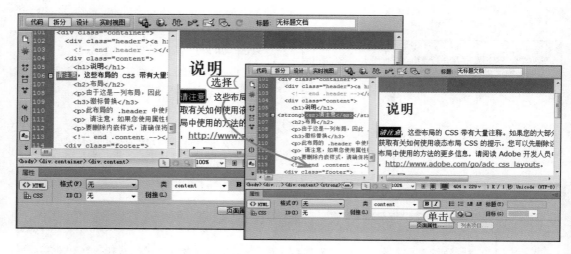

4. 通过"CSS"属性面板设置属性

在 Dreamweaver CS6 中可以通过"CSS"属性面板直接为对象添加 CSS 样式。下面将新建一个 HTML 页面,并为网页文档中的文字设置字体、颜色等属性。其具体操作如下:

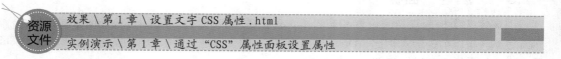

资源
文件　效果\第1章\设置文字 CSS 属性.html

实例演示\第1章\通过"CSS"属性面板设置属性

STEP 01: 新建 HTML 页面

1. 启动 Dreamweaver CS6,在欢迎界面中单击 □ 更多... 按钮。
2. 打开"新建文档"对话框,选择"空白页"选项卡。
3. 在"页面类型"列表框中选择"HTML 模板"选项。
4. 在"布局"列表框中选择"列固定,居中"选项。
5. 单击 创建(R) 按钮,创建一个 HTML 页面。

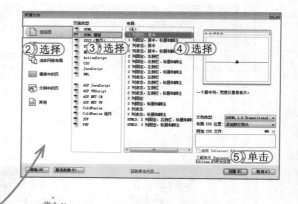

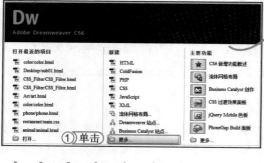

提个醒　启动 Dreamweaver CS6 时,如果选中 ☑ 不再显示复选框,不会显示欢迎界面,如果要显示,可以选择【编辑】/【首选参数】命令,在打开的"首选参数"对话框中的"常规"选项卡中选择"显示欢迎屏幕"选项即可。

读书笔记

STEP 02： 选择文本

1. 在文档窗口中单击 拆分 按钮，显示代码和视图窗口。
2. 在视图窗口中，选择"请注意"文本。

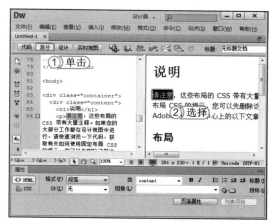

读书笔记

STEP 03： 设置文本颜色

1. 在"属性"面板中，单击 CSS 按钮，切换到"CSS"属性面板。
2. 单击"颜色"按钮 ，在打开的拾色器中选择色块，则打开"新建 CSS 规则"对话框。

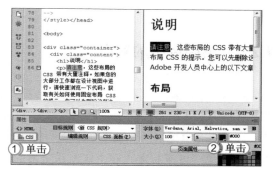

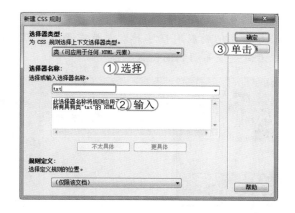

STEP 04： 定义类

1. 在打开对话框的"选择器类型"下拉列表框中选择"类"选项。
2. 在"选择器名称"下拉列表框中输入名称"txt"。
3. 其他选项保持默认设置，单击 确定 按钮，关闭对话框，创建 txt 类。

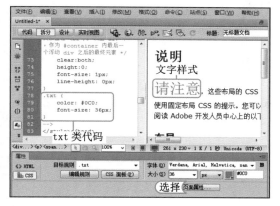

STEP 05： 设置文本大小

在"CSS"属性面板中的"大小"下拉列表框中选择"36"选项，设置文本大小为 36 号。

提个醒
当为对象初次设置 CSS 属性时，会创建一个类来定义 CSS 属性，如果为其他对象应用相同的 CSS 属性，则可以直接在"目标规则"下拉列表框中选择定义好的类。

62
Hours

52
Hours

42
Hours

32
Hours

22
Hours

12
Hours

STEP 06： 保存文档

1. 选择【文件】/【保存】命令，打开"另存为"对话框，在"保存在"下拉列表框中选择保存的位置。
2. 在"文件名"文本框中输入文件名，这里输入"设置文字 CSS 属性"。
3. 单击 [保存(S)] 按钮，保存 HTML 文档。

提个醒
在 Dreamweaver CS6 中新建、打开、保存文档等操作与 Office 软件一样，可以直接通过"文件"菜单或按快捷键进行操作。

1.2.6 不同风格的界面

不同的用户使用 Dreamweaver CS6 的目的和使用习惯不同，因此需要的界面布局也不同。Dreamweaver CS6 针对不同行业的用户特点，提供了多种工作区布局类型，分别针对应用程序开发人员、脚本编写人员和设计人员等用户的不同需求而设置。通过单击标题栏中的 [设计器 ·] 按钮，在弹出的下拉列表中可以选择不同的用户布局界面。

🔑 **经典布局**：该布局方式和系统默认使用的"设计器"布局方式基本一致，不同之处在于该布局方式将"插入"浮动面板还原到老版本 Dreamweaver CS6 中的"插入"栏形式，以适应老用户的使用习惯。

🔑 **应用程序开发人员（高级）布局**：应用程序开发人员（高级）的布局方式主要针对 Web 应用开发人员而设计，偏重于代码编写。而与它相似的应用程序开发人员布局方式可以看做是该布局的简化版本。

读书笔记

🔑 **编码人员（高级）布局：** 该布局方式主要针对那些习惯通过直接编写代码来生成网页的用户，以及经常从事 CSS 和 JS 脚本编写的人员。

🔑 **双重屏幕布局：** 该布局方式可以同时查看页面设计效果和具体代码（通过"代码检查器"窗口），同时将常用的 "CSS 样式"、"AP 元素"、"文件" 等浮动面板独立显示，适合对网页进行调试和修改。

▌ 经验一箩筐——选择适合的布局方式制作网页

单击标题栏中的 设计器 ▾ 按钮，在弹出的下拉列表中可根据用户的习惯选择需要的布局方式进行网页制作，如初学者适合使用"经典"布局方式进行网页制作，因为在"经典"布局中，所有要使用的功能都可在窗口中单击某些按钮进行实现，从而降低了初学者制作网页的难度。

读书笔记

上机1小时 ▶ 自定义 Dreamweaver CS6 工作界面

🔍 巩固各项界面自定义的操作方法。

🔍 进一步熟悉 Dreamweaver CS6 界面功能。

🔍 进一步熟悉"收藏夹"的自定义方法。

本例将汇总本节所学的各种 Dreamweaver CS6 工作界面自定义的方法，来打造适合自己的 Dreamweaver CS6 工作界面，对工作区布局类型、文档窗口视图方式进行自定义操作，将工作区布局类型改为"经典"类型，将文档窗口视图改为"拆分"方式，并自定义收藏夹，效果如下图所示。

资源
文件 　实例演示 \ 第 1 章 \ 自定义 Dreamweaver CS6 工作界面

STEP 01：　新建文档

启 动 Dreamweaver CS6，在 欢 迎 界 面 中 单 击
HTML 按钮，创建一个空白 HTML 文档。

STEP 02：　切换布局类型

1. 在标题栏中单击 设计器 按钮。
2. 在弹出的下拉列表中选择 "经典" 选项，将
   工作区布局类型切换到 "经典" 界面。

STEP 03：　切换文档窗口

在文档工具栏中单击 拆分 按钮，将文档窗口切换
至 "拆分" 显示方式。

提个醒　　选择【窗口】/【隐藏面板】命令或
按 F4 键可以隐藏所有面板，再次按 F4 键可以
显示面板。

STEP 04： 执行"自定义收藏夹"命令

1. 在工具栏中选择"收藏夹"选项卡。
2. 在"收藏夹"选项卡下方空白处单击鼠标右键，在弹出的快捷菜单中选择"自定义收藏夹"命令。

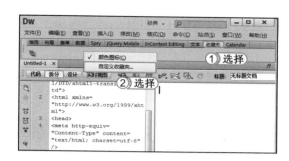

STEP 05： 添加对象

1. 打开"自定义收藏夹对象"对话框，在"可用对象"列表框中选择"段落"选项。
2. 单击 》 按钮添加到右侧"收藏夹对象"列表框中。
3. 用相同的方法添加其他对象。
4. 单击 确定 按钮关闭对话框，完成对象的添加。

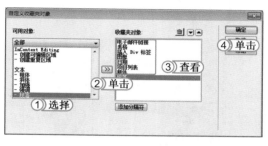

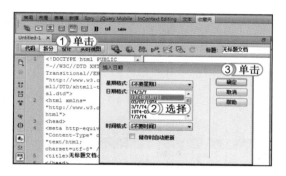

STEP 06： 使用添加的日期对象

1. 在"收藏夹"选项卡中单击"日期"按钮 。
2. 打开"插入日期"对话框，在"日期格式"列表框中选择日期格式。
3. 单击 确定 按钮，插入日期。

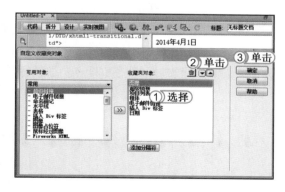

STEP 07： 调整收藏夹中对象排列顺序

1. 打开"自定义收藏夹对象"对话框，在"收藏夹对象"列表框中选择"图像"选项。
2. 单击 按钮，将"图像"对象移至列表最上方。

读书笔记

经验一箩筐——如何更有效地自定义收藏夹

理论上，"插入"浮动面板的收藏夹可以插入全部的插入功能对象，但是超出屏幕范围的部分将变得没有任何意义，因此收藏夹的容量是有限的。为了更有效地使用收藏夹，应该从"插入"浮动面板的各个分类中找出自己最常用的对象进行添加。为了节省空间，对于不经常使用的对象，应该在"自定义收藏夹对象"对话框中利用"删除"按钮 将其删除。

1.3 练习 1 小时

本章主要认识了网页设计、**Dreamweaver CS6** 的操作界面以及自定义各种按钮到收藏夹的方法，如果要更加熟练地使用所学知识，还需继续进行练习。下面以自定义操作界面为例，进一步巩固本章所学知识。

自定义操作界面

本次练习以自定义一个静态网页操作界面为例，进一步掌握 Dreamweaver CS6 的基本操作方法，为后面章节的学习奠定基础，最终效果如下图所示。

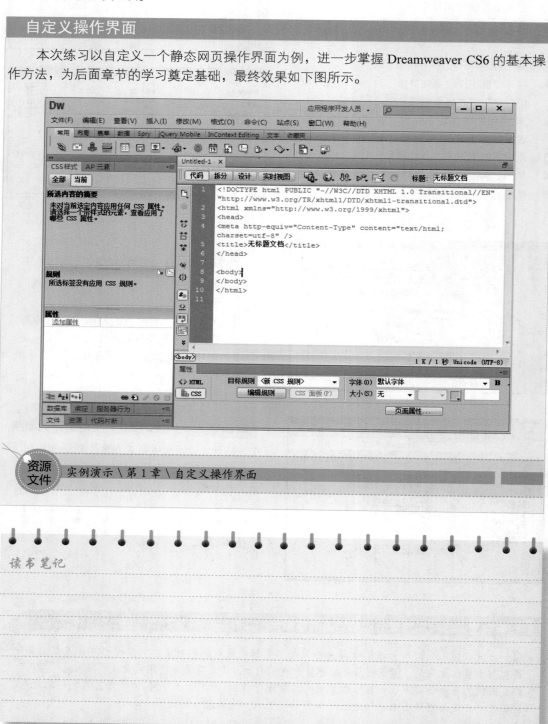

资源文件 实例演示 \ 第 1 章 \ 自定义操作界面

读书笔记

72 HOURS

Dreamweaver CS6
操作基础

第 **2** 章

学习 2 小时

- 站点管理
- 网页操作

  对使用 Dreamweaver CS6 制作网页的基础知识有了一定的了解后，若要制作网页，首先需要创建一个本地站点，在站点中进行网页的设计和测试。当网页制作好之后，还需将其上传到网络中，即网络站点，浏览者通过浏览网络站点中的网页文件，达到浏览网页的目的。

上机 3 小时

2.1 站点管理

Dreamweaver CS6 对同一网站中的文件是以 "站点" 为单位来进行有效组织和管理的，创建站点后可以对网站的结构有一个整体的把握，而创建站点并以站点为基础创建网页也是比较科学、规范的设计方法。

学习 1 小时

- 掌握创建站点的方法。
- 掌握复制与删除站点的方法。
- 掌握编辑站点的方法。
- 了解导入和导出站点的方法。

2.1.1 为什么要创建站点

Dreamweaver CS6 中提供了功能强大的站点管理工具，通过站点管理器可以轻松地实现站点名称及所在路径定义、远程服务器连接管理、版本控制等功能，并可在此基础上实现文件管理、资源管理和模板管理等强大的功能。下图则是创建网站站点图。

经验一箩筐——创建站点的必要性

虽然对于静态网页而言，其设计和制作过程中不进行站点设置也可以完成各项工作，但由于比较科学的网页设计方法是先创建站点，再创建站点文件，这样做对以后管理站点和修改站点文档都会有很多益处，因此从一开始就学会以站点为单位，科学地规范管理网站内的各类文档、素材，不但能使网页文档结构层次清晰明了，而且还可以使用依赖站点而存在的基于模板的各项管理功能。

2.1.2 创建站点

要创建一个新站点需要先打开 "站点对象设置" 对话框，打开该对话框的方式是选择【站点】/【新建站点】命令或在 "标题栏" 中单击站点按钮，在弹出的下拉菜单中选择 "新建站点" 命令即可。

下面将在 H 磁盘中创建一个站点，用于管理会展中心网站。其具体操作如下：

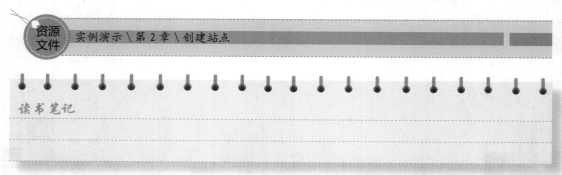

资源文件 实例演示 \ 第 2 章 \ 创建站点

读书笔记

STEP 01： 打开"站点设置对象"对话框

选择【站点】/【新建站点】命令，打开"站点设置对象"对话框。

读书笔记

STEP 02： 设置新站点信息

1. 在打开的对话框的"站点名称"文本框中输入站点名为"会展中心"。
2. 在"本地站点文件夹"文本框中输入本地站点文件夹为"H:\hzzx\"。
3. 单击 保存 按钮完成站点设置。

提个醒 在设置本地站点文件夹时，也可直接在"本地站点文件夹"文本框后单击"浏览文件夹"按钮，在打开的对话框中选择站点文件夹所在位置。

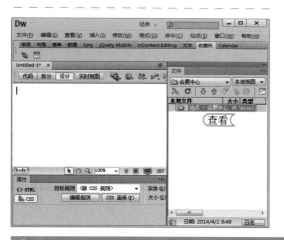

STEP 03： 查看站点文件夹

保存站点后，返回到网页文档中，则可在"文件"浮动面板中查看到所创建站点文件夹为当前站点。

提个醒 创建完站点后，则会将创建的站点自动设置为当前站点，可通过"文件"浮动面板进行查看，如果"文件"浮动面板没有打开，则可按F8键进行打开。

经验一箩筐——设置站点的本地版本

若要设置站点的本地版本，只需指定用于存储所有站点文件的本地文件夹。此本地文件夹可以位于本地计算机上，也可以位于网络服务器上，如果指定的文件夹不存在，将自动在指定的储存位置新建一个文件夹。

读书笔记

2.1.3 编辑站点

对于已创建的站点，可以通过编辑站点的方法对其进行修改。在编辑站点时需要先打开"管理站点"对话框，在该对话框中进行操作。

下面将把 H 盘中所创建的"会展中心"站点修改为"世纪环球中心"，介绍编辑站点的操作方法，其具体操作如下：

资源文件　实例演示 \ 第 2 章 \ 编辑站点

STEP 01: 打开"管理站点"对话框

选择【站点】/【管理站点】命令，打开"管理站点"对话框。

读书笔记

STEP 02: 执行编辑站点操作

1. 在打开的"管理站点"对话框中选择"会展中心"站点。
2. 单击"编辑当前选定站点"按钮，打开"站点设置对象"对话框。

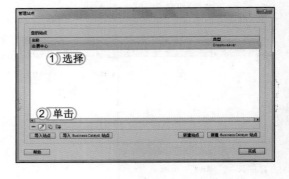

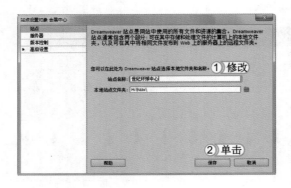

STEP 03: 修改站点信息

1. 在打开对话框的右侧将"站点名称"文本框中的名称修改为"世纪环球中心"。
2. 单击 保存 按钮完成站点设置。

提个醒　　如果修改了本地站点文件夹，则将在新的文件夹中创建站点，需要将原站点文件夹中的子文件夹和文件都移动到新的站点文件夹中。

STEP 04： 完成编辑站点操作

1. 返回"管理站点"对话框，此时可发现"管理站点"对话框中已同步到了修改后的"世纪环球中心"站点中。
2. 单击 完成 按钮，关闭"管理站点"对话框。

STEP 05： 查看站点文件夹

返回到网页文档中，则可在"文件"浮动面板中查看到修改的站点文件夹已经成为当前站点。

▌经验一箩筐——站点管理与"文件"浮动面板的关系

站点操作，如创建、修改等，其结果在"文件"浮动面板中都有相应体现，因此站点操作应该与观察"文件"浮动面板相结合，以达到更好的效果。

2.1.4 复制与删除站点

如果需要新建站点的各项设置与某个已存在的站点设置基本相同，可通过复制原站点设置然后进行修改的方法构成这个新站点。另外，当不再需要某个站点时，可以将该站点直接删除。复制和删除站点的操作都是直接在"管理站点"对话框中进行的。

下面将对"世纪环球中心"站点进行复制，并将其修改为"世纪环球中心2"站点，然后将"世纪环球中心"站点删除，其具体操作如下：

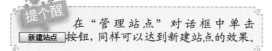
资源文件 实例演示\第2章\复制与删除站点

STEP 01： 复制站点

1. 选择【站点】/【管理站点】命令，打开"管理站点"对话框，选择"世纪环球中心"站点。
2. 在"您的站点"列表框下方单击"复制当前选定的站点"按钮 复制所选站点。

提个醒 在"管理站点"对话框中单击 新建站点 按钮，同样可以达到新建站点的效果。

经验一箩筐——站点管理功能

站点管理功能不仅适用于本地站点(本地计算机上的站点资源),也同样适用于远程站点管理(远程服务器上的站点资源),它是网站建设和管理的便利工具。

STEP 02: 执行编辑站点操作

1. 保持复制生成的新站点处于选择状态。
2. 单击"编辑当前选定的站点"按钮，打开"站点对象设置"对话框，对复制的站点进行修改。

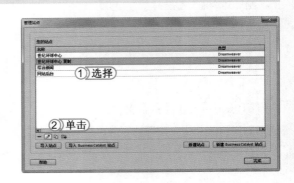

STEP 03: 修改站点信息

1. 在打开对话框的"站点名称"文本框中将原本的站点名称修改为"世纪环球中心 2"。
2. 在"本地站点文件夹"文本框中将原本站点文件夹修改为"H:\hzzx2\"。
3. 单击 保存 按钮，保存修改后的站点信息。

提个醒 创建多个站点的根文件夹不能相同，否则会影响同步，使站点不能正常工作。

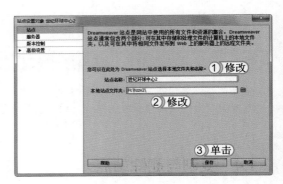

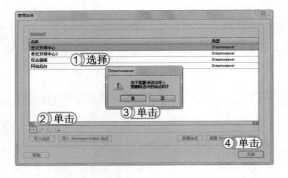

STEP 04: 删除站点

1. 返回"管理站点"对话框，便可查看到所修改的站点，然后选择"世纪环球中心"选项。
2. 单击"删除当前选定的站点"按钮。
3. 在弹出的提示对话框中单击 是 按钮，将其删除。
4. 单击 完成 按钮。

STEP 05: 查看站点文件夹

返回到网页文档中，则可在"文件"浮动面板中查看到修改的站点文件夹已经成为当前站点。

2.1.5　导入和导出站点

为了实现站点信息的备份和恢复，可以同时在多台电脑中进行同一网站的开发，需要将站点信息进行导出与导入操作。下面将分别对站点的导入和导出操作进行介绍。

1. 导入站点

".ste"格式站点信息文件可以被 Dreamweaver CS6 直接导入，以实现站点的备份和共享。导入操作可通过"管理站点"对话框完成。

下面将"世纪环球中心 .ste"站点导入到网页文档中，其具体操作如下：

素材 \ 第 2 章 \ 世纪环球中心 .ste

实例演示 \ 第 2 章 \ 导入站点

STEP 01： 执行导入操作

1. 选择【站点】/【管理站点】命令，打开"管理站点"对话框。
2. 单击 导入站点 按钮。

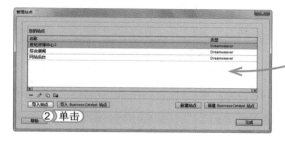

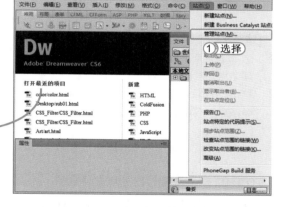

STEP 02： 选择 .ste 文件完成导入

1. 打开"导入站点"对话框，选择需要导入的站点所在的路径，并选择"世纪环球中心 .ste"文件。
2. 单击 打开(O) 按钮，导入该素材站点文件。

STEP 03： 选择导入站点的根目录

1. 在打开对话框的"选择"下拉列表框中选择导入站点所存储的根目录。
2. 单击 选择(S) 按钮，即可完成导入站点的操作。

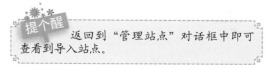

提个醒　返回到"管理站点"对话框中即可查看到导入站点。

█ 经验一箩筐——关于 ".ste" 格式文件

Dreamweaver CS6 支持导入和导出 ".ste" 格式的文件，该文件其实是用于保存 Dreamweaver CS6 所定义的站点定义信息的 XML 媒介文件。".ste" 格式文件可以被 Dreamweaver CS6 软件直接识别，在装有 Dreamweaver CS6 的电脑上也可以通过双击该文件来实现站点的导入。

2. 导出站点

当需要备份当前站点定义信息或需要在其他电脑上使用当前站点的定义，可以对站点进行导出操作，站点导出的操作也可在"管理站点"对话框中完成，其具体操作如下：

资源文件　　效果 \ 第 2 章 \ 综合新闻 .ste

实例演示 \ 第 2 章 \ 导出站点

STEP 01： 打开 "导出站点" 对话框

1. 选择【站点】/【管理站点】命令，打开"管理站点"对话框，选择"综合新闻"选项。
2. 单击"导出当前选定的站点"按钮 ，打开"导出站点"对话框。

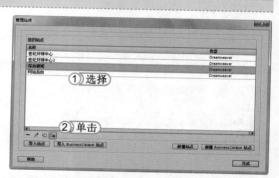

STEP 02： 设置导出站点文件名称

1. 在"保存在"下拉列表框中选择保存路径。
2. 在"文件名"下拉文本框中设置文件名为"综合新闻 .ste"。
3. 单击 保存(S) 按钮，导出该站点文件。

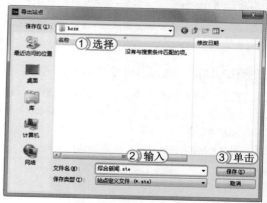

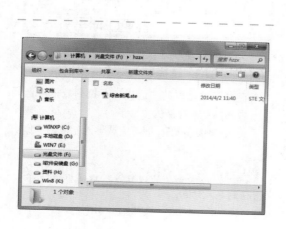

STEP 03： 查看效果

返回到"管理站点"对话框中，单击 完成 按钮。打开导出站点所存在的文件夹，即可查看到导出的"综合新闻 .ste"站点。

经验一箩筐——针对站点的常见操作

站点中的常见操作包括针对本地的操作和针对远程的操作,针对本地的操作主要是对文件的操作,包括新建文件、新建文件夹、选择文件、打开文件、剪切文件和复制文件等,这部分操作与传统的 Windows 文件操作类似。针对远程的操作包括获取、上传、同步与远程服务器比较和在远程服务器上定位等。对于站点的操作除了使用菜单命令,一般情况下也可在"文件"浮动面板中进行,在"文件"浮动面板空白处单击鼠标右键,在弹出的快捷菜单中可执行相关的站点操作。

问题小贴士

问:在"文件"浮动面板中如何对文件进行操作?

答:当需要对"文件"浮动面板中的文件进行操作时,可在"文件"浮动面板文件列表中的目标文件名上单击鼠标右键,在弹出的快捷菜单中将看

到适用于该文件的各种操作命令,选择某一具体命令即可对该文件进行相应的操作。当需要对多个文件同时进行操作时,可按住 Ctrl 键(选择不连续的多个文件)或 Shift 键(选择连续的多个文件)不放,同时选择这些文件,然后对其进行相应的操作。如果觉得"文件"浮动面板显示区域过小,可单击其右侧的"展开以显示本地和远端站点"按钮，将其放大为窗口模式。

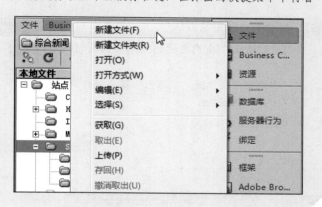

上机 1 小时 ▶ 创建和管理新建站点

🔍 巩固站点的创建方法。

🔍 掌握在站点中创建文件夹和文件的方法。

　　本例将新建"我的网站"站点并在该站点中创建文件夹和文件,然后将其导出,最终效果如右图所示。

资源文件
效果 \ 第 2 章 \my WebSite\

实例演示 \ 第 2 章 \ 创建和管理新建站点

62
Hours

52
Hours

42
Hours

32
Hours

22
Hours

12
Hours

STEP 01: 新建站点

1. 启动 Dreamweaver CS6，选择【站点】/【管理站点】命令。
2. 在打开的"管理站点"对话框中单击 新建站点 按钮。

STEP 02: 设置站点信息

1. 在打开对话框的"站点名称"文本框中输入"我的站点"。
2. 在"本地站点文件夹"文本框中输入站点路径"H:\my WebSite\"。
3. 单击 保存 按钮。

STEP 03: 查看站点

返回到"管理站点"对话框中单击 完成 按钮，完成站点的创建。返回到 Dreamweaver CS6 界面中的"文件"浮动面板中即可查看到创建的站点。

STEP 04: 新建文件夹

在"文件"浮动面板中选择"我的站点"，并单击鼠标右键，在弹出的快捷菜单中选择"新建文件夹"命令，即可新建一个文件夹。

读书笔记

STEP 05： 修改新建文件夹名

1. 将新建的文件夹名称修改为"images"。
2. 使用新建文件夹的方法再新建一个"web"文件夹，并在该文件夹上单击鼠标右键。
3. 在弹出的快捷菜单中选择"新建文件"命令。

提个醒　在新建文件夹或文件时，选择哪个文件或文件夹并单击鼠标右键，则新建的文件夹或文件都会成为所选择文件或文件夹的下一级文件或文件夹。

STEP 06： 为文件命名

将新建的文件名称修改为"index.html"，按Enter键，结束文件命名。

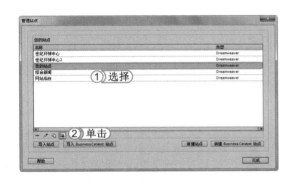

STEP 07： 导出"我的站点"站点

1. 打开"管理站点"对话框，在站点列表框中选择"我的站点"选项。
2. 在站点列表框下方单击"导出当前选定的站点"按钮，打开"导出站点"对话框。

STEP 08： 设置站点信息

1. 在打开的对话框中选择导出站点保存的位置，并在"文件名"文本框中输入"我的站点 .ste"。
2. 其他设置保持默认状态，单击 保存(S) 按钮，完成站点的导出操作。

提个醒　导入 / 导出功能不会导入或导出站点文件，它仅会导入 / 导出站点设置以节省在Dreamweaver中重新创建站点的时间。

> **经验一箩筐——"文件"浮动面板中的文件相关操作特点**
>
> 在"文件"浮动面板中添加文件夹、文件及修改文件夹名称和文件名称的操作都是即时生效的，不需要再单独进行保存文档的操作，与 Windows 资源管理器中的操作类似。

2.2 网页操作

Dreamweaver CS6 为处理各种 Web 文档提供灵活的环境。除了 HTML 文档以外，Dreamweaver CS6 还可以创建和打开各种基于文本的文档，如 ColdFusion 标记语言（CFML）、ASP、JavaScript 和层叠样式表（CSS），还支持源代码文件，如 Visual Basic、.NET、C# 和 Java。

学习 1 小时

🔍 掌握在 Dreamweaver CS6 中新建指定格式文档的操作方法以及相关参数的设置方法。

🔍 掌握文档的保存、打开和关闭等基础操作。

🔍 掌握设置文档标题、背景颜色和其他几种页面属性的方法。

2.2.1 创建并保存网页文档

Dreamweaver CS6 为创建新文档提供了几种选项，包括空白页、模板页、流体网格布局、模板中的页、示例中的页和其他网页文档。这些类型都可以通过"新建文档"对话框进行创建。

"新建文档"对话框由多级联动的列表框组成，通过列表框可以选择要创建的文件类型并设置相关参数。

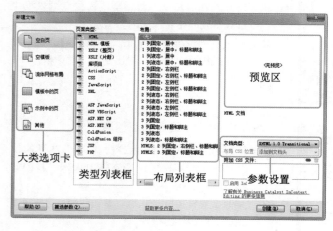

提个醒　首先，单击大类选项卡选定大类，此时大类选择按钮右侧的类型列表框将出现对应的列表，从中选择一种类型。对于空白页而言，可从"页面类型"列表框右侧的"布局"列表框中选择一种布局样式。布局方式确定后，其右侧的预览区将显示当前选定布局的预览效果。接下来需要设置文档类型、附加 CSS 文件等参数。最后单击 创建(R) 按钮完成操作。

下面以新建"nesWeb.html"文档为例，介绍新建网页文档并将其保存的方法，其具体操作如下：

资源文件　效果 \ 第 2 章 \nesWeb.html

实例演示 \ 第 2 章 \ 创建并保存网页文档

STEP 01： 打开"新建文档"对话框

启动 Dreamweaver CS6，选择【文件】/【新建】命令，打开"新建文档"对话框。

> 提个醒　直接按 Ctrl+N 组合键，也可以打开"新建文档"对话框。

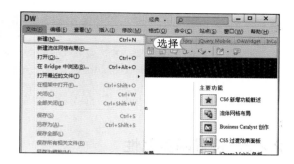

STEP 02： 创建新 HTML 文档

1. 在对话框左侧选择"空白页"选项卡。
2. 在"页面类型"列表框中选择"HTML"选项。
3. 在"布局"列表框中选择"2 列固定，左侧栏"选项，作为网页布局方式。
4. 单击 创建 按钮，创建新文档。

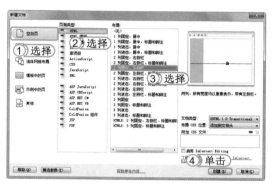

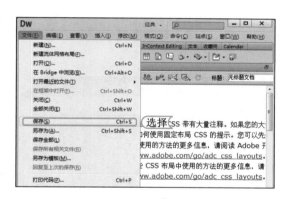

STEP 03： 打开"另存为"对话框

在网页文档中选择【文件】/【保存】命令，打开"另存为"对话框。

> 提个醒　有时候打开"文件"菜单会发现"保存"命令呈灰色显示状态（无法选择），这表示该文档已经被保存过了，在出现新的修改之前都无需再次保存。

STEP 04： 设置保存路径和名称

1. 在"保存在"下拉列表框中选择网页保存的位置。
2. 在"文件名"下拉列表框中输入文件名为"nesWeb.html"。
3. 单击 保存(S) 按钮，保存网页文档。

> 提个醒　在对新文档进行保存时，软件会根据创建的文件类型，自动确定保存格式，因此除非有特殊需要，在输入保存文件名时，都可以省略文档的后缀名。

62 Hours
52 Hours
42 Hours
32 Hours
22 Hours
12 Hours

▌经验一箩筐——打开文档的更多操作

要对网页文档进行编辑，首先要在 Dreamweaver CS6 中打开该网页文档，打开文档的操作主要包括在文档窗口打开文档、在框架中打开文档和导入其他格式文档等。其操作方法和其他 Windows 窗口软件一样，使用"文件"菜单中的命令即可。

2.2.2 设置网页属性

对于在 Dreamweaver CS6 中创建的每个页面，都可以使用"页面属性"对话框指定布局和格式设置属性。

Dreamweaver CS6 提供了两种修改页面属性的方法：CSS 和 HTML。Adobe 建议使用 CSS 设置背景和修改页面属性。

1. 关于"页面属性"对话框

页面属性主要是指当前页面的一些基本属性，在"页面属性"对话框中可对页面的属性进行设置。这些设置将对网页的外观和一些相关属性产生直接影响，比如页面的标题栏文字，页面的超级链接文本显示样式等。

Dreamweaver CS6 的页面属性设置主要包含外观（CSS）、外观（HTML）、链接（CSS）、标题（CSS）、标题/编码和跟踪图像等 6 种分类，每个分类又包含多个设置项目，这些项目可以通过"页面属性"对话框左侧的分类列表框进行切换。选择【修改】/【页面属性】命令或按 Ctrl+J 组合键也可打开"页面属性"对话框。

▌经验一箩筐——页面属性对话框

"页面属性"对话框由"分类"列表框、属性参数设置区两大部分组成。在左侧"分类"列表框中选择一个分类，此时右侧属性参数设置区将根据当前选择的分类而显示对应的设置项目。设置完一个分类的参数后，可单击 应用(A) 按钮保存设置，然后切换到其他分类下继续设置，最后单击 确定 按钮，关闭"页面属性"对话框。

▌经验一箩筐——"属性"面板

"属性"面板一般常用于对网页文档的文本、图像、表单等一些基本网页元素进行设置，并且结合 CSS 样式还可完成一些比较复杂的设置。在设置网页属性时，也需要在"属性"面板中进行操作，其具体设置方法已在 1.2.5 节中进行了讲解。

读书笔记

2. 修改"页面"属性

可以在"页面属性"对话框中指定页面的默认字体系列和字体大小、背景颜色、边距、链接样式及页面设计等。但在页面属性中分为了 CSS 样式的页面属性和 HTML 样式的页面属性，在"页面属性"对话框的不同样式下可设置不同的页面属性值。下面将以设置外观属性为例进行介绍。

(1) 外观（CSS）属性设置

在打开的"页面属性"对话框的"分类"列表框中选择"外观（CSS）"选项，在其右侧的窗格中可对页面字体、背景颜色和背景图像属性进行设置，下面将分别对其属性进行介绍。

🔑 **页面字体**：在该下拉列表框中可选择需要的字体指定在网页中使用的默认字体系列，也可以单击该下拉列表框后的 B 按钮和 I 按钮，将页面中的字体进行加粗和倾斜设置。

🔑 **大小**：指定在网页中使用的默认字体大小，其单位可单击"大小"下拉列表框后的 % ▼ 按钮进行选择，其单位包括像素（px）和百分比（%）。

🔑 **文本颜色**：指定显示字体时使用的颜色，可单击"文本颜色"按钮▇（该按钮会根据选择的颜色值改变颜色），在弹出的拾色板中选择字体的颜色，也可直接在文本框中输入颜色值。

🔑 **背景颜色**：设置页面的背景颜色。单击"背景颜色"按钮▇，在弹出的拾色器中选择一种颜色或在其后的文本框中输入颜色值即可。

🔑 **背景图像**：设置背景图像。单击 浏览(W)... 按钮，然后在打开的对话框中选择作为背景颜色的图像或者在"背景图像"文本框中输入背景图像的路径。

🔑 **重复**：指定背景图像在页面上的显示方式，默认情况是平铺（repeat），在该下拉列表框包括了四种重复方式，分别为 no-repeat（不重复）、repeat（平铺）、repeat-x（横向平铺）和 repeat-y（纵向平铺）。

🔑 **左边距**：用于指定页面中文本离左边窗口页面的距离。

🔑 **右边距**：用于指定页面中文本离右边窗口页面的距离。

🔑 **上边距**：用于指定页面中文本离上边窗口页面的距离。

🔑 **下边距**：用于指定页面中文本离下边窗口页面的距离。

(2) 外观（HTML）属性设置

在"分类"列表框中选择"外观（HTML）"选项后，在其右侧窗格中设置的外观样式则有所不同，虽然同样是外观设置，但是系统根据 HTML 和 CSS 样式的不同，将页面中的不同外观设置放在了不同的选项中，下面将对"外观（HTML）"选项中不同于"外观（CSS）"选项的属性值进行介绍。

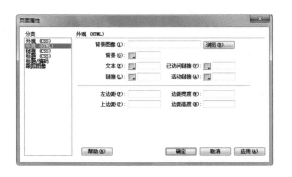

🔑 **文本**：指定显示字体时的颜色，可直接

037

72🈳
Hours

62
Hours

52
Hours

42
Hours

32
Hours

22
Hours

12
Hours

单击"文本颜色"按钮■,或在其按钮后的文本框中输入颜色值即可。

🔑 链接:指定应用于链接文本的颜色,可直接单击"链接颜色"按钮■,或在其按钮后的文本框中输入颜色值即可。

🔑 已访问链接:指定应用于已访问链接的颜色,可直接单击"已访问链接颜色"按钮■,或在其按钮后的文本框中输入颜色值即可。

🔑 活动链接:指定当鼠标在链接上单击时应用的颜色,可直接单击"活动链接颜色"按钮■,或在其按钮后的文本框中输入颜色值即可。

▌ 经验一箩筐——设置页面属性

选择的页面属性仅应用于活动文档。如果页面使用了外部 CSS 样式表,Dreamweaver CS6 不会覆盖在该样式表中设置的标签,因为这将影响使用该样式的其他所有页面。

2.2.3 预览网页

在 Dreamweaver CS6 中编辑网页后,可以使用两种方式对编辑后的网页进行预览。一种是通过 Dreamewaver CS6 进行预览;另一种是通过浏览器进行预览,下面将分别进行介绍。

1. 使用 Dreamweaver CS6 预览网页

在 Dreamweaver CS6 中预览网页其实很简单,即使用编辑网页文档的各种视图进行预览,如"设计"视图和"实时"视图,下面将分别进行介绍。

🔑 "设计"视图:可让用户了解页面在 Web 上的显示效果,但是页面呈现的效果并不会与浏览器中的效果完全相同。

🔑 "实时"视图:显示更准确的表现形式,并方便用户能够在"代码"视图中工作,以便查看对网页设计进行的更改。

▌ 经验一箩筐——关于"实时"视图

"实时"视图与传统 Dreamweaver CS6"设计"视图的不同之处在于它提供的页面在某一浏览器中是不可编辑的、更逼真的呈现其外观。并且"实时"视图还可以在不必离开 Dreamweaver CS6 工作区的情况下提供另一种"实时"查看页面外观的方式。在"设计"视图中随时可以切换到"实时"视图。但切换到"实时"视图与在 Dreamweaver CS6 中的任何其他传统视图(代码/拆分/设计)之间进行切换无关。在从"设计"视图切换到"实时"视图时,只是在可编辑和"实时"之间切换。

2. 在浏览器中进行预览

在 Dreamweaver CS6 中编辑好网页后,则可使用 Dreamweaver CS6 中提供的"浏览"按钮■,让编辑后的网页在不同的浏览器中进行预览,其方法为:在需要预览的页面中单击"浏览"按钮■,在弹出的下拉列表中选择需要使用哪种浏览器进行浏览的命令或按 F12 键,即可打开相应的浏览器预览网页效果。

■ 经验一箩筐——浏览器

单击"浏览"按钮 🌐 ，在弹出的下拉列表中所存在的选项和计算机中安装的浏览器有关，但 IE
浏览器是每个计算机中都存在的，而且在没有设置的情况下是默认的浏览方式。

问题小贴士

问：为什么在浏览器中预览网页时，有时不能正常显示图片呢？

答：使用本
地浏览器预
览文档时，除非指定了测试服务器，
或在【编辑】/【首选参数】/【在浏
览器中预览】命令中选择"使用临
时文件预览"选项，否则文档中用
站点根目录相对路径链接的内容将
不会显示。这是因为浏览器不能识
别站点根目录，而服务器能够识别。

上机 1 小时 ▶ 创建网页文档并设置页面属性

🔍 巩固网页文档的创建和保存等方法。

🔍 掌握网页页面属性的设置方法。

　　本次实例使用创建 HTML 网页文档的方法创建网页，并对其页面属性进行相应的设置，
最后保存创建的网页文档，最终效果如下图所示。

说明

请注意，这些布局的 CSS 带有大量注释。如果您的大部分工作都在设计视图中进行，请快速浏览一下代码，获取有关如何使用液态布局 CSS 的提示。您可以先删除这些注释，然后启动您的站点。要了解有关这些 CSS 布局中使用的方法的更多信息，请阅读 Adobe 开发人员中心上的以下文章：
http://www.adobe.com/go/adc_css_layouts。

布局

由于这是一列布局，因此 .content 不是浮动的。

徽标替换

此布局的 .header 中使用了图像占位符，您可能希望在其中放置徽标。建议您删除此占位符，并将其替换为您自己的链接徽标。

请注意，如果您使用属性检查器导航到使用 SRC 字段的徽标图像（而不是删除并替换占位符），则应删除内嵌背景和显示属性。这些内嵌样式仅用于在浏览器中出于演示目的而显示徽标占位符。

要删除内嵌样式，请确保将 CSS 样式面板设置为"当前"。选择图像，然后在"CSS 样式"面板的"属性"窗口中右键单击并删除显示和背景属性。（当然，您始终可以直接访问代码，并在其中删除图像或占位符的内嵌样式。）

脚注

http://www.adobe.com/go/adc_css_layouts%22

资源文件

效果 \ 第 2 章 \webform.html

实例演示 \ 第 2 章 \ 创建网页文档并设置页面属性

STEP 01： 打开"新建文档"对话框

启动 Dreamweaver CS6，选择【文件】/【新建】命令，打开"新建文档"对话框。

提个醒 创建网页的方式有多种，用户可根据自己的制作习惯，选择一种创建网页文档的方法。

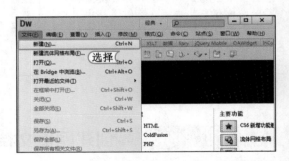

STEP 02： 设置新建网页类型

1. 在"空白页"选项卡下的"页面类型"列表框中选择"HTML"选项。
2. 在"布局"列表框中选择"列液态，居中，标题和脚注"选项。
3. 单击 创建(R) 按钮，创建网页文档。

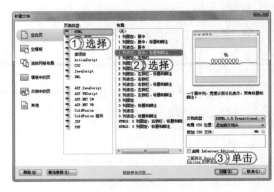

STEP 03： 打开"页面属性"对话框

选择【修改】/【页面属性】命令，打开"页面属性"对话框。

提个醒　若需打开"页面属性"对话框，还可以将插入点定位到页面文档中的任一位置，在其"属性"面板中单击 页面属性... 按钮即可。

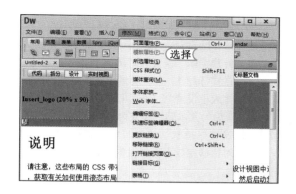

STEP 04： 设置外观（CSS）

1. 选择"外观（CSS）"选项卡。
2. 将"页面字体"设置为"黑体"。
3. 将"大小"、"文本颜色"和"背景颜色"分别设置为"16"像素、"#333"和"#FFFF99"。

提个醒　如果选择图像作为背景，则需要对背景图像的重复方式进行设置，选择重复或者不重复等。

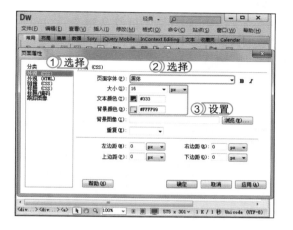

041

72⊠
Hours

62
Hours

52
Hours

42
Hours

32
Hours

22
Hours

12
Hours

STEP 05： 设置外观（HTML）

1. 选择"外观（HTML）"选项卡。
2. 在右侧将"背景"和"文本"颜色分别设置为"#00FFFF"和"#333333"。

读书笔记

STEP 06： 设置链接（CSS）

1. 选择"链接（CSS）"选项卡。
2. 将"大小"设置为"18"像素。
3. 分别将"链接颜色"、"变换图像链接"和"已访问链接"设置为"#414958"、"#FF3300"和"#FF6600"。

STEP 07： 设置标题（CSS）

1. 选择"标题 CSS"选项卡。
2. 将"标题字体"设置为"黑体"。
3. 分别在"标题 1"和"标题 2"下拉列表框中将字体大小设置为"36"和"24"，并将"标题 1"后的文本颜色设置为"#000000"。
4. 其他设置保持默认状态。单击 确定 按钮，关闭对话框完成页面属性的设置。

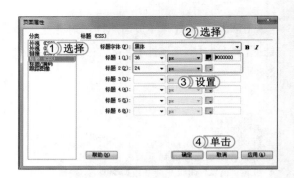
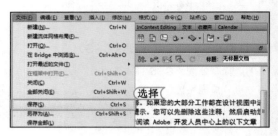

STEP 08： 打开"另存为"对话框

在网页文档中，选择【文件】/【保存】命令，打开"另存为"对话框。

STEP 09： 保存网页文档

1. 在"保存在"下拉列表框中选择网页文档保存的位置。
2. 在"文件名"文本框中输入网页文档名称"web form.html"。
3. 单击 保存(S) 按钮，保存网页文档。

读书笔记

STEP 10： 预览网页效果

1. 返回到网页文档中，单击"浏览"按钮。
2. 在弹出的下拉列表中选择"预览在 IExplore"选项。
3. 启动 IE 浏览器预览网页文档效果。

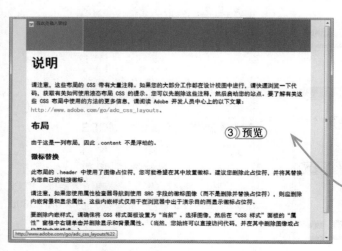

2.3 练习 1 小时

　　本章主要介绍了站点的管理及网页文档的创建等知识，站点管理包括站点的创建、复制与删除站点、导入和导出站点以及管理站点中的文件。而对于网页文档则介绍了创建网页文档及相关的属性设置等操作，用户要想熟练地掌握所学知识及操作，还需进行一定的巩固练习。下面将以"导入站点并管理"和"创建并保存网页文档"为例进行练习。

1. 导入站点并管理

　　本次练习将导入"网站后台.ste"网站，导入网站后，在导入站点中创建"img"和"web"文件夹，然后在web文件夹下新建一个名为"index.html"的网页文件，最终效果如下图所示。

　　资源文件　素材 \ 第 2 章 \ 网站后台 .ste

　　　　　　实例演示 \ 第 2 章 \ 导入站点并管理

　　提个醒　在导入站点时，需创建一个空文件夹存储导入的网站，否则 Dreamweaver CS6 在导入站点时会将文件夹中的所有文件导入到该站点下。

读书笔记

② 创建并保存网页文档

　　本次练习将创建一个"列固定"的 HTML 网页文档，并对页面属性进行相应的设置（设置属性参数时，可打开效果网页进行参照），最后保存网页文档为"webform1.html"，最终效果如下图所示。

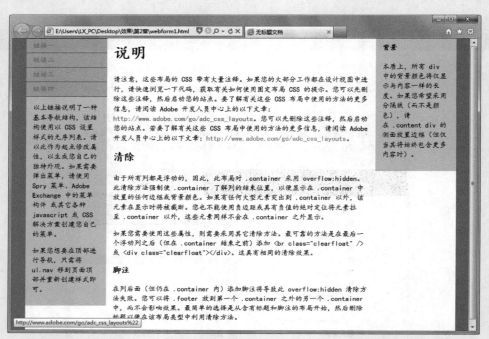

　　　　　效果 \ 第 2 章 \webform1.html

　资源
　文件　　实例演示 \ 第 2 章 \ 创建并保存网页文档

读书笔记

72 HOURS

初识网页布局

第 **3** 章

学习 **2** 小时

- 表格的基本操作
- 框架布局

网页制作人员在制作网页时都会先对页面进行布局，划分好每个区域应该填充的内容，如导航菜单、网页内容和图片位置等，以提高对整个网页的整体规划能力，使网页结构更加清晰。在 Dreamweaver CS6 中可以通过表格和框架等进行布局，使网页效果更加美观。

上机 **3** 小时

3.1 表格的基本操作

在网页中，同样可以使用表格进行布局，并且网页中的表格和 Excel 文档中的表格有着相同的基本操作，如插入表格、设置表格的属性、在单元格中添加内容、嵌套表格的使用以及对单元格进行操作等，但在网页中，除这些简单的基本操作外，还有扩展表格模式。下面将介绍 Dreamweaver CS6 中表格的一些基本操作。

学习 1 小时

- 掌握表格的插入及属性设置方法。
- 掌握表格单元格、行和列的操作方法。
- 掌握嵌套表格和扩展表格模式的应用。

3.1.1 插入表格

在 Dreamweaver CS6 中为用户提供了方便的插入表格的方法，下面将介绍最常用的两种插入表格的方法。

🔑 **通过菜单命令插入表格**：将插入点定位到网页中的目标位置，选择【插入】/【表格】命令进行插入操作。

🔑 **通过"插入"浮动面板插入表格**：将插入点定位到网页中的目标位置，按 Ctrl+F2 组合键，打开"插入"浮动面板，在该面板中单击▼按钮，选择"常用"分类列表，单击"表格"按钮🔳进行插入。

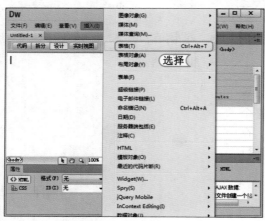

▌经验一箩筐——表格的构成

一个完整的表格主要由行、列和单元格组成，除此之外还包括边框、填充（单元格间距）、单元格边距。其中单元格是构成表格的一个个小格子；行则是表格中横向的一组单元格；列则是表格中纵向的一组单元格；填充则表示相邻单元格之间空隙的宽度；边框则表示外框线及单元格间的分隔线。

将插入点定位到网页中的目标位置，按 Ctrl+Alt+T 组合键，打开"表格"对话框，在该对话框中设置表格行数、边距等，设置完成后，单击 确定 按钮即可快速插入表格。

在使用上述两种方法插入表格时，都会打开"表格"对话框，在该对话框中可进行表格大小、标题和辅助功能的设置，设置完成后单击 确定 按钮，则可插入设置后的表格。

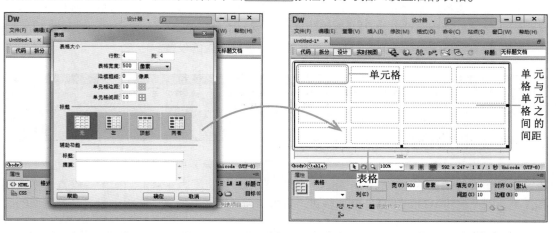

下面将对"表格"对话框中各个参数的作用进行介绍。

🔑 行数：主要用于设置插入表格的行数。

🔑 列：主要用于设置插入表格的列数。

🔑 表格宽度：主要用于设置插入表格的宽度，默认情况下表格宽度的单位为"像素"，用户也可以在右边的下拉列表框中选择"百分比"作为表格的单位。其中以像素为单位的表格，会随着浏览器窗口的大小而改变表格大小；而以百分比为单位的表格的大小是固定的，不会根据浏览器窗口的大小而改变。

🔑 边框粗细：主要用于设置表格边框的宽度，默认以像素为单位。

🔑 单元格边距：主要用于设置表格中单元格与单元格内容之间的距离。

🔑 单元格间距：主要用于设置表格中相邻单元格之间的距离。

🔑 标题：主要用于设置表格的标题样式，提供了"无"、"左"、"顶部"和"两者"4种标题样式，默认情况下为"无"，用户也可根据实际情况选择不同的标题样式。

🔑 辅助功能：主要用于设置插入表格的标题名称以及对插入表格的注释信息。

在网页设计中可直接单击 代码 按钮，切换到"代码"视图，在 <body></body> 标签之间插入 <table></table> 标签也可以插入表格，但要插入行和单元格，还需与 <tr></tr> 和 <td></td> 标签进行结合使用，如右图所示，则表示插入一个 2 行 3 列的表格。

047

72 图
Hours

62
Hours

52
Hours

42
Hours

32
Hours

22
Hours

12
Hours

3.1.2 设置表格属性

插入表格后，可在"属性"面板中对其进行属性设置，其属性设置可分为三类：对整个表格的属性设置、对行或列的属性设置、对某个或某几个单元格的属性设置，由于这三类属性设置分别针对不同的表格结构，三者不能相互替代，因此下面将分别对其进行介绍。

1. 整个表格的属性设置

在对整个表格的属性进行设置时，需要在网页文档中单击表格的任一边框，以将整个表格选中，此时属性面板将会切换到"表格"属性面板（如果属性面板没有打开，则可按 Ctrl+F3 组合键打开）状态，便可在其中对整个表格的属性进行相应的设置。

默认情况下，在网页文档中创建的表格边框为 1，如果要手动改变边框大小可通过 border 属性定义边框线的宽度，如 border:4px，则表示表格边框宽度为 4 像素。如果要设置表格宽度和高度，则可使用 Width 和 Height 属性进行设置，当然在表格的属性面板中设置是最简便的。

> ▌经验一箩筐——如何选中整个表格
>
> 在选中表格时，将鼠标光标移至表格左、右、上或下边框时，鼠标光标将会变为 ‡、 ↔ 或 田 形状，此时只需单击鼠标左键即可将整个表格选中。

2. 选中并设置行和列的属性

除了可以对整个表格的属性进行设置外，同样可以分别对表格的某行（某几行）或某列（某几列）进行属性设置。但在设置表格的行或列的属性值时，也要先选中表格中的行或列。

🔑 **选中表格中的行**：将鼠标光标移至表格中目标行的行首，当鼠标光标变为" ➡ "状态时，单击鼠标左键可选中该行。

🔑 **选中表格中的列**：将鼠标光标移至表格中目标列的顶部，当鼠标光标变为" ⬇ "状态时，单击鼠标左键可选中该列。

选中某行（列）后，将鼠标光标移至另一行（列）首，按住 Ctrl 键单击该行（列），可将其选中；按住 Shift 键单击其他行（列），则可同时选中多个连续的行（列）。

选中表格中的行或列后，则可激活行或列的属性面板，对其属性进行设置，如下图所示。

行或列的属性面板主要分为上、下两部分。其中上部分主要是用于设置行或列单元格中文本或其他网页对象的格式及列表符号等，与"文本"属性面板基本相同；而下部分则可对所选行或列的对齐方式、行高、列宽、标题及背景颜色进行设置，并且还可以对行或列进行合并（单击"合并所选单元格"按钮 ）和拆分（单击"拆分单元格为行或列"按钮 ）的操作。

3. 选中并设置单元格的属性

表格中最基本的组成元素就是单元格，由单元格组成行或列，再由行与列共同组成一个完整的表格，因此对于表格的单元格，在 Dreamweaver CS6 中也提供了单独的属性功能设置。并且其设置方法与行、列的操作相同（其属性面板也相同），要设置单元格的属性，首先需要选中目标单元格，然后在对应的单元格属性面板中对其属性进行设置。

选中单元格可选中多个相邻的连续单元格，也可以选中多个不相邻的单元格，下面将分别进行介绍。

选中相邻或不相邻的多个单元格：将鼠标光标移至表格中的目标单元格，按住 Ctrl 键不放单击鼠标左键，可选中该单元格；继续按住 Ctrl 键不放单击其他单元格，可选中多个相邻或不相邻的单元格。

选中相邻连续的多个单元格：在目标区域左上角单元格中按下鼠标左键不放，拖动鼠标光标至右下角的单元格中，释放鼠标可选中多个连续的单元格；也可以通过按住 Shift 键的方法选中多个连续的单元格。

按住 Ctrl 键进行选择

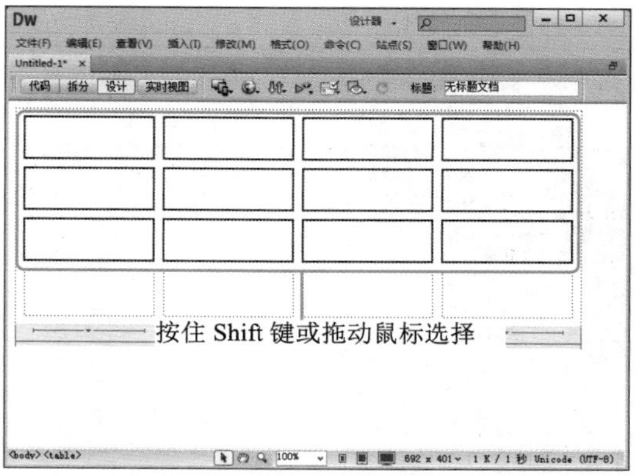

按住 Shift 键或拖动鼠标选择

049

72×
Hours

62
Hours

52
Hours

42
Hours

32
Hours

22
Hours

12
Hours

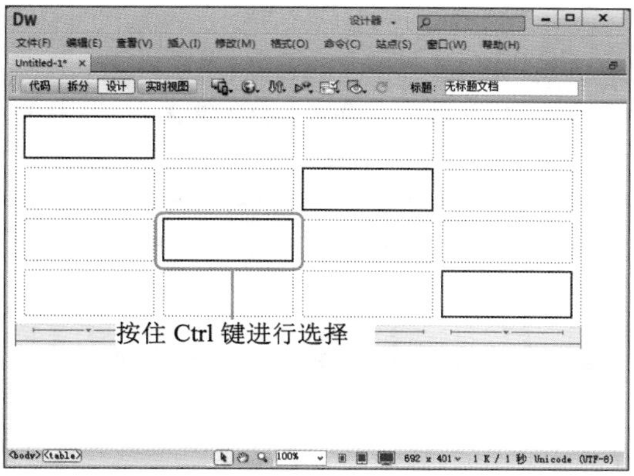

在介绍完表格的各种属性设置后，下面将在"table_web.html"网页中对表格的各种属性进行相应的设置，如设置表格宽度、边框、单元格的背景颜色等，其具体操作如下：

资源
文件
> 素材 \ 第 3 章 \table_web\
> 效果 \ 第 3 章 \table_web\table_web.html
> 实例演示 \ 第 3 章 \ 选中并设置单元格的属性

STEP 01： 设置整个表格的属性

1. 在 Dreamweaver CS6 中 打 开 "table_web. html"网页，并在"设计"视图中选中整个表格。
2. 在"表格"属性面板的"填充"和"间距"文本框中分别输入"10"和"3"。
3. 在"对齐"下拉列表框中选择"居中对齐"选项，并在"边框"文本框中输入"4"。

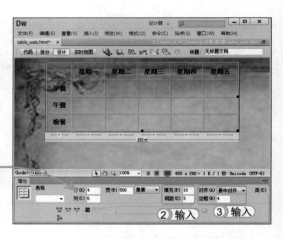

STEP 02： 设置表格的行属性

1. 选中表格中的第 1 行单元格。
2. 在"行（列）"属性面板中的"背景颜色"后的文本框中输入颜色值"#CCFFFF"。

提个醒
　　当然在设置表格行的背景颜色时，还可以直接单击"背景颜色"按钮，在弹出的颜色面板中选择需要的颜色即可，选择颜色后，同样会在该按钮后的文本框中显示颜色值。

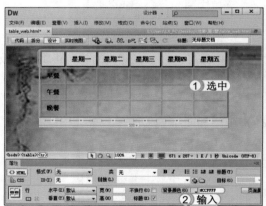

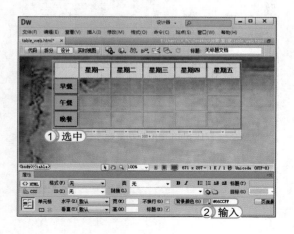

STEP 03： 设置单元格的背景颜色

1. 按住 Shift 键，选中第 1 列的第 2 个单元格至第 1 列的最后一个单元格。
2. 在"单元格"属性面板中的"背景颜色"后的文本框中输入颜色值"#66CCFF"。完成并保存网页。

读书笔记

3.1.3　在表格中添加内容

在插入的表格中可插入各种元素的内容，如文本和图像等。在表格的单元格中插入内容与在网页其他区域插入内容的方法类似，只需将插入点定位到某个单元格后，插入文本内容（如下图）、图像（按 Ctrl+Alt+I 组合键插入）或 Flash 等网页对象即可，当然插入的内容也可以是一个表格，即表格嵌套。

为了表格中的内容格式更加美观，需要对表格属性进行设置，其方法为：选中表格中的行（列）或单元格，即可在属性面板中对其中的文本进行设置（如下图），而对于其他元素（如图像、Flash 等），则使用常规方法进行设置（请参照第 4 章）。

经验一箩筐——[页面属性...]按钮

在单元格中选中文本或其他对象后，在其属性面板中可单击[页面属性...]按钮，打开"页面属性"对话框，在该对话框中，可对表格的位置、标题（该标题是指字体的大小，分为标题 1、标题 2……直至标题 6）以及外观等进行相应的设置。需注意的是，如果选择"外观（CSS）"进行设置则会在代码文档中生成 CSS（请参照第 7 章）样式代码。

下面将介绍在表格中插入文本并对文本的字体、字号、颜色等对象进行设置的方法，其具体操作如下：

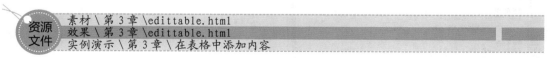

资源文件

素材 \ 第 3 章 \edittable.html
效果 \ 第 3 章 \edittable.html
实例演示 \ 第 3 章 \ 在表格中添加内容

STEP 01： 输入文本

打开"edittable.html"网页，将插入点定位到表格的标题栏中。输入文本"值班一览表"。

62
Hours

52
Hours

42
Hours

32
Hours

22
Hours

12
Hours

STEP 02： 设置单元格对齐方式

1. 选中表格中的第1列单元格。
2. 在其属性面板中将"水平"和"垂直"对齐
   方式设置为"左对齐"和"居中"。

提个醒　　　默认情况下表格中的数据内容都是
左对齐，但用户可根据制作网页的具体情况，
对表格内容的水平和垂直对齐方式进行相应的
设置。

经验一箩筐——水平对齐的两种设置方法

将单元格设置为水平对齐的方法有两种，一种是在属性面板的"HTML"分类下的"水平"下
拉列表框中进行选择（即实例中使用的方法）；另一种则是在属性面板的"CSS"分类下单击
对齐方式按钮。由于第一种方式不需要新建 CSS 规则，所以更加简便。

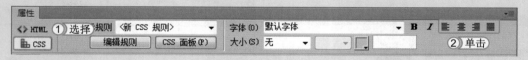

STEP 03： 设置单元格背景颜色

1. 在单元格属性面板中单击 CSS 按钮，切换到
   "CSS"分类的属性面板中。
2. 单击"背景颜色"后的 按钮，在弹出的颜
   色面板中单击"系统颜色拾取器"按钮。
3. 在打开的对话框中的颜色面板中选择颜色块，
   并在右侧的颜色条中拖动色块进行调整。
4. 单击 确定 按钮，完成单元格背景颜色的
   设置。

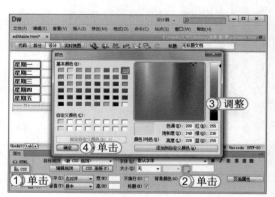

STEP 04： 设置单元格字体格式

1. 在"CSS"分类下的属性面板中将"大小"
   设置为"14"。
2. 在"新建CSS规则"对话框中将"选择器名称"
   设置为"f_size"。
3. 单击 确定 按钮，完成单元格字体格式的
   设置。

STEP 05： 设置字体颜色

1. 在"CSS"分类下的属性面板的"大小"右侧单击"文本颜色"按钮 ，在弹出的颜色面板中选择颜色块。
2. 在弹出的"新建CSS规则"对话框中将"选择器名称"设置为"f_size"。
3. 单击 确定 按钮即可。

提个醒 设置字体大小时，在"新建CSS规则"对话框中将"选择器名称"设置为"f_size"，而在设置字体颜色时是对相同的对象进行设置，则使用相同的CSS名称。

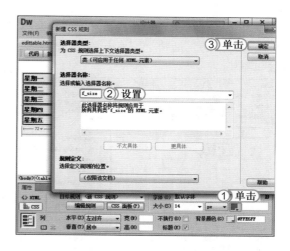

STEP 06： 查看效果

保存网页，按F12键，在IE浏览器中预览效果。

053

72 ☑
Hours

62
Hours

52
Hours

42
Hours

32
Hours

22
Hours

12
Hours

▌经验一箩筐——单元格背景颜色优先

如果同时设置了行（列）和单元格的背景颜色，则单元格的背景颜色设置优先于行（列）背景颜色设置，其他的格式设置也遵循这个原则。

3.1.4 操作行或列

插入表格后，如果发现插入表格的行或列不能满足添加内容的需求，可通过添加或删除行或列的操作，让插入的表格满足需求。Dreamweaver CS6 为用户提供了多种添加或删除表格行或列的操作方法。

1. 插入行或列

在 Dreamweaver CS6 中对表格的行或列进行插入的操作方法其实很简单，而最常用的方法则是通过"插入"浮动面板的"布局"选项卡，选择【修改】/【表格】命令或在右键快捷菜单中进行操作，其具体操作介绍如下。

▌经验一箩筐——插入行或列的操作提示

在 Dreamweaver CS6 中，可以选择在某行的上方或下方插入行，在某列的左侧或右侧插入列，因此首先需要选定基准单元格，通常情况下选择在基准单元格上方插入行或者在左侧插入列是最方便的，可以直接通过菜单命令或快捷键方式实现。

🔑 通过"插入"浮动面板插入行或列：在目标单元格定位插入点，在"插入"浮动面板中选择"布局"选项卡，单击插入行或列的按钮即可。

🔑 通过菜单命令插入行或列：在目标单元格定位插入点，选择【修改】/【表格】命令，在弹出的子菜单中选择插入行或列的命令。

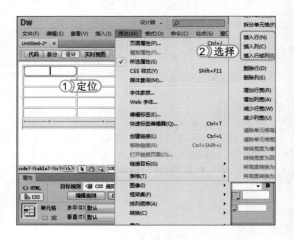

🔑 通过快捷菜单插入行或列：在目标单元格定位插入点，单击鼠标右键，在弹出的快捷菜单中选择插入行或列的命令即可。

提个醒 　　将插入点定位到单元格后，可直接按 Ctrl+M 组合键插入行，按 Ctrl+Shift+A 组合键插入列。

经验一箩筐——插入行或列对话框

在使用菜单命令和快捷菜单命令插入行或列时，有一个"插入行或列"的命令，选择该命令时，会打开"插入行或列"对话框，在该对话框中可选择插入行（列）、插入行（列）的行数据或列数据以及插入行（列）的位置。

2. 删除行或列

当创建的表格出现多余的行或列时，需要将其删除。删除行或列的操作与插入行或列相似，可以通过菜单命令方式实现，也可以通过右键快捷菜单命令方式实现，还可以通过按组合键的方式来实现，下面将分别进行介绍。

🔑 通过菜单命令删除行或列：选中整行或整列单元格后，单击鼠标右键，在弹出的快捷菜单中选择"删除行"或"删除列"命令，或选择【修改】/【表格】命令，在弹出的子菜单中选择"删除行"或"删除列"命令。

🔑 通过 Delete 键删除行或列：选中整行或整列单元格后，按 Delete 键即可删除所选行或列的单元格。

🔑 通过快捷键删除行或列：选中整行后，按 Ctrl+Shift+M 组合键可快速删除行；选中整列后，按 Ctrl+Shift+- 组合键可快速删除整列。

如果被删除的行或列中原本包含内容，那么删除操作会将其中内容一并删除，因此如果只是希望调整表格结构而非删除内容，应先将原有内容移动到其他行或列中。

3.1.5　拆分与合并单元格

对于相邻的单元格，可根据制作的需要将其合并，而对于某个单元格，有时候又需要根据要求将其拆分为多个更小的单元格，在 Dreamweaver CS6 中提供了专门的合并与拆分单元格的功能，下面将分别介绍拆分与合并单元格的操作方法。

1. 拆分单元格

如果要拆分某个单元格，只需将插入点定位到目标单元格中，在其属性面板中单击"拆分单元格为行或列"按钮 或单击鼠标右键，在弹出的快捷菜单中选择【表格】/【拆分单元格】命令，打开"拆分单元格"对话框，在该对话框中可设置所选单元格拆分的行数或列数，设置完成后，单击 确定 按钮即可。

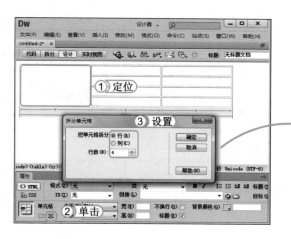

单元格拆分会受到相邻单元格的影响，拆分后的分界线会自动与相邻已拆分单元格分界线对齐。如在某单元格左侧有相邻的 3 行单元格，如果将该单元格拆分为 2 行，则分隔线会自动与右侧相邻的第 2 个单元格与第 3 个单元格的分界线对齐。

2. 合并单元格

在 Dreamweaver CS6 中，合并单元格的操作非常简单，只需选中需要合并的单元格后，在其属性面板中单击"合并所选单元格，使用跨度"按钮 或选择【修改】/【表格】/【合并单元格】命令，或按 Ctrl+Alt+M 组合键即可将所选单元格进行合并操作。

如果合并前各单元格中含有内容，则合并后所有内容都将保留，并按从左到右、自上而下的顺序合并。

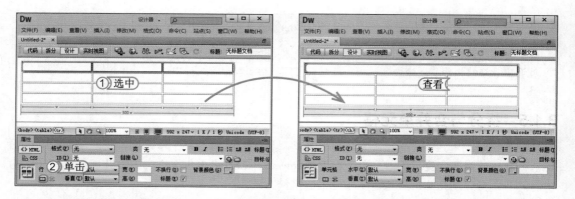

┃ 经验一箩筐——合并单元格的限制

在合并单元格时一定要注意，如果选中不相邻的单元格或无法构成完整的矩形的相邻单元格，使用合并单元格的操作方法是不能对所选单元格进行合并操作的。

3.1.6　插入嵌套表格

一般情况下的网页布局都非常复杂，所以如果要使用表格进行布局，则不可避免地会遇到使用嵌套表格来完成一些复杂网页制作的情况，而插入嵌套表格的方法与一般表格的插入方法相同，并且一般意义上表格嵌套操作是无限制的操作，但嵌套表格的数量多了，也会降低浏览的速度，因此在使用嵌套表格时，最好不要超过3层。

3.1.7　扩展表格模式

在 Dreamweaver CS6 中，所谓的扩展表格模式，主要是针对用户在选择比较小的表格或单元格时的另一种显示模式。由于这些表格或单元格不易被选中，所以在扩展表格模式中将其放大，以便用户进行表格的调整。切换到扩展表格模式的方法为：在"插入"浮动面板的"布局"选项卡中单击 扩展 按钮，即可切换到扩展表格模式对表格进行操作。

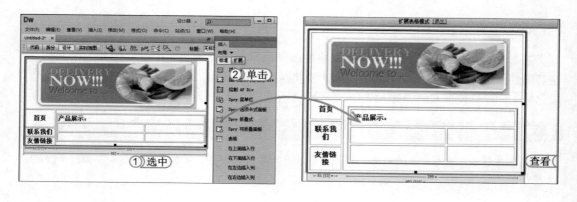

如果要退出扩展模式，可直接在"插入"浮动面板的"布局"选项卡中单击 标准 按钮，或直接在扩展模式表格上方单击"退出"超级链接，即可退出扩展模式。

3.1.8 表格中所使用的属性

在网页中常常可以看到各种样式的表格，而这些表格在 Dreamweaver CS6 中可通过在表格的各种属性面板中进行设置，而设置的同时也会在代码文档中生成代码属性，下面将介绍一些设置表格时所使用到的代码属性。

首先介绍用在行（<tr></tr>）中的主要属性。

- align 属性：主要用于设置行内容的水平对齐方式，同样可以用在整个表格中。
- valign 属性：主要用于设置行内容的垂直对齐方式，同样也可以用在整个表格中。
- bgcolor 属性：主要用于设置行的背景颜色，同样也可以用在整个表格中。
- bordercolor 属性：主要用于设置行的边框颜色，而在表格中设置边框颜色则要使用"border"属性。
- bordercolorlight 属性：主要用于设置边框颜色的亮度。
- bordercolordark 属性：主要用于设置边框颜色的暗度。

下面介绍用在单元格（<td></td>）中的主要属性。

- align 属性：主要用于设置单元格内容的水平对齐方式，同样可以用在整个表格中。
- valign 属性：主要用于设置单元格内容的垂直对齐方式，同样也可以用在整个表格中。
- bgcolor 属性：主要用于设置单元格的背景颜色，同样也可以用在整个表格中。
- background 属性：主要用于设置单元格的背景图片，在表格中同样可以使用。
- bordercolor 属性：主要用于设置单元格边框颜色。
- bordercolorlight 属性：主要用于设置单元格边框颜色的亮度。
- bordercolordark 属性：主要用于设置单元格边框颜色的暗度。
- colspan 属性：主要用于设置合并单元格，如 colspan="3"，表示将 3 个单元格合并为 1 个单元格。
- width 属性：主要用于设置单元格的宽度，在表格中用于设置整个表格的宽度。
- height 属性：主要用于设置单元格的高度，在表格中用于设置整个表格的高度。

最后介绍用在标题（<th></th>）中的主要属性。

- align 属性：主要用于设置行内容的水平对齐方式，同样可以用在整个表格中。
- valign 属性：主要用于设置行内容的垂直对齐方式，同样也可以用在整个表格中。
- bgcolor 属性：主要用于设置行的背景颜色，同样也可以用在整个表格中。
- background 属性：主要用于设置标题的背景颜色或背景图片。
- bordercolor 属性：主要用于设置标题边框颜色。
- bordercolorlight 属性：主要用于设置标题边框颜色的亮度。
- bordercolordark 属性：主要用于设置标题边框颜色的暗度。
- width 属性：主要用于设置标题的宽度。
- height 属性：主要用于设置标题的高度。

3.1.9 使用表格进行网页布局

在制作网页时，需要对网页进行布局后，才能在其中添加网页元素。因为表格布局简单、方便、快捷，使用表格布局可以快速进行网页布局，并且表格布局是最早使用的布局方式，因此到目前也有不少人在使用，该种布局比较适合初学者使用。

下面将通过创建"tablelayer.html"表格布局网页，介绍在扩展模式中使用表格创建"厂"字型的网页布局的方法，其具体操作如下：

资源文件

效果 \ 第 3 章 \ tablelayer.html

实例演示 \ 第 3 章 \ 使用表格进行网页布局

STEP 01： 切换到扩展模式

1. 新建一个 HTML 网页，在保存时将网页名设置为"tablelayer.html"。
2. 在"插入"浮动面板的"布局"分类列表中单击 扩展 按钮，切换到扩展模式网页文档窗口中。

提个醒　在扩展模式下，可利用扩展模式显示的特点，清楚、明了地使用表格对网页进行布局。

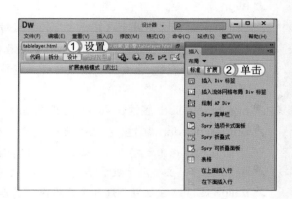

STEP 02： 插入布局表格

1. 在该浮动面板中，单击"表格"按钮 囲，打开"表格"对话框。
2. 将"行数"和"列"分别设置为"2"和"1"。
3. 将"表格宽度"设置为"780"，将"边框粗细"、"单元格边距"和"单元格间距"都设置为"0"。
4. 单击 确定 按钮，完成插入布局表格的操作。

提个醒　在第一次切换到扩展模式下时，会打开"扩展表格模式入门"提示对话框，单击 确定 按钮即可。

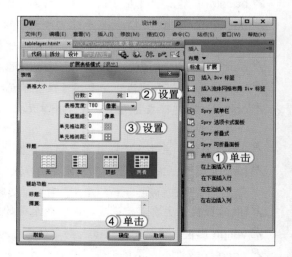

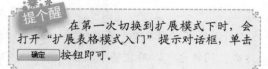
读书笔记

STEP 03： 拆分表格单元格

1. 选中表格第 2 行的单元格。
2. 在"单元格"属性面板中单击"拆分单元格为行或列"按钮，打开"拆分单元格"对话框。
3. 在该对话框的"把单元格拆分"栏中选中 ⊙列(C) 单选按钮。
4. 在"列数"数值框中输入"2"。
5. 单击 确定 按钮，完成拆分表格单元格的操作。

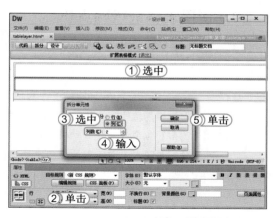

STEP 04： 设置单元格的行高和背景颜色

1. 选中第 1 行单元格。
2. 在其属性面板中的"高"文本框中输入"80"。
3. 将"背景颜色"设置为"#999999"。

读书笔记

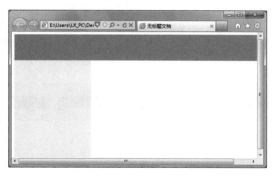

STEP 05： 设置底部单元格的大小

1. 选中第 2 行的第 1 个单元格。
2. 在属性面板中将"宽"和"高"分别设置为"100"和"300"。
3. 将背景颜色设置为"#F2F2F2"，按 Enter 键以结束输入。

提个醒 默认情况下，设置某一行单元格的大小后，在同一行的单元格也会发生相应的大小变化。

STEP 06： 保存网页并预览

按 Ctrl+S 组合键保存网页，按 F12 键在 IE 浏览器中进行预览。

读书笔记

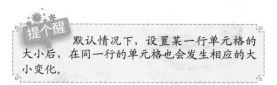

059
72 Hours
62 Hours
52 Hours
42 Hours
32 Hours
22 Hours
12 Hours

问题小贴士

问：目前还有哪些布局网页的方式呢？

答：在网页制作中，除了最传统的表格布局外，还存在另外两种布局方式，即 Div+CSS 和框架布局。下面将分别对这两种布局方式进行简单的介绍。

🔑 **Div+CSS 布局**：使用 Div+CSS 布局网页更加精简，代码也会更加规范，并且使用 Div+CSS 布局能实现更多的特殊效果，但是掌握起来比较复杂（其具体的使用方法在第 7 章进行介绍）。

🔑 **框架布局**：框架布局是一种较为复杂的布局工具，在网页布局时会将每个布局部分作为一个单独的网页进行存放，因此框架中的各部分可以单独跳转和更新，且不会对框架中其他部分产生影响。

上机 1 小时 ▶ 制作蛋糕网页布局

🔍 进一步掌握表格的插入操作方法。　　🔍 进一步掌握表格的属性设置。

🔍 进一步熟悉表格的基本操作。　　🔍 进一步掌握表格布局的应用。

下面将在 "table_food.html" 静态网页中，插入一个 1 行 2 列的表格，再嵌套一个 6 行 4 列的表格，并对相应的单元格进行合并和拆分操作，然后在单元格中添加相应的内容，最后对相应单元格的属性进行相应的设置，最终效果如下图所示。

资源
文件

素材 \ 第 3 章 \table_food\
效果 \ 第 3 章 \table_food\table_food.html
实例演示 \ 第 3 章 \ 制作蛋糕网页布局

STEP 01： 打开"表格"对话框

1. 打开"table_food.html"网页，将插入点定位到有背景颜色的区域中。
2. 在"插入"浮动面板中的"布局"分类列表中单击 扩展 按钮，切换到扩展模式。
3. 选择【插入】/【表格】命令，打开"表格"对话框。

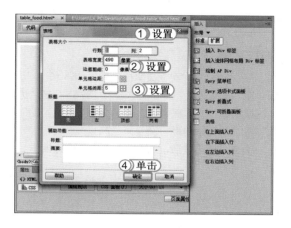

STEP 02： 设置表格

1. 将"行数"和"列"分别设置为"1"和"2"。
2. 将表格宽度设置为"490"，并将"边框粗细"设置为"0"。
3. 将"单元格间距"设置为"5"。
4. 单击 确定 按钮，完成单元格的设置操作。

STEP 03： 设置单元格大小并添加内容

1. 选中第1列单元格。
2. 在属性面板中将其"宽"和"高"分别设置为"104"和"298"。
3. 按 Ctrl+Alt+I 组合键，在打开的"选择图像源文件"对话框的"查找范围"下拉列表框中选择图片所在的路径。
4. 在下方的列表框中选择需要插入的图片，这里选择"bg.jpg"选项。
5. 单击 确定 按钮，完成单元格大小和内容的添加。

读书笔记

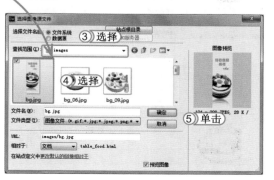

STEP 04: 准备插入嵌套表格

1. 将插入点定位到第 2 个单元格中。
2. 选择【插入】/【表格】命令，打开"表格"对话框。

读书笔记

STEP 05: 设置插入的表格

1. 在"行数"和"列"文本框中输入"6"和"4"。
2. 在"表格宽度"文本框中输入"375"，在"边框粗细"文本框中输入"0"。
3. 将"单元格间距"设置为"7"。
4. 单击 确定 按钮，完成插入表格的设置操作。

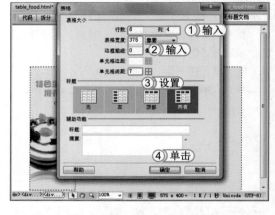

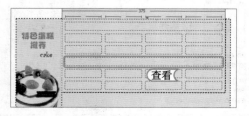

STEP 06: 合并单元格

1. 在插入的表格中选中第 1 行单元格。
2. 单击鼠标右键，在弹出的快捷菜单中选择【表格】/【合并单元格】命令，完成合并单元格的操作。

读书笔记

STEP 07: 合并其他单元格

使用相同方法，选择第 4 行单元格将其合并，其效果如左图所示。

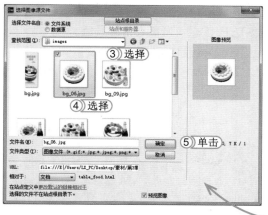

读书笔记

在表格中添加内容

1. 将插入点定位到第 1 行单元格中，输入文本"成人蛋糕套餐"。
2. 将插入点定位到第 2 行的第 1 个单元格中，按 Ctrl+Alt+I 组合键，打开"选择图像源文件"对话框。
3. 在"查找范围"下拉列表框中选择图片所在的位置。
4. 在下方的列表框中选择"bg-05.jpg"选项。
5. 单击 确定 按钮，插入所选图片。

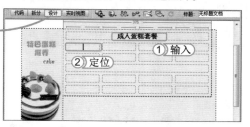

STEP 09： 设置合并单元格中的文本

1. 在表格中选中第 1 行和第 4 行单元格，在其属性面板上将"水平"和"垂直"设置为"左对齐"和"居中"。
2. 在属性面板中单击 CSS 按钮，切换到"CSS"类型的属性面板中。
3. 将"字体"、"大小"和"颜色"设置为"方正黑体简体"、"18px"和"#f3d1a4"。
4. 取消选中标题(E)□复选框。

提个醒 在"新建 CSS 规则"对话框中，将"选择器名称"设置为"td_title"。

STEP 10： 设置其他单元格中的文本

1. 使用相同的方法选中第 3 行和第 6 行单元格，将其"水平"和"垂直"属性设置为"居中对齐"和"居中"。
2. 将字体的颜色设置为"#F00"。

提个醒 在设置"字体"、"大小"和"颜色"属性时，将"新建 CSS 规则"对话框中的"选择类型"和"属性选择器"分别设置为"类"和"td_jg"。

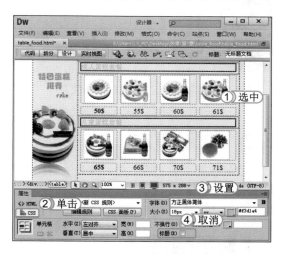

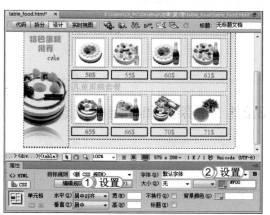

62
Hours

52
Hours

42
Hours

32
Hours

22
Hours

12
Hours

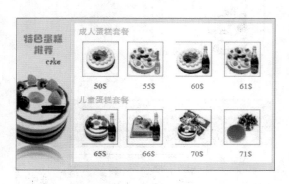

STEP 11： 设置表格背景色

1. 单击 代码 按钮，切换到代码文档中。
2. 在 <table> 标记中添加代码 "bgcolor="#FFFFFF""，将表格背景颜色设置为白色。

提个醒　表格中所有代码属性都必须在"代码"视图中写在对应的表格标签里，如 <table align="center"></table>，表示设置表格内容居中。

STEP 12： 预览效果

保存网页，按 F12 键，在 IE 浏览器中预览设置后的效果。

读书笔记

3.2　框架布局

　　在制作网页前，应该先对网页的结构进行布局，而对网页布局的 3 种方式前面已经进行了简单的介绍，本节主要对框架布局的内容进行详细介绍，如框架的创建、属性的设置以及内嵌式框架的应用等。

学习 1 小时

- 了解框架集和框架的概念。
- 掌握框架集和框架的基本操作。
- 熟悉框架集和框架的属性设置。
- 掌握内嵌式框架的应用。

3.2.1　框架集和框架的概念

　　框架（Frame）是一种较为复杂的布局工具，其作用简单地说就是将浏览器窗口分割成多个部分，每部分嵌入不同的独立网页文档，将这些框架组合起来就构成了一个完整的框架集，并且各个框架可通过链接进行关联。

用框架制作的网页，其最明显的特征就是可以单独跳转和更新各种框架页面，并且不会对框架集中的其他框架页面产生任何影响。另外，当一个框架的内容固定时，另一个框架中的内容仍可以通过滚动条自由地进行上下滚动，这也是框架网页的一大特点。

框架结构常常被用在具有多个分类导航或多项复杂功能的 Web 页面，比如大型社区、个人网上银行管理程序界面等。

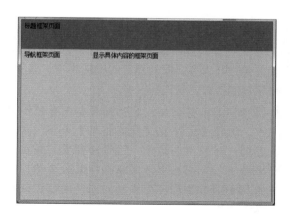

3.2.2 框架集和框架的基本操作

Dreamweaver CS6 为用户提供了创建、修改、保存及删除框架集和框架的功能，如果用户熟练掌握了框架集及框架的基本操作，使用框架布局网页将是一件轻松的事，下面将对框架集和框架的基本操作进行详细介绍。

1. 创建框架集

框架布局的网页是由框架集和它所包含的多个框架组合而成的，创建框架集是使用框架布局网页的第一步，而创建框架集的方法其实很简单，只需在新建的 HTML 网页中选择【插入】/【HTML】/【框架】命令，在弹出的子菜单中选择需要创建的框架集即可，如选择"左侧及上方嵌套"命令创建的框架集，效果如下图所示。

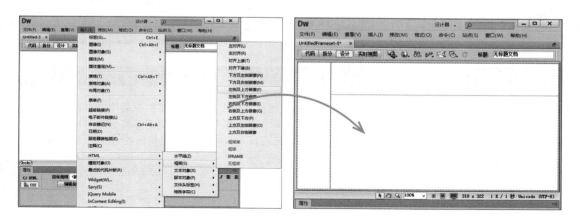

▌经验一箩筐——框架标签辅助功能属性

用户在创建框架集时，会打开"框架标签辅助功能属性"对话框，在该对话框中可对框架集中包含的各个框架进行标题设置，但默认情况下用户可以不用进行修改，直接单击 **确定** 按钮，完成框架集的创建。

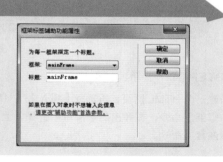

065

72▢
Hours

62
Hours
▲

52
Hours
▲

42
Hours
▲

32
Hours
▲

22
Hours
▲

12
Hours
▲

2. 保存框架集和框架

对创建的框架集进行保存的方法与保存常规 HTML 网页有所不同，它不仅要对框架集文档本身进行保存，同时还要对框架集中包含的各框架文档进行保存。下面将分别对保存框架和框架集的操作方法进行介绍。

🔑 保存框架：将插入点定位到需要保存的框架中，选择【文件】/【保存框架】命令，在打开的对话框中选择保存框架的位置，并在"文件名"文本框中修改保存框架的名称，单击 保存(S) 按钮即可完成插入点所定位框架的保存操作。

🔑 保存框架集：将鼠标光标移动到框架的边框上，单击鼠标左键，选中整个框架集，选择【文件】/【保存框架页】命令，在打开的对话框中选择保存框架集的位置，并在"文件名"文本框中修改保存框架集的名称，单击 保存(S) 按钮即可完成框架集的保存操作。

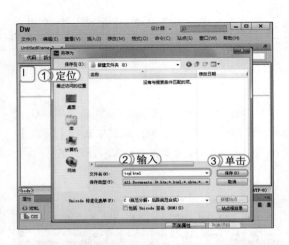

经验一箩筐——Ctrl+S 的使用

在一般的 HTML 网页中按 Ctrl+S 组合键，则会直接保存整个网页，而框架布局中，如果将插入点定位到框架中，按 Ctrl+S 组合键，则会保存框架；选择框架集后按 Ctrl+S 组合键，则会保存框架集，如果在没有框架的情况下，则会出现先保存框架的操作，并且此时按 Ctrl+S 组合键与选择【文件】/【保存全部】命令后的操作相同。

下面将新建一个框架，并对其框架集及框架进行保存。其具体操作如下：

资源文件

效果 \ 第 3 章 \Frame\

实例演示 \ 第 3 章 \ 保存框架集和框架

STEP 01： 新建框架集

新建一个 HTML 网页，再选择【插入】/【HTML】/【框架】命令，在弹出的子菜单中选择"上方及左侧嵌套"命令。

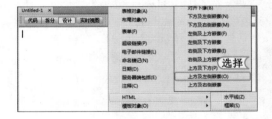

STEP 02: 设置框架标签辅助功能属性

在打开的对话框中保持默认设置，直接单击 确定 按钮，完成设置框架标签辅助功能属性。

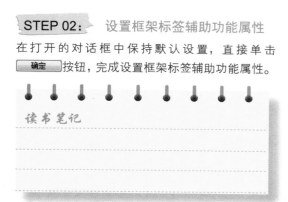

读书笔记

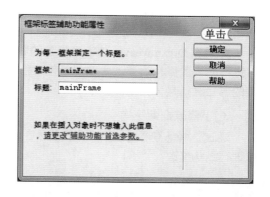

STEP 03: 保存上方框架

1. 将插入点定位到上方的框架中。
2. 按 Ctrl+S 组合键，在打开的对话框中设置框架保存的位置。
3. 在"文件名"文本框中输入框架名称 "topFrame.html"。
4. 单击 确定 按钮，完成保存上方框架的操作。

067

72区
Hours

62
Hours

52
Hours

42
Hours

32
Hours

22
Hours

12
Hours

STEP 04: 保存其他框架

使用相同方法，对左侧及右侧的框架进行保存，并且分别命名为"leftFrame.html"和"main.html"，在保存的文件中查看效果。

提个醒 在对框架集中的框架进行保存操作后，在保存的文件夹中应该存在 3 个 HTML 网页。

STEP 05: 保存整个框架集

1. 选择【文件】/【保存全部】命令，在打开的对话框中选择需要保存框架集的位置。
2. 在"文件名"文本框中输入"mainFrameset.html"。
3. 单击 保存(S) 按钮，完成保存整个框架集的操作。

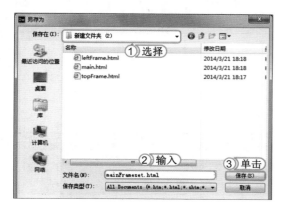

3. 修改框架集结构

如果在 Dreamweaver CS6 中新建的默认框架集，其结构不能满足实际应用的具体需求时，可进行必要的结构调整，主要包括修改框架结构和调整相邻框架所占比例。下面将对调整框架集的方法进行具体介绍。

（1）修改框架结构

通过选择【修改】/【框架集】命令，在弹出的子菜单中选择某项命令可对当前被选中框架进行结构修改。

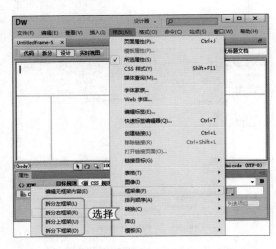
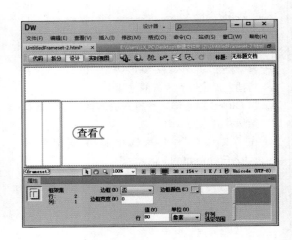

（2）修改相邻框架所占比例

对于两个相邻的框架，需要重新调整它们在整个框架集中所占的比例，使框架集结构符合预期的设计要求，而修改相邻框架所占比例可通过拖动分隔线或输入其具体值来实现。下面将分别进行介绍。

🔑 通过拖曳分隔线调整框架：将鼠标光标定位在相邻框架的分隔线上，当鼠标光标变为"↔"（或"↕"）形状时，按住鼠标左键，拖动鼠标到目标位置后，释放鼠标即可完成对相邻两框架比例的调整。

🔑 通过输入数值调整框架：选中整个框架集，在"框架集"属性面板中通过框架选择器选中目标框架，在"行"（"列"）的"值"文本框中输入比例数值，并设置数值单位，可实现框架比例的调整。

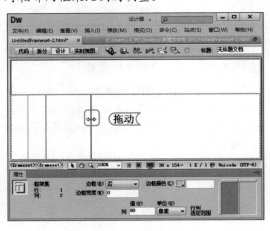
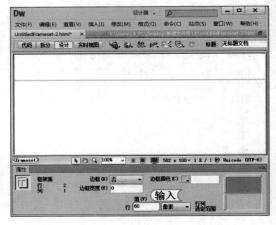

4. 删除框架

当框架集中出现多余的框架时，需要将其删除。在 Dreamweaver CS6 中没有提供专门的菜单命令或按钮对多余框架进行删除，如果需要删除框架，可将该框架与相邻框架的分隔线框拖出文档窗口或拖动到父框架的边框上，如果被删除的框架中有文档尚未保存，则 Dreamweaver CS6 将出现保存文档的提示。

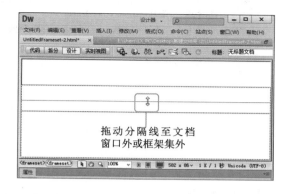
拖动分隔线至文档
窗口外或框架集外

> **经验一箩筐——框架集的删除**
>
> 不能通过拖动边框删除一个框架集。要删除一个框架集，必须关闭显示它的文档窗口。如果该框架集文件已保存，则可在 Windows 中直接删除该文档。

3.2.3 设置框架集和框架的属性

除了可对创建的框架集和框架进行修改、删除和保存等操作外，还可根据设计需求对框架集和框架进行相应的属性设置。下面将分别对框架集和框架的各种属性设置进行介绍。

1. 设置框架集的属性

设置框架集属性前必须先选中框架集，选中的方法是单击框架集的任一边框或框架之间的分隔线，如果在文档窗口中看不到框架边框和分隔线，可选择【查看】/【可视化助理】/【框架边框】命令，显示框架集边框。在选中框架集后，可在其属性面板中设置其属性，如框架集的大小边框、边框宽度、边框颜色和框架集列宽或行高等。

> **经验一箩筐——预览实际效果时看不到框架的边框和分隔线的原因**
>
> 当边框宽度为"0"时有两种情况：如果"边框"属性被设为"是"，则会显示一定宽度的默认边框；如果为"否"，则不论是否设置"边框宽度"，相邻两个框架之间都不会显示实际的边框。

2. 设置框架的属性

完成对框架集属性的设置后，还需要继续对框架集中包含的各个框架进行必要的设置。设置框架主要包括设置框架引用的网页文档 URL 地址、"滚动"方式、边框和边界等对象。

与设置"框架集"属性一样，进行框架设置前也需要先选中需要设置的框架，选中后可在其属性面板中对框架的属性值进行设置。

62
Hours
▲

52
Hours
▲

42
Hours
▲

32
Hours
▲

22
Hours
▲

12
Hours
▲

下面将对框架属性面板中的各种参数作用进行介绍。

- ✎ "框架名称"文本框：用于对当前成员框架的 ID 属性进行编辑，此文本框的默认值为新建框架页操作过程中，在"框架标签辅助功能属性"对话框中设置的框架名称。

- ✎ "源文件"文本框：用于指定当前成员框架所引用的网页文档的 URL 地址，该属性设置的效果与【文件】/【在框架页中打开】命令操作相同。

- ✎ "滚动"下拉列表框：用于设置当前选中的框架是否显示滚动条，包括"是"、"否"、"自动"和"默认" 4 个选项。当选择"自动"选项时浏览器将根据该框架的内容长度自动确定是否显示滚动条；若选择"默认"选项则会根据浏览器类型和版本的不同，呈现不同的滚动效果。

- ✎ ☑ 不能调整大小(R) 复选框：选中该复选框时，访问者无法通过拖动框架边框在浏览器中调整框架大小。

- ✎ "边框"下拉列表框：该列表框与框架集中对应属性设置项完全相同，在此处调整"边框"选项将重写整个框架集的边框设置。

- ✎ 边框颜色：边框颜色设置与框架集中对应设置项完全相同，在此处进行"边框颜色"设置将重写整个框架集的边框颜色属性。

- ✎ "边界宽度"文本框：用于设置框架正文的左边距和右边距宽度，单位为"像素"。

- ✎ "边界高度"文本框：用于设置框架正文的上边距和下边距宽度，单位为"像素"。

▌经验一箩筐——选中框架

对框架的选择操作需要用到"框架"浮动面板，在该面板中可快速地选择需要设置的框架，打开"框架"浮动面板的方法为：选择【窗口】/【框架】命令或按 Shift+F2 组合键，即可打开"框架"浮动面板，同样也可使用拖动的方法让该面板单独存在于 Dreamweaver CS6 窗口中。

3.2.4　内嵌式框架的应用

内嵌式框架又叫浮动框架（IFrame），它可以在一个网页文档中嵌入另一个网页文档而无需使用框架结构。内嵌式框架具有使用灵活、无需设置框架集文档的特点，可在任何 HTML 文档中使用，常被用于新闻评论、在线调查等功能栏目中。由于它可以在不影响父页面的情况下单独刷新，可实现很多交互功能，因此得到了广泛的应用。下面将对内嵌式框架的创建及属性设置进行介绍。

1. 创建内嵌式框架

要在文档窗口中插入内嵌式框架，可通过选择【插入】/【HTML】/【框架】/【IFRAME】命令后自动切换到"拆分"视图中使用 HTML 代码进行操作。

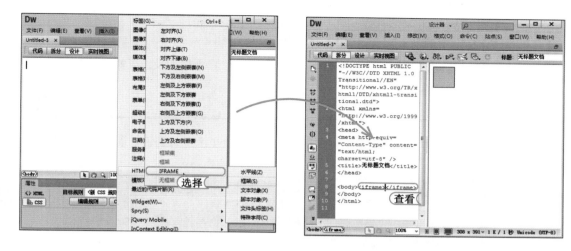

2. IFrame 框架的属性设置

对插入的 IFrame 框架的属性设置，可通过选择【窗口】/【标签检查器】命令，打开"标签检查器"浮动面板，在该面板中，单击 **属性** 按钮，在"常规"选项卡的列表框中单击各种属性后的空白文本框进行属性值的设置。IFrame 框架的属性包括高、宽、名称以及内容的对齐方式等。

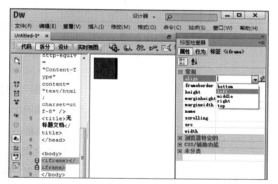

下面将分别对 IFrame 框架属性的具体作用进行介绍。

🔑 align：主要用于设置 IFrame 框架的对齐方式。

🔑 frameborder：主要用于设置 IFrame 框架边框的粗细。

🔑 height：主要用于设置 IFrame 框架的高度。

🔑 marginheight（marginwidth）：主要用于设置 IFrame 框架纵向（横向）的边距。

🔑 name：主要用于设置 IFrame 框架的名称。

🔑 scrolling：主要用于设置 IFrame 框架的滚动条。

🔑 src：主要用于设置 IFrame 框架载入的目标 URL。

🔑 width：主要用于设置 IFrame 框架的宽度。

▌经验一箩筐——IFrame 框架的属性设置

上述所介绍的各种属性，同样可在代码文档中进行设置，如设置 IFrame 框架的高度和宽度，则可写成 `<iframe height="300" width="300"></iframe>`，表示将 IFrame 框架的高度设置为 300，宽度也设置为 300。同样，其他属性在代码中也是相同的书写方法。

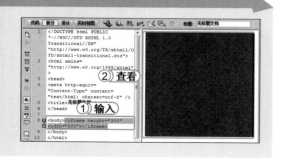

62
Hours

52
Hours

42
Hours

32
Hours

22
Hours

12
Hours

上机 1 小时 ▶ 制作后台管理

🔍 进一步掌握框架的创建。　　　　　　　🔍 进一步熟悉框架及框架集的保存方法。

🔍 进一步熟悉框架的拆分。

本例将综合运用框架集和框架的相关知识，创建一个常见的后台管理页面，最终效果如下图所示。

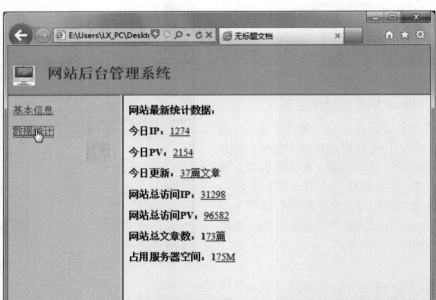

资源文件

素材 \ 第 3 章 \g1_Frame\
效果 \ 第 3 章 \g1_Frame\
实例演示 \ 第 3 章 \ 制作后台管理

STEP 01： 创建框架集

1. 新建一个 HTML 网页，并选择【插入】/【HTML】/【框架】命令，在弹出的子菜单中选择"对齐上缘"命令。

2. 打开"框架标签辅助功能属性"对话框，保持默认设置，单击 确定 按钮。

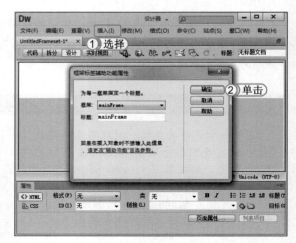

读书笔记

STEP 02： 拆分框架

1. 将插入点定位到下方框架。
2. 选择【修改】/【框架集】命令，在弹出的子菜单中选择"拆分左框架"命令即可将插入点所在的框架拆分为左右框架。

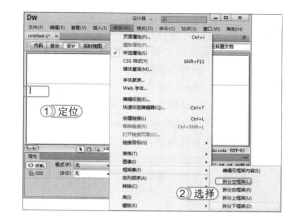

提个醒 框架结构的网页通常由多个网页文档共同构成，因此制作框架型网页的过程实际上就是对这些网页的组合过程，最好在制作之前将所有框架中要用到的网页文档集中保存在一个文件夹中方便操作。

STEP 03： 设置框架集属性

1. 选中下方两个框架之间的分隔线，以达到选中框架集的目的。
2. 在"框架集"属性面板中设置"边框"为"是"，"边框宽度"为"1"，"边框颜色"为"#666666"，"列"值为"180"。

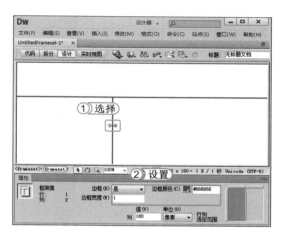

提个醒 在下方框架中选中其分隔线，只会选中拆分框架所在的框架集，不会选中整个网页中的框架集。

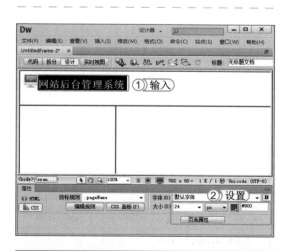

STEP 04： 插入框架内容

1. 在上方框架中添加图像，并输入文本"网站后台管理系统"。
2. 选中插入的文本，在"文本"属性面板的"CSS"分类下，设置大小为"24"，单击 **B** 按钮设置文本粗体效果，设置颜色为"#900"。

提个醒 设置字体的大小、粗体和颜色时，在打开的"新建CSS规则"对话框中将"选择器名称"设置为"pageName"。

▎经验一箩筐——代码输入

在设置所选择的文本属性时，可直接切换到"代码"视图中，找到新建CSS规则的名称，在其中直接输入属性值的代码属性，如上述操作步骤所使用到的属性代码如右图所示。

```
.pageName {
    font-size: 24px;
    color:#900;
    font-weight:bold;
}
```

073

72☒
Hours

62
Hours

52
Hours

42
Hours

32
Hours

22
Hours

12
Hours

STEP 05： 设置背景颜色及图片属性

1. 将插入点定位到上部分框架中，单击 代码 按钮切换到"拆分"视图中。
2. 添加代码 "float:left;" 和 "margin:20px 0px 30px 20px;" 设置文本在框架中的位置。
3. 添加代码 "body{background-color:#69F;}" 设置框架的背景颜色为深蓝色。
4. 添加代码 "img{margin-top:20px;float:left;}"，设置图片的具体位置。

STEP 06： 保存框架

1. 单击 设计 按钮，切换到"设计"视图中。
2. 将插入点定位到上部分框架中，按 Ctrl+S 键保存框架为 "top.html"。

读书笔记

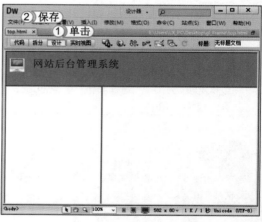

STEP 07： 保存框架集

1. 单击框架集顶部边框，选中整个框架集。
2. 选择【文件】/【框架集另存为】命令，在打开的对话框中选择保存路径，设置文件名为 "admin.html"。
3. 单击 保存(S) 按钮。

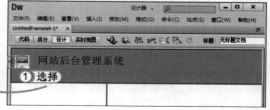

提个醒 对于新建的框架，如果在框架的页面中插入了内容，应立即将其保存，防止在之后的操作中出现意外造成页面编辑工作的损失。

STEP 08： 在框架中打开网页文档

1. 在左侧框架中定位插入点，选择【文件】/【在框架中打开】命令。
2. 在"选择 HTML 文件"对话框中选择文件"left.html"。
3. 单击 确定 按钮。

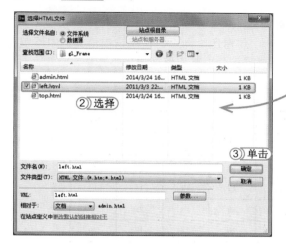

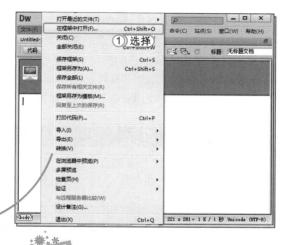

提个醒 在框架中打开文档之前，要先将新建的框架集文档进行保存，如果框架集未保存，则嵌入到框架中的网页文档路径就无法使用相对路径，对设置过程会造成一定的阻碍，因此先保存框架集文档再打开框架中网页文档的操作会避免很多不必要的麻烦。

STEP 09： 设置框架中的超级链接

1. 在左侧框架中，选中文本"基本信息"，在"插入"浮动面板的"常用"选项卡中单击"超级按钮"按钮。
2. 在打开对话框中设置"链接"为"main1.html"，"目标"为"mainFrame"，单击 确定 按钮。
3. 按相同方法设置"数据统计"文本链接为"main2.html"，目标设置为"mainFrame"，单击 确定 按钮。

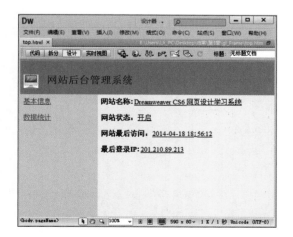

STEP 10： 在框架中打开网页并保存

在下方右侧框架中定位插入点，选择【文件】/【在框架中打开】命令，在框架中打开"main1.html"作为默认打开页面，选择【文件】/【保存全部】命令，对整个框架集和修改后的框架进行保存，单击"在浏览器中预览/调试"按钮，在弹出的下拉列表中选择"预览在 IExplor"选项进行浏览。

62 Hours
52 Hours
42 Hours
32 Hours
22 Hours
12 Hours

3.3 练习 1 小时

本章主要介绍表格和框架的应用，学习了在网页中如何使用表格进行布局，并且对表格的基本操作也进行了相应的介绍。对于框架，介绍了框架的插入、框架集和框架的属性设置等，并且使用框架对网页进行布局，制作出一个简单的后台管理页面。为了让用户能巩固表格及框架的使用，下面将以制作"台历"页面进行练习，以达到表格和框架熟练使用的目的。

制作"台历"页面

本次练习将综合表格及框架的应用，制作一个"台历"网页，让用户在该实例中不仅能对表格知识进行巩固，还能对框架的布局知识进行练习。其最终效果如下图所示。

	2014年一月					
星期日	星期一	星期二	星期三	星期四	星期五	星期六
						1
2	3	4	5	6	7	8
9	10	11	12	13	14	15
16	17	18	19	20	21	22
23	24	25	26	27	28	29
30	31					

一月
二月
三月
四月
五月

资源文件
素材 \ 第 3 章 \taili\
效果 \ 第 3 章 \taili\
实例演示 \ 第 3 章 \ 制作"台历"页面

读书笔记

72 HOURS

第

添加网页元素

4

章

学习 3 小时

- 在网页中添加文本
- 在网页中添加段落
- 在网页中添加图像

网页作为一种信息的载体，其中包含的对象多种多样，而网页最主要的元素就是文本和图像，文本作为信息的主要承载元素，它的添加和应用对整个网页起着非常重要的作用。而图像一方面起着美化网页效果的作用，另一方面传递着一些文字无法表达的信息。可以说，无论是什么类型的网站，都离不开文本和图像元素。

上机 5 小时

4.1 在网页中添加文本

要从网页中传递出相关信息,文本是必不可少的元素,一个再绚丽的网页也需要有文本元素,才能表达出网页真正所要表达的含意。本节将在网页中添加文本、水平线、特殊符号、时间和注释等,并对网页中的文本进行相关设置,让文本在网页中显得更加贴切。下面将分别进行介绍。

学习1小时

🔍 掌握添加及设置文本样式的方法。　　🔍 掌握特殊符号、时间和注释的插入方法。
🔍 掌握插入和设置水平线的相关操作。

4.1.1 添加文本

网页中最常见的元素便是文字元素,这些文字在网页设计中被称作文本,在 Dreamweaver CS6 中可以直接输入文本内容,也可以从其他地方复制文本到当前文档的目标位置。

在网页中输入文本都是非常简单的,并且其操作方法与其他的文本编辑软件没有什么区别,只需在要输入文本的位置定位插入点,然后直接输入文本到目标位置即可。

4.1.2 文本的基本操作

在 Dreamweaver CS6 中对文本的基本操作与其他文字处理软件类似,主要包括插入、删除、移动、查找和替换等。

下面将在 "textOperation.html" 网页中,对网页中的文本进行插入、删除、粘贴等操作。其具体操作如下:

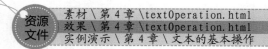

资源文件　素材 \ 第 4 章 \textOperation.html
效果 \ 第 4 章 \textOperation.html
实例演示 \ 第 4 章 \ 文本的基本操作

STEP 01： 打开素材文档并插入文本

1. 打开 "textOperation.html" 网页文档，将插入点定位到第 1 行 "或" 字后。
2. 切换到中文输入法，输入文本内容 "复制"。

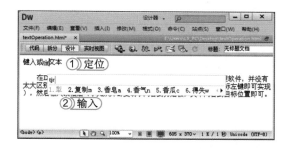

STEP 02： 删除多余文本

1. 选中第 2 行中的 "复制" 文本。
2. 选择【编辑】/【清除】命令，删除所选的多余文本。

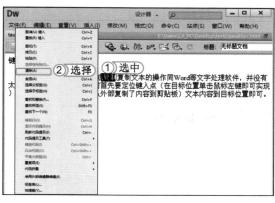

> **提个醒**
> 在网页文档中选择多余的文本后，可直接按 Delete 键将其删除。

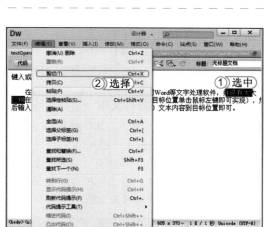

STEP 03： 剪切文本

1. 选中第 2 行中的文本 "并没有太大区别"。
2. 选择【编辑】/【剪切】命令，将这段文本剪切到剪贴板。

> **提个醒**
> 在 Dreamweaver CS6 中也可以使用 Windows 常用的 Ctrl+C 组合键对所选文本进行复制操作，使用 Ctrl+V 组合键完成粘贴操作。

经验一箩筐——选择性粘贴

在粘贴外部文本时，如果不想将外部所复制的文本格式粘贴到网页文档中，此时可使用选择性粘贴的功能选择需要粘贴的文本样式。其方法为：复制外部文本后，选择【编辑】/【选择性粘贴】命令或按 Ctrl+Shift+V 组合键，打开 "选择性粘贴" 对话框，在 "粘贴为" 栏中即可选择仅文本、带结构的文本等需要粘贴的文本样式。

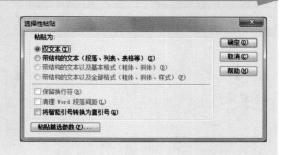

62
Hours

52
Hours

42
Hours

32
Hours

22
Hours

12
Hours

STEP 04：　粘贴文本

1. 在第2行中的"处理软件"文本后定位插入点。
2. 选择【编辑】/【粘贴】命令，将这段文本移动到目标位置。

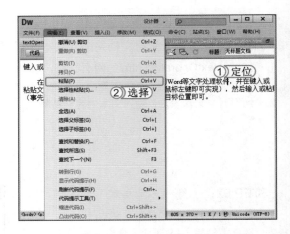

> **提个醒** 　除菜单命令外，还可通过在选中文本上单击鼠标右键，在弹出的快捷菜单中选择"复制"或"剪切"命令，并在目标位置单击鼠标右键，选择"粘贴"命令实现复制或移动。

STEP 05：　执行查找替换命令

1. 将插入点定位到文档的开始处。
2. 选择【编辑】/【查找和替换】命令，打开"查找和替换"对话框。

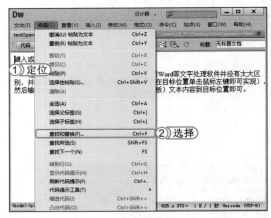

> **提个醒** 　替换单个文本，可在"查找和替换"对话框中单击 查找下一个(N) 按钮找到目标文本，然后单击 替换(R) 按钮将其替换。

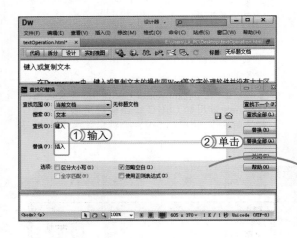

STEP 06：　替换目标文本

1. 在"查找"文本框中输入文本"键入"，在"替换"文本框中输入文本"插入"。
2. 单击 替换全部(A) 按钮，将所有"键入"文本替换为"插入"文本，完成后按 Ctrl+S 组合键保存文档，按 F12 键预览文档。

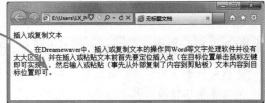

读书笔记

4.1.3 设置文本字体和大小

在 Dreamweaver CS6 中设置被选中文本的字体和大小，是通过"CSS"分类下的"字体"和"大小"下拉列表框来完成的。

在 Dreamweaver CS6 中设置文本可通过"HTML"和"CSS"两种方式，它们分别采用不同的方式实现对文本的格式设置，其包含的设置项也有所不同。可以通过单击该"属性"面板左侧的 ◇ HTML 和 ▲ CSS 按钮进行切换，并对文本的样式进行设置。

切换 HTML 与 CSS   设置文本字体、字号和颜色

1. 编辑字体

在新安装的 Dreamweaver CS6 中，默认情况下只为用户提供了 Dreamweaver CS6 自带的字体，并不会显示系统中安装的字体，这时用户可通过编辑字体的方法，将系统中的字体添加到 Dreamweaver CS6 中，以便制作网页时使用。

下面将介绍编辑字体的具体方法。其具体操作如下：

资源文件　实例演示 \ 第 4 章 \ 编辑字体

STEP 01： 准备添加字体

1. 按 Ctrl+N 组合键新建空白 HTML 文档，单击"属性"面板左侧的 ▲ CSS 按钮，切换到"CSS"属性面板。
2. 在"字体"下拉列表框中选择"编辑字体列表"命令，打开"编辑字体列表"对话框。

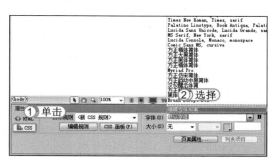

STEP 02： 添加"仿宋"字体

1. 在打开对话框的"可用字体"列表框中选择"仿宋"选项。
2. 单击"可用字体"窗格左侧的 ≪ 按钮，将该字体添加到"字体列表"列表框中。

提个醒　如果将"可用字体"列表框中不需要的字体添加到了"选择的字体"列表中，可单击 ≫ 按钮，将错误字体从"选择的字体"列表框中删除。

081

72□
Hours

62
Hours

52
Hours

42
Hours

32
Hours

22
Hours

12
Hours

STEP 03： 添加"楷体"和"黑体"

1. 在"字体列表"列表框的左上角单击 ⊞ 按钮，添加字体项。
2. 在"可用字体"列表框中选择"楷体"选项。
3. 单击 « 按钮将"楷体"添加进"字体列表"列表框，参考上述方法，将"黑体"加入"字体列表"列表框。

> **提个醒** 如果在"可用字体"列表框中不容易找到需要添加的字体时，只需在"可用字体"列表框下方的文本框中输入字体名称，即可快速查找到所需字体。

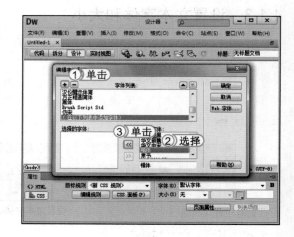

STEP 04： 调整字体排列顺序

1. 在"字体列表"列表框中选择刚添加的"黑体"字体。
2. 单击 ▲ 按钮将"黑体"移到"仿宋"之前。
3. 单击 确定 按钮保存设置。

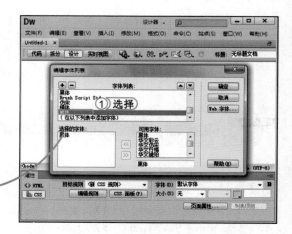

▌经验一箩筐——先添加新字体项

如果需要连续添加多个新字体，则必须在每次添加新字体前，通过单击 ⊞ 按钮先添加一个新字体项，再向该字体项中追加新字体，这点非常重要，如果忽略了这一步骤，就会导致在原有字体项上追加新字体的错误操作，字体列表中的原有字体将被新字体代替。

2. 设置字体和大小

　　编辑完字体后，则可在网页文档中选择文本，然后在"CSS"属性面板中的"字体"下拉列表框中选择所编辑的字体。同样字体大小的设置也可在该属性面板中进行，在"大小"下拉列表框中选择需要设置的字体大小即可。不管是设置字体还是字体的大小，在下拉列表中进行选择后都会打开"新建CSS规则"对话框，在该对话框中的"选择器名称"文本框中输入一个英文名称（关于CSS规则将在后面章节进行介绍），其他设置保持默认状态，单击 确定 按钮，便可完成字体和字体大小的设置。

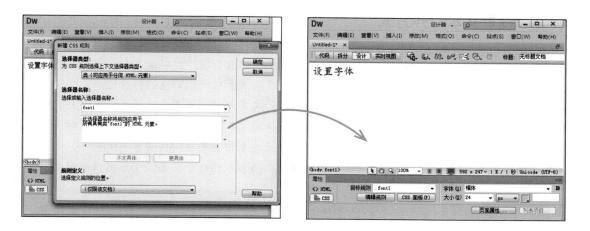

4.1.4　设置文本颜色

在 Dreamweaver CS6 中，设置文本颜色与设置文本字体和大小的操作基本相同，都可在
"CSS"属性面板中进行设置，其方法为：选择需要设置颜色的文本，在"CSS"属性面板中
单击"文本颜色"按钮█，在弹出的颜色面板中选择需要设置的颜色即可。

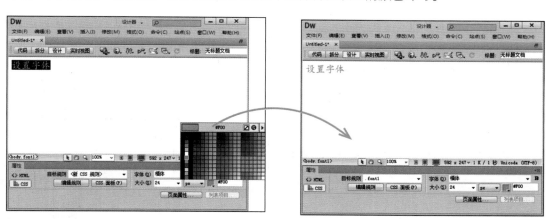

| 经验一箩筐——添加自定义颜色

如果在颜色面板中的颜色并不满足用户设置
文本的需求，此时可通过单击颜色面板中
的"系统颜色拾取器"按钮●，在打开的
"颜色"对话框中，选择需要的颜色，单击
[　添加到自定义颜色(A)　] 按钮，添加到"自
定义颜色"面板中，单击[确定]按钮即可。

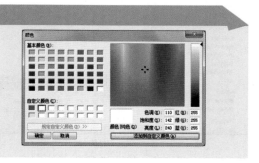

4.1.5　设置文本样式

在"CSS"属性面板中设置文本的样式，可直接单击"粗体"按钮**B**和"倾斜"按钮*I*，
将文本样式设置为粗体和倾斜。

62
Hours

52
Hours

42
Hours

32
Hours

22
Hours

12
Hours

4.1.6 设置文本对齐方式

"文本"属性面板的"CSS"分类中有针对文本对齐方式设置的按钮，分别是"左对齐"按钮、"居中对齐"按钮、"右对齐"按钮和"两端对齐"按钮，它们都用于设置文本相对于页面或其他元素（如表格）的水平对齐方式。下面将分别对其进行介绍。

🔑 "左对齐"按钮：单击该按钮，可使所选择的文本相对于页面或父容器向左对齐。

🔑 "居中对齐"按钮：单击该按钮，可使所选择的文本相对于页面或父容器居中对齐。

🔑 "右对齐"按钮：单击该按钮，可使所选择的文本相对于页面或父容器右对齐。

🔑 "两端对齐"按钮：单击该按钮，可使所选择的文本相对于页面或父容器两端对齐。

经验一箩筐——设置选择器名称

在对不同文本进行属性设置时，在打开的"新建CSS规则"对话框中，其"选择器名称"文本框中所输入的名称一定不能重复，除非是选择相同的文本对象进行设置。

4.1.7 插入和设置水平线

水平线主要用于分割文本段落和页面修饰等。插入水平线可通过两种方法进行实现，一种是通过菜单命令实现，另一种是通过"插入"浮动面板实现。下面将分别介绍这两种操作方法。

🔑 通过菜单命令实现：将插入点定位到目标位置，然后选择【插入】/【HTML】/【水平线】命令，便可在目标位置插入一条水平线。

🔑 通过"插入"浮动面板来实现：将插入点定位到目标位置，然后按Ctrl+F2组合键，打开"插入"浮动面板，在该浮动面板的"常用"分类中单击"水平线"按钮，便可在目标位置插入一条水平线。

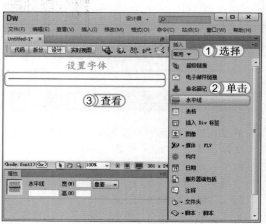

插入水平线后，则可选择水平线，通过"水平线"的属性面板对所选择水平线进行属性设置，如高、宽和对齐方式等，当然用户也可为所选择水平线应用类，设置更多的属性样式。

下面将分别对"水平线"属性面板中的各种参数进行介绍。

- "ID"文本框：主要是为所选水平线指定唯一的 ID 编号标识符。
- "宽"和"高"文本框：分别用于为水平线指定宽度和高度，其中宽度可以通过"单位"下拉列表框选择指定宽度单位，包括"%"和"像素"两种单位计量。
- "对齐"下拉列表框：主要用于指定水平线在页面中的对齐方式，有"默认"、"左对齐"、"居中对齐"和"右对齐"4 种方式可选。
- ☑阴影(S)复选框：主要用于设置水平线是否显示阴影效果，默认为是。
- "类"下拉列表框：主要用于为该水平线指定一个 CSS"类"样式，来修饰外观显示效果。

4.1.8　插入特殊符号、时间和注释

在 Dreamweaver CS6 中还专门提供了特殊符号、时间和注释等元素的插入功能，大大简化了编辑人员在添加内容时的操作。下面将分别对各种特殊符号、时间和注释的插入方法进行介绍。

1. 插入特殊符号

所谓"特殊符号"是指无法通过键盘直接输入的一类符号，比如：版权符号©、注册商标符号®、商标符号™、欧元符号€等。而插入这一类符号可通过两种方法进行插入。一种是通过菜单命令进行插入，另一种是通过"插入"浮动面板进行插入。下面将分别对这两种插入的方法进行具体介绍。

通过菜单命令实现：将插入点定位到目标位置，然后选择【插入】/【HTML】/【特殊字符】命令，在弹出的子菜单中选择需要插入的特殊符号即可。

通过"插入"浮动面板来实现：将插入点定位到目标位置，然后按 Ctrl+F2 组合键，打开"插入"浮动面板，在该浮动面板的"文本"分类下，单击"字符"按钮右侧的下拉按钮，在弹出的下拉列表中选择需要插入的特殊字符即可。

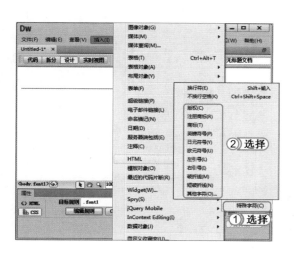

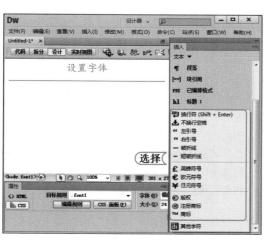

085

72
Hours

62
Hours

52
Hours

42
Hours

32
Hours

22
Hours

12
Hours

▋ 经验一箩筐——输入更多特殊字符

如果使用到上述方法都无法输入特殊符号，也可以在"插入"浮动面板的"文本"分类中单击"字符"按钮 ，在弹出的下拉列表中选择"其他字符"选项，打开"插入其他字符"对话框，其中可选择有更多的特殊符号。

2. 插入时间

该功能与 Word 中的插入日期功能类似，直接选择【插入】/【日期】命令即可，另外通过"插入"浮动面板"常用"分类中的"日期"按钮 也可以插入。

下面将在"add_time.html"网页中插入当前时间。其具体操作如下：

> **资源文件**
> 素材 \ 第 4 章 \add_time.html
> 效果 \ 第 4 章 \add_time.html
> 实例演示 \ 第 4 章 \ 插入时间

STEP 01： 打开"插入日期"对话框

1. 打开"add_time.html"网页，将插入点定位到"查看时间："文本后。
2. 按 Ctrl+F2 组合键，打开"插入"浮动面板，在"常用"分类列表中，单击"日期"按钮 ，打开"插入日期"对话框。

> **提个醒** 打开"插入日期"对话框，除了在"插入"浮动面板中实现外，还可以通过选择【插入】/【日期】命令实现。

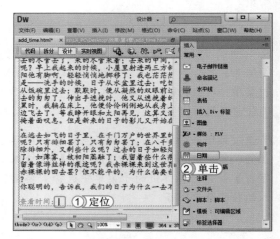

STEP 02： 设置时间

1. 在打开的对话框中将"星期格式"设置为："星期四，"。
2. 在"日期格式"列表框中选择"1974 年 3 月 7 日"选项。
3. 在"时间格式"下拉列表框中选择"10:18 PM"选项。
4. 选中 储存时自动更新 复选框，在每次打开网页查看文章时，其时间则会更新为当前时间。
5. 单击 确定 按钮，完成日期设置。

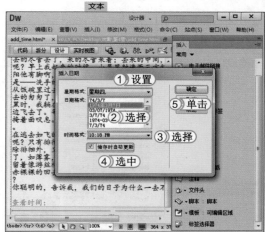

> **提个醒** 插入日期设置包括 3 个部分，分别是"星期格式"、"日期格式"和"时间格式"，除日期是必要部分外，星期和时间都是可选项。通过选择"星期格式"和"时间格式"下拉列表框的"[不要星期]"和"[不要时间]"选项即可取消星期和时间部分的显示。

STEP 03： 保存网页并查看效果

插入时间后，按 **Ctrl+S** 组合键对网页进行保存，按 **F12** 键在 **IE** 浏览器中进行预览。

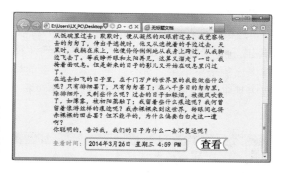

经验一箩筐——编辑日期

在网页文档中，如果对插入的日期想重新修改其显示格式，可选择需要修改日期格式的日期对象，在其时间属性面板中单击 编辑日期格式 按钮，重新打开"插入日期"对话框进行日期格式的编辑。

3. 插入注释

Dreamweaver CS6 中所指的"注释"是 HTML 的一种帮助信息，这些信息不会显示到浏览器的正文窗格中，也就是说访问者将看不到这些注释信息。而当网页设计者或动态网页开发者在设计页面或编写 HTML 代码时注释会起到非常好的辅助阅读和辅助理解的作用。

标准化网页设计中常常要求提供必要的注释信息，通过 Dreamweaver CS6 的"代码视图"可以轻松地找到类似"<!-- 注释 1：以下为 ×× 功能代码部分 -->"这样的注释代码。而在网页中添加注释的方法也可以通过菜单命令和"插入"浮动面板来实现。下面将分别对其方法进行具体的介绍。

🔑 **通过菜单命令实现：** 将插入点定位到目标位置，选择【插入】/【注释】命令，打开"注释"对话框，在该对话框的"注释"文本框中输入需要注意的文本内容，单击 确定 按钮，便可完成注释的插入操作。

🔑 **通过"插入"浮动面板来实现：** 在"插入"浮动面板的"常用"分类下，单击"注释"按钮，打开"注释"对话框，在该对话框的"注释"文本框中输入注释内容，单击 确定 按钮，完成插入注释的操作。

62
Hours

52
Hours

42
Hours

32
Hours

22
Hours

12
Hours

在添加"注释"后,会打开一个提示对话框,提示插入的注释元素不能在网页中显示。如果要在网页中显示插入的"注释"元素,此时可按 **Ctrl+U** 组合键,打开"首选参数"对话框,在"分类"列表框中选择"不可见元素"选项,在右侧的"显示"复选框组中选中☑**注释** 复选框,单击 确定 按钮。如果此时不能查看到注释图标,则可选择【查看】/【可视化助理】命令,在弹出的子菜单中将"不可见元素"命令前打钩,此时注释将在文档窗口中以 图标形式出现,选中其中某一注释图标可在属性面板中进行修改。

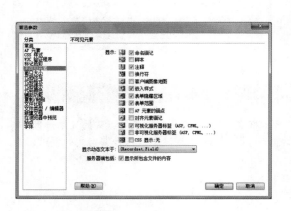 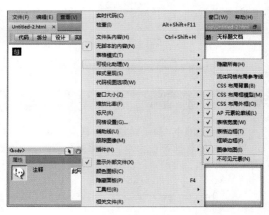

上机 1 小时 ▶ 编辑我的空间网页

🔍 进一步掌握在页面中插入文本、水平线、特殊符号和时间等对象的操作。

🔍 进一步熟悉页面文本属性的格式设置方法。

本例通过在"我的空间"素材文档中增加页脚来练习插入水平线和各种特殊符号的操作,然后通过对一段文本的格式进行设置,练习文本格式的属性设置方法。

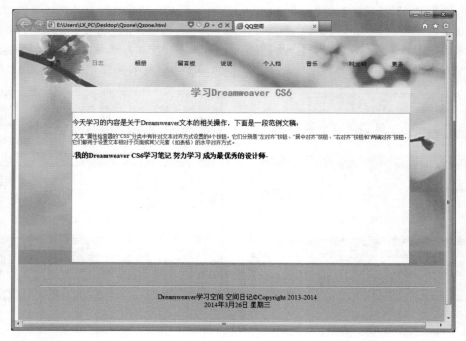

资源
文件
素材 \ 第 4 章 \Qzone\Qzone.html
效果 \ 第 4 章 \Qzone\Qzone.html
实例演示 \ 第 4 章 \ 编辑我的空间网页

STEP 01： 插入水平线

1. 打开"Qzone.html"网页文档，将插入点定位到最下方的"Dreamweaver 学习空间 空间日记"文本前。
2. 按 Ctrl+F2 组合键，打开"插入"浮动面板，在该面板的"常用"分类下，单击"水平线"按钮██。

STEP 02： 设置水平线属性参数

1. 在"水平线"属性面板中将"宽"设为"90"，在"高"文本框中输入"1"。
2. 在"单位"下拉列表框中选择"%"。

提个醒　水平线可以实现页面内容在视觉上的有效分割，是 HTML 网页中不可或缺的重要呈现元素。

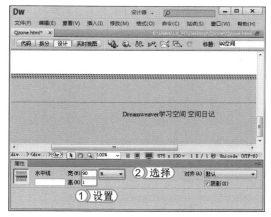

STEP 03： 插入版权符号

1. 在"Dreamweaver 学习空间 空间日记"文本之后定位插入点。
2. 在"插入"浮动面板的"文本"分类列表下，单击"字符"按钮██-右侧的下拉按钮▼，在弹出的下拉列表中选择"版权"选项。

读书笔记

提个醒　对于从外部复制的文本内容中的特殊符号，在 Dreamweaver CS6 中往往不能正常显示，通常情况下都需要通过在 Dreamweaver CS6 中插入特殊符号的方法替换这些不能正常显示的特殊符号。

STEP 04： 插入 BR 换行符

1. 将插入点定位在版权符号后，输入文本"Copyright 2013-2014"。
2. 在"插入"浮动面板的"文本"分类列表下，单击"字符"按钮 右侧的下拉按钮 ，在弹出的下拉列表中选择"换行符"选项，进行换行。

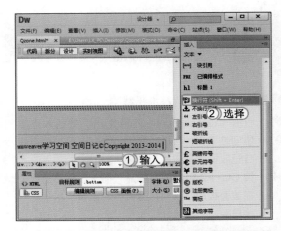

STEP 05： 插入日期

1. 在"插入"浮动面板中的"常用"分类列表下，单击"日期"按钮 ，打开"插入日期"对话框。
2. 在打开的对话框中将"星期格式"设置为"星期四"、"日期格式"设置为"1974 年 3 月 7 日"。
3. 选中 ☑ 储存时自动更新 复选框。
4. 单击 确定 按钮，完成日期的插入。

STEP 06： 打开文本文档复制内容

打开素材文本文档"范例文本 .txt"。选中全部文本，在选中的文本上单击鼠标右键，在弹出的快捷菜单中选择"复制"命令。

读书笔记

STEP 07： 打开"选择性粘贴"对话框

1. 返回 Dreamweaver CS6 网页界面，选中第二段文本"范例文本内容"。
2. 选择【编辑】/【选择性粘贴】命令，打开"选择性粘贴"对话框。

提个醒
虽然 txt 文档没有太多的格式设置，但基本的段落格式仍然是具备的，因此可以对从 txt 文档中复制出来的文本内容采用"选择性粘贴"中的"带结构的文本"方式进行粘贴。

STEP 08： 执行选择性粘贴

1. 在"选择性粘贴"对话框中，选中
   ◉ 带结构的文本（段落、列表、表格等）(S)
   单选按钮。
2. 单击 确定 按钮完成粘贴。

提个醒
如果"选择性粘贴"对话框中的☐保留换行符(R)复选框未被选中，则粘贴到文档窗口的文本将无法保留换行的格式。

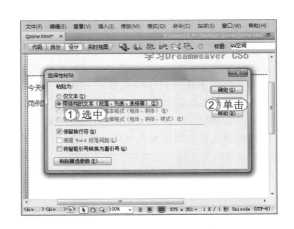

STEP 09： 新建 CSS 规则

1. 选中粘贴到文档中的第一段文本。
2. 在"属性"面板左侧单击 CSS 按钮，在"大小"下拉列表框中选择"12"选项。在打开的"新建 CSS 规则"对话框中将"选择器类型"设置为："类（可应用于任何 HTML 元素）"，在"选择器名称"文本框中输入"font1"。
3. 单击 确定 按钮，完成新建 CSS 规则操作。

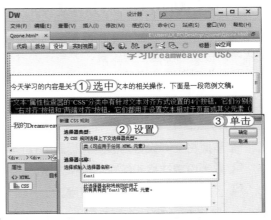

STEP 10： 设置文本颜色

1. 在"CSS"属性面板中单击"颜色"按钮☐。
2. 在弹出的颜色面板中单击颜色代码为"#900"的色块，将第一段范例文本设置为深红色。

提个醒
按 Ctrl+B 组合键可快速将目标文本设为粗体显示，按 Ctrl+I 组合键可快速将目标文本设为斜体显示。

STEP 11： 打开"新建 CSS 规则"对话框

1. 选中第二段范例文本。
2. 在"CSS"属性面板中单击 B 按钮，打开"新建 CSS 规则"对话框。

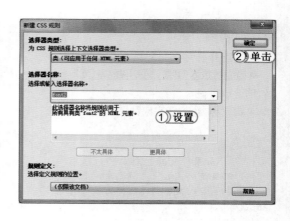

STEP 12： 新建 CSS 规则并保存网页

1. 在打开的对话框中将"选择器类型"设为"类
   （可应用于任何 HTML 元素）"，在"选择
   器名称"文本框中输入"font2"。
2. 单击 **确定** 按钮，完成新建 CSS 规则操作，
   即将所选择文本设置为粗体，按 Ctrl+S 组合
   键保存网页文档，完成整个例子的制作。

4.2 在网页中添加段落

除了在网页中添加文本以及相应的属性设置外，对文本进行段落设置也是相当必要的，在文本中对段落和标题进行设置，才会让读者在阅读时更加有条理，知道文本传递的主要含义，下面将分别对段落、换行、标题、空格、缩进和文本列表的设置及编辑进行介绍。

学习 1 小时 ▶ - - - - - - - - -

🔍 掌握将文本设置为段落和标题的操作方法。

🔍 熟悉设置空格和缩进的操作方法。

🔍 了解文本列表的编辑及应用。

4.2.1 将文本设置为段落

段落是文本的主要组织形式，设置段落可以对整个段落的格式进行统一，并且看起来更加美观。在 Dreamweaver CS6 中设置段落与其他文字处理软件有所不同，在网页文档中段落与段落之间会由一行空白行来间隔，如果希望上下两段文本不空行显示则要通过插入换行符来实现。下面将对段落和换行的具体操作进行介绍。

1. 段落设置

网页中的段落是通过为一段文本添加段落标记（即增加段落标签 <p>）实现的，有了段落标记就可以构成完整的段落结构。在网页文档中为文本设置段落，可通过两种方法进行设置，一种是通过菜单命令进行设置，而另一种是通过 HTML 属性面板进行设置。下面将分别进行介绍。

🔑 **通过菜单命令进行设置：** 将插入点定位到需要设置段落格式的位置，选择【插入】/【HTML】/【文本对象】/【段落】命令即可。

🔑 **通过属性面板进行设置：** 选择需设置的文本后，在属性面板左侧单击 <> HTML 按钮切换到 HTML 分类属性面板中，在格式下拉列表中选择"段落"选项，即可在插入点插入一个段落标记。

2. 设置换行符

Dreamweaver CS6 中的"换行"是指强制换行，它与"段落"有着本质区别，段落与段落之间是由空白行分隔。而换行符与换行符之间没有空白行分隔，并且换行并非代表本段已经完成，而是代表本句完成，重新起行进行文本的输入。下面将分别介绍换行符的操作方法。

通过"插入"浮动面板插入换行符：将插入点定位在目标位置，在"插入"浮动面板的"文本"分类列表下，单击"换行符"按钮，便可在目标位置插入一个换行符。

通过菜单命令插入换行符：将插入点定位到目标位置，选择【插入】/【HTML】/【特殊字符】/【换行符】命令，便可在目标位置插入一个换行符。

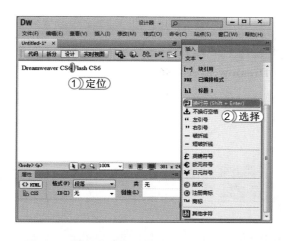
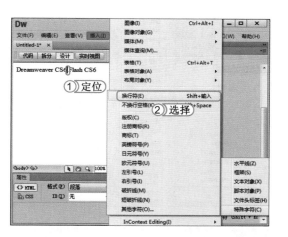

4.2.2 将文本设置为标题

在 HTML 语言规范中定义了 6 种大小标题的文本样式，默认情况下从大到小分别是 h1~h6，那么如何将一段文本设为标题呢？其实为文本设置标题的方法与段落设置方法类似，下面分别介绍为文本设置标题的操作方法。

通过属性面板设置标题文本：选中需要设置标题的文本或将插入点定位到需要设置标题文本所在的行，在属性面板左侧单击 HTML 按钮切换到 HTML 分类属性面板中，在"格式"下拉列表框中选择需要设置的标题号（"标题 1"~"标题 6"），如选择"标题 1"。

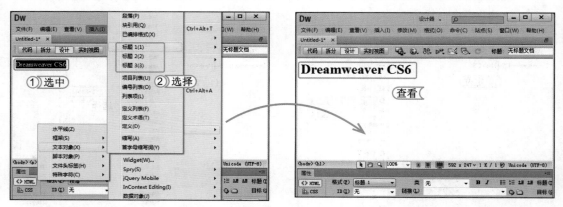

🔑 **通过菜单命令设置标题文本**：选中需要设置标题的文本或将插入点定位到需要设置标题文本所在的行，然后选择【插入】/【HTML】/【文本对象】命令，在弹出的子菜单中选择需要设置的标题号，如选择"标题1（1）"命令，即可将所选文本设置为标题1。

▌ 经验一箩筐——两种设置标题方法的区别

相信细心的读者已经发现这两种方法的区别了，通过属性面板可为文本设置1～6种标题样式，而通过菜单命令则只能为文本设置1～3种标题样式，但不管是哪种方法，在"代码"视图种所表示的标题标记为 h1~h6。

4.2.3 设置空格和段落缩进

在网页文档中，空格和缩进也是网页设计中文本格式操作的重要组成部分，在Dreamweaver CS6 中实现文本的空格插入和段落缩进的调整与其他文字处理软件也有所不同，下面分别进行介绍。

1. 插入空格

Dreamweaver CS6 不支持通过按 Space（空格）键在同一位置连续插入多个空格。因此，要想在同一位置连续插入多个空格必须使用 Shift+Ctrl+Space 组合键或通过插入"不换行空格"符号 🔳 实现，这其实是在目标位置插入多个 " " 符号代码。并且空格也被归为特殊符号一类，因此可使用插入特殊符号的方法插入空格，这里就不再赘述其操作方法。

经验一箩筐——插入空格的其他方法

除了使用插入特殊符号的方法插入空格外，还有一种简单的方法，即将输入法切换到中文状态下，并按 Shift+Space 组合键，将其切换到全角状态，此时直接在需要输入空格的位置按 Space 键即可连续插入多个空格。但需注意的是，此时插入的空格相当于一个字符的宽度，而使用其他方法插入的空格，则需要 4 个 " " 代码符号才能相当于一个字符的宽度。

2. 设置段落缩进

与其他文字处理软件有所不同，Dreamweaver CS6 中的缩进是左右两端同时缩进的，而且每一级缩进的距离是固定的，要想实现在 Word 里的那种段落文本缩进，需要通过其他方式来实现。在 Dreamweaver CS6 中的段落缩进包换增加段落缩进和减少段落缩进两种，下面将分别对其介绍。

🔑 **增加段落缩进**：在网页文档中选择需要设置段落缩进的文本，在其属性面板的左侧单击 `<>HTML` 按钮，切换到 HTML 分类属性面板中，单击"内缩区块"按钮，即可增加所选文本的段落缩进。

🔑 **减少段落缩进**：在网页文档中选择需要设置段落缩进的文本，在 HTML 分类属性面板中单击"删除内缩区块"按钮，即可减少所选文本的段落缩进。

经验一箩筐——设置段落缩进的快捷键

调整缩进还可以通过按快捷键的方式来快速实现，"增加段落缩进"的快捷键是 Ctrl+Alt+]，"减少段落缩进"的快捷键是 Ctrl+Alt+[。

4.2.4 编辑文本列表

列表常用于为文档设置自动编号、项目符号等格式信息。列表分为两类：一类是项目列表，这类列表项目前的项目符号是相同的，并且各列表项之间是平行的关系；另一类是编号列表，这类列表项目前的项目符号是按顺序排列的数字编号，并且各列表项之间是顺序排列的关系。列表项可以多层嵌套，使用列表可以实现复杂的结构层次效果。下面将对这两类列表的编辑方法进行介绍。

1. 项目列表

在 Dreamweaver CS6 中创建项目列表的方法其实很简单，只需将插入点定位到需创建项目列表的位置，在属性面板中单击"项目列表"按钮或选择【格式】/【列表】/【项目列表】命令，即可在插入点的位置出现项目符号，然后依次输入项目列表的文本，并按 Enter 键进行换行，即可创建出并列的项目列表文本。

62
Hours

52
Hours

42
Hours

32
Hours

22
Hours

12
Hours

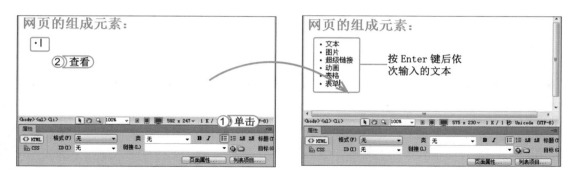

创建项目列表后，还可以通过选择【格式】/【列表】/【属性】命令，打开"列表属性"对话框，在该对话框中对项目列表的列表类型、样式等进行设置。

下面将对该对话框中的各项参数的作用进行介绍。

🔑 **"列表类型"下拉列表框**：该下拉列表框为用户提供了4种选项，分别为项目列表、编号列表、目录列表和菜单列表，通过选择不同的选项，可改变列表类型。其中"目录列表"和"菜单列表"只能在较低的版本中起作用。如果选择"项目列表"选项，则"样式"和"新建样式"下拉列表框可用，而选择"编号列表"选项，则列表类型将被转换为有序列表，此时该对话框中所有的下拉列表框都可使用。

🔑 **"样式"下拉列表框**：该下拉列表框中的样式会根据"列表类型"下拉列表框中选择的选项而改变。如果选择"项目列表"选项，则该下拉列表框将包括3种样式，分别为"默认（圆点）"、"项目符号"和"正方形"；如果选择"编号列表"选项，则包括6种选项，分别为"默认"、"数字（1，2，3，…）"、"小写罗马字母（i，ii，…）"、"大写罗马字母（I，II，…）"、"小写字母（a，b，c，…）"和"大写字母（A，B，C，…）"。但不管是哪种样式，都是设置列表前的项目符号样式。

🔑 **"开始计数"文本框**：主要用于编号列表项目，在文本框中输入任意一个数字，确定编号列表是从几开始。

🔑 **"新建样式"下拉列表框**：该下拉列表框与"样式"下拉列表框的选项相同。如果在该下拉列表中选择一个列表样式，则在该页面中创建列表时，将会自动地运用该样式，而不会使用默认的列表样式。

🔑 **"重设计数"文本框**：该文本框的作用与"开始计数"文本框的使用方法相同。如果在该文本框中设置了一个值，则在该页面中创建的编号列表，将会从设置的数字开始有序地进行排列。

经验一箩筐——使用其他方法设置列表

在网页中除了使用"列表属性"对话框设置列表样式外，还可以通过CSS样式对相关列表的相关属性进行设置，CSS样式将在后面章节进行介绍。

2. 编号列表

在Dreamweaver CS6中，创建编号列表可以使文本更加清晰、有条理。而默认情况下编号列表前的项目符号是以数字进行有序排列的。在网页文档中创建编号列表的方法与创建项目列表的方法基本相似，都可以通过属性面板和菜单命令进行创建。下面将对其具体的创建方法进行介绍。

读书笔记

🔑 **通过属性面板创建编号列表：** 将插入点定位到需要创建编号列表的位置，在其属性面板中单击"编号列表"按钮 ，则会在插入点的位置出现数字编号，输入文本，按 Enter 键，依次输入文本即可。

🔑 **通过菜单命令创建编号列表：** 将插入点定位到需要创建编号列表的目标位置，选择【格式】/【列表】/【编号列表】命令，则会在插入点的位置出现数字编号，输入文本，按 Enter 键，依次输入文本即可。

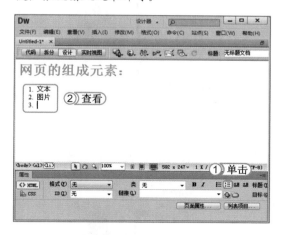

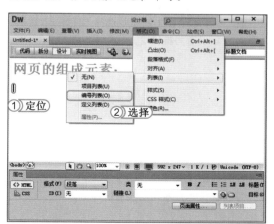

▌经验一箩筐——实现列表的嵌套

列表的某项中可以再嵌套子列表，可以先按常规方式将子列表项添加到列表项之后，选择这些子列表项，在其属性面板中单击"缩进"按钮 ，通过缩进的方式来将这些列表项转换为有层次的列表项。

上机 1 小时 ▶ 制作网页中的列表区域

🔍 进一步掌握文本标题和段落的设置方法。　🔍 进一步掌握项目列表的使用方法。

🔍 进一步熟悉缩进的操作方法。

　　本次实例将制作一个静态的文本信息显示区，首先是在提供的网页素材中添加相关信息的文本，并为相关信息设置标题和缩进样式，最后为文本显示区域中的文本设置项目列表样式，最终效果如右图所示。

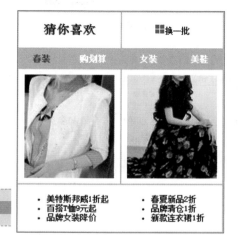

资源文件
素材 \ 第 4 章 \clothes\clothes.html
效果 \ 第 4 章 \clothes\clothes.html
实例演示 \ 第 4 章 \ 制作网页中的列表区域

62 Hours

52 Hours

42 Hours

32 Hours

22 Hours

12 Hours

STEP 01： 设置标题

1. 打开 "clothes.html" 网页文档 ， 选中 "猜你喜欢" 文本。
2. 在其属性面板的左侧单击 `<> HTML` 按钮，切换到 HTML 类型的属性面板中。
3. 在 "格式" 下拉列表框中选择 "标题 2" 选项，将文本设置为标题 2。

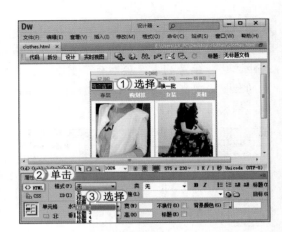

STEP 02： 设置文本的缩进

1. 选择 "换一批" 文本和前面的图标。
2. 在 HTML 类型的属性面板中单击 "内缩区块" 按钮，对文本和图像进行缩进。

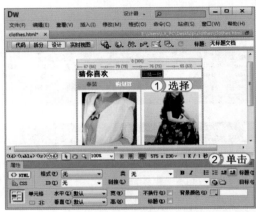

> **提个醒**　选择【格式】/【缩进】命令和【格式】/【凸出】命令也可以实现段落缩进的调整。

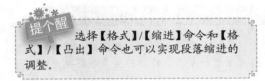

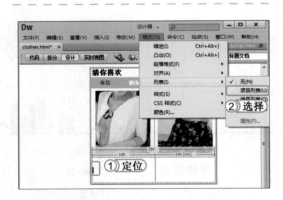

STEP 03： 插入项目符号

1. 将插入点定位到最后一行的第 1 个空白单元格中。
2. 选择【格式】/【列表】/【项目列表】命令，即可在插入点插入项目符号。

STEP 04： 输入文本

在插入的项目列表的项目符号后，输入文本 "美特斯邦威 1 折起"，按 Enter 键，添加其他项目列表，并依次输入文本。

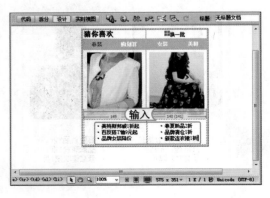

STEP 05： 打开"列表属性"对话框

1. 将插入点定位到第1列单元格的项目列表中。
2. 选择【格式】/【列表】/【属性】命令，打开"列表属性"对话框。

读书笔记

STEP 06： 设置列表属性

1. 在打开的对话框中将"样式"设置为"正方形"，其他设置保持默认状态。
2. 单击 确定 按钮，完成项目列表属性的设置。

提个醒 用户也可以使用自定义或下载的图片做为项目列表的项目符号，这就需要使用CSS代码中的background-image属性进行设置。

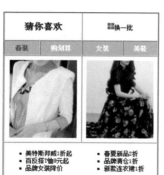

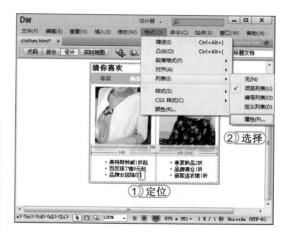

STEP 07： 设置其他项目列表的属性

使用相同的方法，将第2列中的项目列表符号设置为相同的样式。

读书笔记

STEP 08： 预览效果

按 Ctrl+S 组合键，保存网页，并按 F12 键在 IE 浏览器中预览效果。

099

72☐
Hours

62
Hours

52
Hours

42
Hours

32
Hours

22
Hours

12
Hours

4.3 在网页中添加图像

图像是网页中最重要的多媒体元素之一。在 Dreamweaver CS6 中不但提供了普通图像的插入功能，还提供了更高级的图像插入功能。所谓普通图像就是在日常上网时常看到的各种静态图片；而高级图像插入功能则主要是指通过软件内置的功能来实现一些复杂的图像功能组合，如可跟随鼠标动作而变换显示效果的图像组合等。本节将对图像的插入、属性的设置、图像的编辑以及为图像添加文本等方法进行介绍。

学习 1 小时

- 掌握图像的插入和图像属性的设置方法。
- 熟悉图像编辑的设置方法。
- 掌握插入背景图像以及为图像添加文本的操作方法。

4.3.1 了解图像格式

网页文件中支持的图像文件格式主要包括 .jpg（.jpeg）、.gif 和 .png 等，如果要插入的图像文件格式不在此范围内，在浏览器中浏览时将无法正常显示。下面将对图像的各种格式进行介绍。

🔑 **.jpg 格式**：联合照片专家组（Join Photograph Graphics），也称为 JPEG。这种格式的图像可以高效地压缩，图像文件变小的同时基本不失真，因为其丢失的内容是人眼不易察觉的部分，因此常用来显示颜色丰富的精美图像，如照片等。

🔑 **.gif 格式**：图像交换格式。GIF 格式是第一个在网页中应用的图像格式，通常用作站点 Logo、广告条 Banner 及网页背景图像等。其优点是它可以使图像文件变得相当小，也可以在网页中以透明方式显示，并可以包含动态信息。

🔑 **.png 格式**：便携网络图像（Portable Network Graphics），既有 GIF 能透明显示的特点，又具有 JPEG 处理精美图像的优势，常常用于制作网页效果图。

4.3.2 插入并设置图像

对图像的格式进行了解后，则可使用插入图像的方法在网页文档中插入图像，在网页中插入图像可以使网页更加生动、美观。

1. 插入图像

在 Dreamweaver CS6 中，插入图像有两种方法，一种是菜单命令，另一种是通过"插入"浮动面板进行插入。下面将分别对其进行介绍。

读书笔记

🔑 通过菜单命令插入：将插入点定位到目标位置，然后选择【插入】/【图像】命令，插入图像。

🔑 通过"插入"浮动面板插入：将插入点定位到目标位置，在"插入"浮动面板的"常用"分类列表下，单击"图像"按钮🖼右侧的下拉按钮🔽，在弹出的下拉列表中选择"图像"选项插入图像。

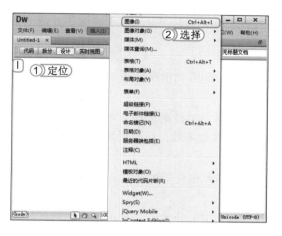

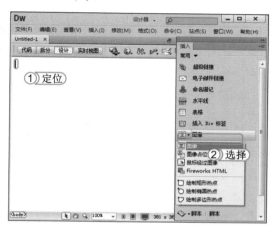

不管是使用上述哪种方法，都会打开"选择图像源文件"对话框，在该对话框中需设置插入图像所在的位置，并找到需要插入的图片，单击 确定 按钮，打开"图像标签辅助属性功能"对话框，在该对话框中可设置插入图像的替换文本，即在图像没有显示出来时所显示的文本，单击 确定 按钮，才能真正地插入图像。

🎄 提个醒　在"选择图像源文件"对话框中选择插入的图像后，会弹出提示是否将图像保存到网页所在文件的相对路径中，单击 确定 按钮即可。

▌ 经验一箩筐——使用快捷键插入图像

除了使用菜单命令和在"插入"浮动面板中插入图像外，还可以通过按 Ctrl+Alt+I 组合键打开"选择图像源文件"对话框，选择所需的图像进行插入。

2. 设置图像属性

如果在网页文档中插入图像后，则可将其选中后在其属性面板中对插入图像的各种属性进行相应设置。在属性面板中设置的属性包括图像的"ID"、"源文件"、"替换文字"和"类"等。

图像编辑按钮

🔑 "ID"文本框：用于为图像对象设置 ID 编号。

🔑 "源文件"文本框：用于设置图像文件的 URL 地址，如果使用网络图片，直接复制该网络图片的完整 URL 地址到此文本框中。

🔑 "指向文件"按钮⊛：当有多个文档被打开，且这些文档对应的文档窗口都处于层叠或平铺状态时，在其中某一文档中选中图像，然后按住该按钮不放，拖动到其他文档对象上可快速设置"源文件"。

🔑 "浏览文件"按钮□：单击该按钮可打开"选择图像源文件"对话框，在其中实现图像源文件的选择确认。

🔑 "链接"文本框：在该文本框中可以输入图像的链接 URL 地址，如单击该图像时链接的网页文件、图像等。

🔑 "替换"下拉列表框：用于设置图像文件的替换文本内容，它是在鼠标指向该图像时的提示信息，如果图像载入失败，该信息将直接代替图像进行显示。

🔑 "类"下拉列表框：在该下拉列表框中可以选择已经定义好的 CSS 样式表或者进行"重命名"和"管理"的操作。

🔑 图像编辑按钮：图像编辑按钮包括了"编辑"按钮⊡、"编辑图像设置"按钮⊿、"从源文件更新"按钮⊠、"裁剪"按钮⊠、"重新取样"按钮⊠、"亮度和对比度"按钮◑以及"锐化"按钮△，其中不同按钮的功能有所不同。

▌经验一箩筐——图像编辑按钮的作用

图像编辑按钮中不同按钮的作用分别如下。

🔑 "编辑"按钮⊡：单击该按钮，将会启动 PS 软件对所选图像进行编辑操作。

🔑 "编辑图像设置"按钮⊿：单击该按钮，将会打开"图像优化"对话框，在该对话框中可以对图像进行优化设置。

🔑 "从源文件更新"按钮⊠：单击该按钮，在更新智能对象时，网页图像会根据原始文件的当前内容和原始优化设置，以新的大小、无损方式重新呈现图像。

🔑 "裁剪"按钮⊠：单击该按钮，图像上会出现虚线区域，拖动该虚线区域调整裁剪图像部位，调整完成后，按 Enter 键确认裁剪。

🔑 "重新取样"按钮⊠：在单击该按钮前，如果对图像进行了编辑操作，则会重新读取所选图像文件的信息。

🔑 "亮度和对比度"按钮◑：选择需要调整亮度和对比度的图像后，单击该按钮，在打开的对话框中即可对亮度和对比度值进行调整。

🔑 "锐化"按钮△：单击该按钮，可以对图像的清晰度进行调整。

🔑 "宽"和"度"文本框：在宽度和高度文本框中输入值或直接使用鼠标拖动所选图像的3个控制点，可调整所选图像的高度和宽度，默认情况下其单位为像素。

🔑 "地图"文本框及热点工具按钮：在该文本框中可以创建热点集（在5.1.8章节进行介绍），其下面则是创建热点区域的3种不同形状工具。

🔑 "目标"下拉列表框：在该下拉列表框中可选择图像链接文件显示的目标位置。

🔑 "原始"文本框：用于设置图像的原始文件，设置后会在该文本框中显示原始文件的URL地址。

4.3.3 插入并设置图像占位符

图像占位符可以理解为没有具体图像文件的对象，当用户插入的并不是具体的图像文件或真实的图像URL地址，只是为了页面布局的需要时，可先设置一个占位符来占取相应的页面空间，以便下一步使用。

1. 插入图像占位符

在Dreamweaver CS6中，插入图像占位符的操作方法与插入图片类似，可通过选择菜单命令或"插入"浮动面板来实现。下面将分别对其进行具体的介绍。

🔑 通过菜单命令插入图像占位符：将插入点定位到目标位置，然后选择【插入】/【图像对象】/【图像占位符】命令，打开"图像占位符"对话框，在该对话框中可设置占位符的名称、占位符图像的宽度和高度，以及占位符图像的颜色及替换文本，设置完成后，单击 确定 按钮，完成插入图像占位符的操作。

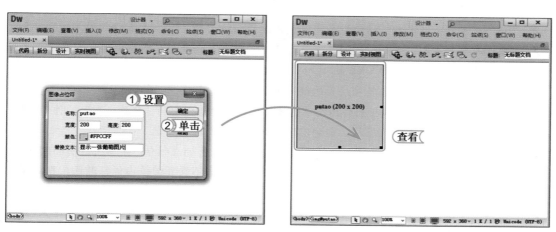

🔑 通过"插入"浮动面板插入图像占位符：将插入点定位到目标位置，在"插入"浮动面板的"常用"分类列表下，单击"图像"按钮右侧的下拉按钮，在弹出的下拉列表中选择"图像占位符"选项，打开"图像占位符"对话框，在该对话框中进行设置后，单击 确定 按钮，即可完成插入图像占位符的操作。

经验一箩筐——通过图像占位符快速插入图像

如果想在图像占位符中插入图像，只需双击图像占位符，打开"选择图像源文件"对话框，在该对话框中选择需要插入的图像后单击 确定 按钮，即可在图像占位符中快速插入图像。

103
72
Hours
62 Hours
52 Hours
42 Hours
32 Hours
22 Hours
12 Hours

2. 设置图像占位符

插入图像占位符后，可根据具体的网页设计的需要对插入的图像占位符进行相应的属性设置。在插入图像占位符时，可通过"图像占位符"对话框对图像占位符进行简单的属性设置，而在插入图像占位符后，则可通过选择图像占位符在其属性面板中进行设置。

下面将对属性面板中设置图像占位符的参数作用进行介绍。

🔑 "ID"文本框：该文本框的作用与图像属性设置面板上的"ID"文本框作用相同。

🔑 "源文件"文本框：主要用于设置网页打开时，所浏览到的原始图像文件。而在该文本框中则会显示该图像文件的 URL 地址。

🔑 "链接"文本框：与图像属性设置的链接文本框的作用相同。

🔑 "替换"文本框：该文本框的作用与"图像占位符"对话框中的"替换文本"的作用相同，在浏览时如果没有显示占位符，则会以设置的替换文本进行显示。

🔑 "颜色"文本框：主要用于显示设置图像占位符背景颜色的属性值，而单击前面的 ■ 按钮，可在弹出的颜色面板中选择需要设置的背景颜色。如果不设置图像占位符颜色，默认情况下为白色，即"#FFFFFF"。

🔑 "宽度"文本框：主要用于设置图像占位符的宽度。默认情况下，其宽度为 32 像素。

🔑 "高度"文本框：主要用于设置图像占位符的高度。默认情况下，其高度也为 32 像素。

4.3.4　插入鼠标经过图像

制作网页时常常使用到一种具有动态交互效果的按钮，当用户移动鼠标到该按钮上时，将出现明显的外观变化效果，这样的交互动作其实是两幅按钮图像交换的结果。在 Dreamweaver CS6 中通过"插入鼠标经过图像"功能可以方便地制作这种按钮。

下面将新建一个 HTML 网页，并在其中插入原始图像，然后再插入一个鼠标经过图像，并对鼠标经过图像进行相应的鼠标设置。其具体操作如下：

资源文件

素材 \ 第 4 章 \hover\img\
效果 \ 第 4 章 \hover\hover.html
实例演示 \ 第 4 章 \ 插入鼠标经过图像

STEP 01： 定位插入点并执行插入操作

1. 新建一个 html 网页，并将其保存为 "hover. html" 网页文档，在目标位置定位插入点。

2. 在 "插入" 浮动面板的 "常用" 分类中，单击 "图像" 按钮右侧的按钮，在弹出的子菜单中选择 "鼠标经过图像" 命令。

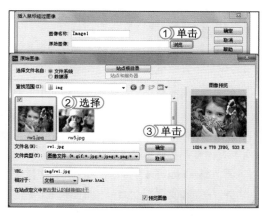

STEP 02： 选择图像

1. 打开 "插入鼠标经过图像" 对话框，单击 "原始图像" 文本框右侧的 浏览... 按钮。

2. 在打开的 "原始图像" 对话框中选择 "rw1. jpg" 图像文件。

3. 单击 确定 按钮，插入原始图像。

72
Hours

62
Hours

52
Hours

42
Hours

32
Hours

22
Hours

12
Hours

读书笔记

读书笔记

STEP 03： 选择并设置 "鼠标经过图像"

1. 在 "插入鼠标经过图像" 对话框的 "鼠标经过图像" 文本框中输入路径 "img/rw5.jpg"。

2. 在 "替换文本" 文本框中输入 "人物交换"，在 "按下时，前往的 URL" 文本框中输入 "#"。

3. 单击 确定 按钮，完成鼠标经过图像的设置。

提个醒

"按下时，前往的 URL" 文本框中可显示单击鼠标经过时图像所链接的网页文档或链接图像的 URL 地址，这里所设置的是一个空链接。

STEP 04： 保存文档并预览效果

按 Ctrl+S 组合键保存网页，并按 F12 键在 IE 浏览器中进行预览（左图为原始图，右图为鼠标经过时的图像）。

经验一箩筐——设置鼠标经过图像的方法

在设置完鼠标经过图像后，如果发现设置不正确，也可以在网页文档中选择插入后的图像，在其属性面板中进行鼠标经过图像的属性设置。

问题小贴士

问：插入鼠标经过图像时，所打开的"插入鼠标经过图像"对话框中的各选项有什么作用？

答：插入鼠标经过图像时，所打开的"插入鼠标经过图像"对话框中各选项的作用分别介绍如下。

🔑 "图像名称"文本框：用于设置图像的"名称"属性，也就是图像的 ID。

🔑 "原始图像"文本框：用于设置原始图像的 URL，指向原始状态下的图像文件。

🔑 "鼠标经过图像"文本框：用于设置鼠标经过时切换的图像 URL，指向当鼠标经过该图像元素时，切换显示的图像文件。

🔑 ☑预载鼠标经过图像复选框：用于优化切换效果，预先将"鼠标经过图像"下载到本地。

🔑 "替换文本"文本框：用于设置"alt"信息，当图像无法显示时，将显示该信息。

🔑 "按下时，前往的 URL"文本框：用于设置目标 URL 地址，即图像的链接地址。

4.3.5 添加背景图像

为了页面的美观，可在网页背景中添加图像背景，添加网页背景图像的方法很简单，只需将插入点定位到网页文档，按 Ctrl+F3 组合键打开"属性"面板，单击 页面属性... 按钮打开"页面属性"对话框，在该对话框的"分类"列表框中，选择"外观（CSS）"选项，在右侧窗格中单击"背景图像"文本框后的 浏览... 按钮，打开"选择图像源文件"对话框，在该对话框中选择需要的背景图像，单击 确定 按钮，返回"页面属性"对话框中单击 确定 按钮，完成添加背景图像的操作。

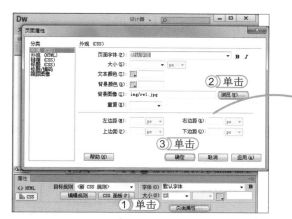 

设置了网页背景图像后，如果背景图像的大小不够，默认会进行平铺操作。但用户也可以根据实际情况进行设置，在"页面属性"对话框中的"分类"列表框中选择"外观（CSS）"选项，在其右侧窗格的"重复"下拉列表框中选择不同的重复方式，如"no-repeat（不重复）"、"repeat（平铺）"、"repeat-x（横向平铺）"和"repeat-y（纵向平铺）"。

上机 1 小时 ▶ 制作动画片网页

🔍 进一步掌握插入图像的操作方法。　　🔍 进一步掌握图像的属性设置方法。

🔍 进一步熟悉鼠标经过图像的操作方法。

本次实例将制作一个动画片的网页，在该网页中插入各种动画片的封面图像，并在网页顶部制作一个鼠标经过图像效果，最后对图像进行相应的属性设置，其最终效果如下图所示。

107
72☑
Hours
62 Hours
52 Hours
42 Hours
32 Hours
22 Hours
12 Hours

资源文件	素材 \ 第4章 \cartoon\
	效果 \ 第4章 \cartoon\cartoon.html
	实例演示 \ 第4章 \ 制作动画片网页

STEP 01： 选择"鼠标经过图像"选项

1. 打开"cartoon.html"网页，并将插入点定位到第1个单元格中。
2. 在"插入"浮动面板的"常用"分类列表中单击"图像"按钮 右侧的下拉按钮 。
3. 在弹出的下拉列表中选择"鼠标经过图像"选项，打开"插入鼠标经过图像"对话框。

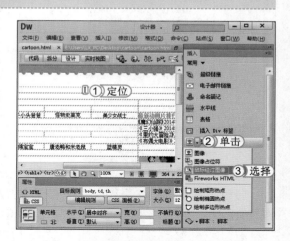

108

STEP 02： 选择原始图像

1. 在"原始图像"文本框后单击 浏览 按钮，打开"原始图像"对话框。
2. 在打开对话框的"查找范围"下拉列表框中选择图像存储的路径。
3. 在下方的列表框中选择"aa.jpg"图像。
4. 单击 确定 按钮，返回"插入鼠标经过图像"对话框。

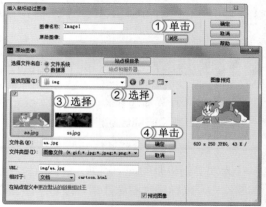

STEP 03： 选择鼠标经过图像

1. 在打开的对话框中使用选择原始图像的方法，在"鼠标经过图像"文本框后，单击 浏览 按钮。
2. 在打开的对话框中选择鼠标经过的第二个图像，这里选择"ss.jpg"选项，单击 确定 按钮，返回"插入鼠标经过图像"对话框。

> **提个醒** 在"插入鼠标经过图像"对话框中，选择了原始图像和鼠标经过图像后，都会在"原始图像"和"鼠标经过图像"文本框中显示图像位置的相对路径。

读书笔记

STEP 04： 设置鼠标经过图像的属性

1. 在"插入鼠标经过图像"对话框的"替换文本"文本框中输入"动画片交换"文本。

2. 在"按下时，前往的 URL"文本框中输入"#"。

3. 单击 确定 按钮，完成鼠标经过图像的属性设置。

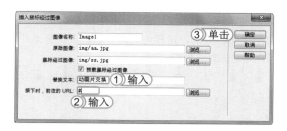

STEP 05： 设置图像的亮度和对比度

1. 选择插入的鼠标经过图像的原始图像。

2. 在属性面板中单击"亮度和对比度"按钮 。

3. 在打开对话框的"亮度"文本框中输入亮度值"20"。

4. 单击 确定 按钮，完成图像亮度和对比度的设置。

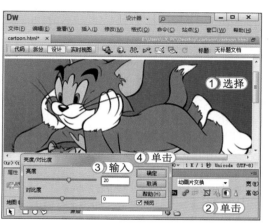

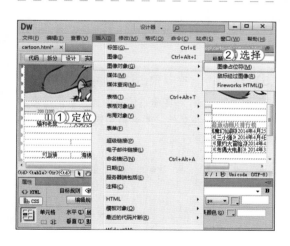

STEP 06： 打开"图像占位符"对话框

1. 将插入点定位到"猫和老鼠"文本上方的单元格中。

2. 选择【插入】/【图像对象】/【图像占位符】命令，打开"图像占位符"对话框。

读书笔记

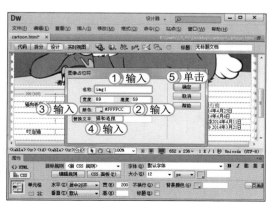

STEP 07： 设置图像占位符

1. 在打开对话框的"名称"文本框中输入图像占位符名称"img1"。

2. 分别在"宽度"和"高度"文本框中输入"89"和"59"。

3. 在"颜色"文本框中输入颜色值"#FFFFCC"。

4. 在"替换文本"文本框中输入动画片名称"猫和老鼠"。

5. 单击 确定 按钮，完成图像占位符的设置。

STEP 08： 添加其他图像占位符

使用相同的方法，在其他动画片名称上方插入相同大小的图像占位符。

读书笔记

STEP 09： 在图像占位符中插入图像

1. 选择第一个图像占位符，双击鼠标左键。
2. 打开"选择图像源文件"对话框，在"查找范围"下拉列表中选择图像所在的路径位置。
3. 在下方列表框中选择"1.jpg"图像。
4. 单击 确定 按钮，完成在图像占位符中插入图像。

STEP 10： 在其他占位符中插入图像

使用相同的方法，在图像占位符中插入其他图像，在"选择图像源文件"对话框中选择图像时，按其名称的排序进行插入。

读书笔记

STEP 11： 保存网页并预览

按 Ctrl+S 组合键保存图像，并按 F12 键，在 IE 浏览器中进行预览。

读书笔记

4.4 练习2小时

本章主要介绍文本、水平线、特殊符号、时间、注释和图像的添加及插入方法，并对添加的文本进行段落和标题的设置，而对插入的图像，也讲解了属性设置，并且还介绍了图像占位符和鼠标经过图像的插入方法及相关属性设置方法。为了让用户能熟练地巩固文本及图像的添加方法，下面将以"制作图文混排页面"和"制作左图右文页面"为例进行练习。

1. 练习1小时：制作图文混排页面

本实例将利用表格布局，在单元格中添加相应的文本，并对添加的文本进行标题和段落的设置，然后添加相应的项目列表文本，最后在单元格的相应位置添加图像，并对相应的图像进行属性设置。最终效果如下图所示。

> 资源文件
>
> 素材 \ 第 4 章 \travel\
> 效果 \ 第 4 章 \travel\traver.html
> 实例演示 \ 第 4 章 \制作图文混排页面

提个醒 制作"图文混排"页面，其提示步骤分别为，第一步：打开 travel.html 网页文档，在文档中的相应单元格中添加文本；第二步：将"葡萄沟"文本设置为"黑体"、"36"、"#FF9900"并加粗，"景区"文本设置为"黑体"、"26"、"#FF66CC"并加粗，"葡萄沟的荫房和葡萄"文本设置为"标题3"，其他文本设置为"12"；第三步：将网页左侧和右侧文本的"水平"和"垂直"对齐方式分别设置为"左对齐"和"顶端"；第四步：添加图像，并将第二张图像的亮度和对比度设置为"18"和"15"；第五步：保存并预览网页。

111

72☑
Hours

62
Hours

52
Hours

42
Hours

32
Hours

22
Hours

12
Hours

② 练习1小时：制作左图右文页面

　　本次实例将在打开的页面的第一个单元格中添加文本，并对文本进行颜色、字体和字号的设置，然后添加水平线，对水平线进行相应设置，最后添加图片，在图像右侧的单元格中添加相应的文本，并对文本的字体和字号进行设置。其最终效果如下图所示。

资源文件	素材 \ 第4章 \animal\
	效果 \ 第4章 \animal\animal.html
	实例演示 \ 第4章 \ 制作左图右文页面

读书笔记

网页

72 HOURS

超级链接和 Spry 菜单

第 5 章

学习 2 小时

- 认识及应用超级链接
- Spry 菜单

网站是由多个页面和文件共同组成的，在浏览网页时，当单击某些文本、图像或导航栏的某个菜单命令时，即可快速跳转到该网页其他位置进行查看。要实现这一功能，需要对其创建超级链接和插入、删除、修改 Spry 菜单栏的 Widget，从而将网站中的每个页面连接起来。

上机 3 小时

5.1 认识及应用超级链接

在整个互联网以及 HTML 技术中，超级链接可以说是它们的灵魂所在，没有超级链接，HTML 技术甚至互联网也就没有任何存在的意义了。下面将对超级链接进行一个全面的认识和了解。

学习 1 小时

- 🔍 了解超级链接的概念及插入超级链接的方法。
- 🔍 掌握各种不同超级链接的插入方法。
- 🔍 掌握绘制热点和热点属性的设置方法。

5.1.1 认识超级链接

在互联网中，超级链接是必不可少的一种元素，如果没有超级链接，一个网站和一篇文档也就没有什么区别了，因此超级链接是各种类型网站的灵魂所在。下面将对超级链接的概念和分类进行介绍。

1. 超级链接的概念

超级链接也可简称为链接，它本质上也是网页元素之一，但与其他元素也不尽相同。超级链接强调的是一种相互关系，即从一个页面指向一个目标对象的连接关系，这个目标对象可以是一个页面或相同页面中的不同位置，还可以是图像、E-mail 地址和文件等，并且当鼠标光标移至超级链接对象上时，鼠标光标则会变为手型"🖑"。

> **经验一箩筐——超级链接和 URL 的关系**
>
> 在网页中用来作超级链接信息载体的对象，可以是一段文本，也可以是一幅图像或其他对象。当访问者单击包含超级链接信息的文字或图像后，Web 浏览器将转向这个链接目标对象并根据目标对象的类型选择对应的应用程序来将其打开。而超级链接的目标地址则会以 URL 地址形式存在。URL 也称为"统一资源定位器"，其作用是定义网络上的一个站点、页面或文件的完整路径，Web 浏览器就是通过 URL 地址来找到超级链接目标对象的具体位置的。

2. 超级链接的分类

在网页中可根据超级链接目标对象所在位置的不同，将其分为外部超级链接（用于链接外部站点的对象）和内部超级链接（链接相同站点内的对象以及链接网页中不同位置上对象的锚点超级链接）。下面分别对外部超级链接和内部超级链接进行介绍。

> **经验一箩筐——锚点超级链接**
>
> 锚点超级链接是一种比较特殊的链接类型，它链接的目标既不是外部对象，也不是站点内的页面或文件，而是当前页面的不同位置。锚点就像书签一样，可以快速将屏幕移到页面中设置锚点的地方，最常见的锚点超级链接就是"返回顶部"超级链接。如果将外部超级链接或内部超级链接与锚点超级链接相结合，还可以方便地从一个页面跳转到另一个页面的某个指定位置。

🔑 外部超级链接：外部超级链接用于将网页中的文本或图像链接到该站点以外的其他站点，比如想在网页中放入一段文本链接来指向其他站点时，就需要外部超级链接。外部链接最典型的用途是友情链接。

🔑 内部超级链接：内部超级链接是网站中最常用的超级链接形式，通过内部超级链接将一个站点内的各个页面联系起来，用户通过单击这些超级链接即可在站点内的各个页面之间相互跳转。

5.1.2 添加超级链接

在 Dreamweaver CS6 中添加超级链接一般情况下是指添加文本超级链接，并且添加超级链接的方法也有多种，下面将分别介绍各种添加超级链接的方法。

1. 通过菜单命令添加超级链接

在 Dreamweaver CS6 中使用菜单命令添加超级链接的方法很简单，将插入点定位到需要添加超级链接的位置，选择【插入】/【超级链接】命令，打开"超级链接"对话框，设置链接文本、链接地址、目标以及标题等，设置完成后，单击 确定 按钮即可在插入点添加超级链接。

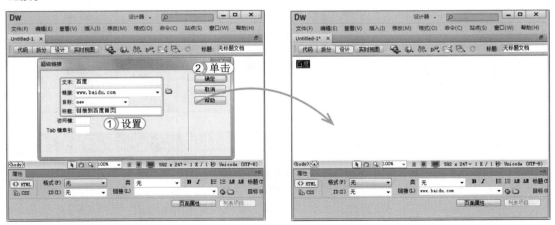

2. 通过插入按钮添加超级链接

通过插入按钮添加超级链接是指在"插入"浮动面板进行添加，其具体方法为：在"插入"浮动面板中单击 ▼ 按钮，在弹出的下拉列表中选择"常用"选项，在"常用"列表中单击"超级链接"按钮 🖉，即可打开"超级链接"对话框进行设置。

115

72 ⧖
Hours

62
Hours
▲

52
Hours
▲

42
Hours
▲

32
Hours
▲

22
Hours
▲

12
Hours
▲

问题小贴士

问：在"超级链接"对话框中，各参数的作用是什么？

答："超级链接"对话框中包括的各参数作用分别介绍如下。

🔑 "文本"文本框：主要用于设置超级链接文本内容，即供访问者单击的文本内容。

🔑 "链接"文本框：主要用于设置超级链接目标 URL 地址，该 URL 地址可以是绝对地址也可以是相对地址。

🔑 "目标"下拉列表框：主要用于设置目标网页的打开方式。

🔑 "标题"文本框：主要用于设置链接文本的提示信息，即当鼠标指向该超级链接时以注释方式显示的提示内容。

🔑 "访问键"文本框：主要用于设置快速定位到该链接的快捷键（按 Alt + 访问键可快速定位到该链接上）。

🔑 "Tab 键索引"文本框：主要用于设置 Tab 键的索引顺序。

5.1.3 为现有文本添加超级链接

用户可根据制作网页的实际需求对已经存在的文本添加超级链接，其操作方法与添加超级链接的方法基本相同，唯一不同的是，为现有文本添加超级链接时，需要选择需设置为超级链接的文本后，再选择【插入】/【添加超级】命令或在"插入"浮动面板的"常用"列表中单击"超级链接"按钮🔗，打开"超级链接"对话框进行设置。

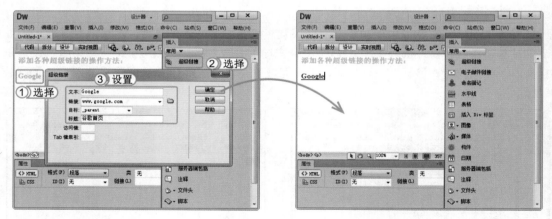

▌经验一箩筐——通过"属性"面板为现有文本添加超级链接

在网页编辑区中选择需要设置为超级链接的文本，在"属性"面板的"链接"文本框中输入目标位置的 URL 地址即可，如果单击文本框后的"指向文件"按钮🔗，则可拖动鼠标光标指向目标文件。

5.1.4 添加电子邮件超级链接

电子邮件链接是指目标地址是电子邮件地址的超级链接，单击这种超级链接后将启动系统中默认的电子邮件收发软件，并新建一封以该邮件地址为收件人的新邮件。在 Dreamweaver

CS6 中添加电子邮件超级链接的方法较多，下面介绍几种常用添加电子邮件超级链接的方法。

🔑 通过菜单命令添加：将插入点定位到需要添加电子邮件超级链接的位置或选择电子邮件文本，选择【插入】/【电子邮件链接】命令，打开"电子邮件链接"对话框，分别在"文本"和"电子邮件"文本框中进行设置，单击 确定 按钮完成电子邮件超级链接的添加。该方法主要针对还没有添加电子邮件超级链接的文本。

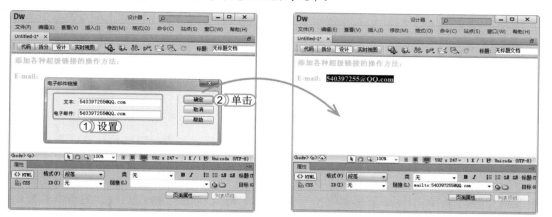

🔑 通过"插入"浮动面板添加：将插入点定位到需要添加电子邮件超级链接的位置，在"插入"浮动面板的"常用"列表中单击"电子邮件链接"按钮🖂，打开"电子邮件链接"对话框进行设置即可。该方法主要针对还没有添加电子邮件超级链接的文本。

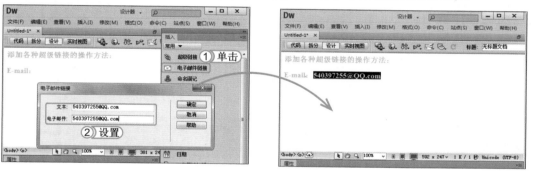

🔑 通过"属性"面板添加：选择需要添加电子邮件超级链接的文本，在"属性"面板的"链接"文本框中输入具体的电子邮件地址即可（输入电子邮件地址时，需要在地址前输入"mailto:"）。该方法主要针对已经存在的文本添加电子邮件超级链接。

▌经验一箩筐——链接与 URL 协议

URL 地址是一个常规的绝对地址，它使用"http://"协议名，除此之外，还可以链接使用其他协议的 URL 地址，如专门用于上传和下载文件的"ftp://"（文件传输协议）地址、用于安全传输的"https://"协议地址（常用于网络安全支付通道）。

5.1.5 添加锚记

在网页中，锚记也可用于相同页面和其他页面之间的跳转，但在实际中多用于相同页面返回顶点或相同页面的快速定位，并且不会向服务器端提交请求，因此在跳转时不会造成页面刷新。锚记是由锚点和锚点链接文本（图像）组成的，因此要在网页中添加锚记需分两步进行操作，第一步是"命名锚记"操作，第二步则是插入指向该锚点的超级链接文本或图像。下面将分别介绍其操作方法。

1. 命名锚记

在网页中命名锚记的操作方法与其他链接一样，都可采用菜单命令和"插入"浮动面板的方法命名锚记。下面将分别进行介绍。

🔑 使用菜单命令命名锚记：将插入点定位到需要添加锚记的位置，选择【插入】/【命名锚记】命令，打开"命名锚记"对话框，在"锚记名称"文本框中输入具体的锚记名称，如"aa"，完成后单击 确定 按钮即可完成命名锚点超级链接的操作。

🔑 使用"插入"浮动面板命名锚记：将插入点定位到需要添加锚记的位置，在"插入"浮动面板中的"常用"分类列表下单击"命名锚记"按钮🔒，在打开的对话框中输入锚记名称，单击 确定 按钮，完成命名锚记的操作，则可在网页编辑区域以图标🔒存在。

2. 链接命名的锚记

在网页中，如果需要链接已经命名的锚记链接，可直接选择需链接命名锚记的文本或图像，在"属性"面板的"链接"文本框中输入"#aa"，即可在单击所选文本时跳转到命名的锚点名称的位置。

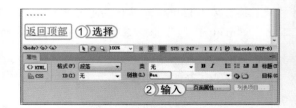

▎经验一箩筐——HTML 代码中的锚记链接

如果要在"代码"视图中用代码进行编辑，则可直接在需要命名锚记的位置输入 <a name="aa" id="aa"></a>，在需要链接命名锚记的位置再输入代码 <a href="#aa"> 返回顶部 </a>，如果在不同页面中进行跳转，则在链接命名锚记的位置输入具体的网页名称，如 <a href="index.html#aa"> 返回首页 </a>。

5.1.6 添加脚本链接和空链接

在网页中脚本链接和空链接是一种特殊的链接。脚本链接的目标不是一个 URL 地址，而是用于执行 JavaScript 脚本程序或调用 JavaScript 函数的代码，而"空链接"顾名思义就是未指派 URL 的超级链接，空链接主要用于向页面上的对象或文本附加行为。下面将分别介绍其具体的添加方法。

1. 添加脚本链接

脚本链接能够在不离开当前 Web 页面的情况下实现很多附加功能，另外它还可用于在访问者单击特定项时，执行计算、验证表单和完成其他处理任务。添加脚本链接的方法为：选择需要添加脚本链接的文本，在"属性"面板的"链接"文本框中输入 JavaScript 的脚本代码，如 javascript:alert(' 欢迎进入花卉主页 !')。

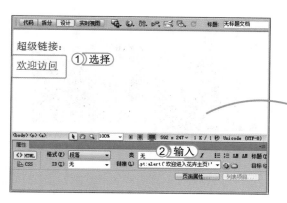
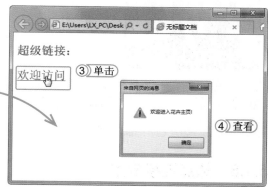

> **经验一箩筐——查看脚本超级链接的代码**
>
> 在"设计"视图中添加脚本超级链接后，则可切换到"代码"视图中查看其添加脚本超级链接的代码（如右图），但需要注意的是输入脚本代码时其中的标点符号一定要是英文符号，否则会达不到想要的结果。其中脚本代码中的 "alert" 是指弹出提示对话框。

2. 添加空链接

在网页中可向空链接附加一个行为，如当鼠标光标滑过该链接时会交换图像或显示绝对定位的元素（AP 元素）。在网页中添加空链接的方法与添加其他超级链接相同，在"超级链接"对话框的"链接"文本框或"属性"面板的"链接"文本框中直接输入"#"即可。

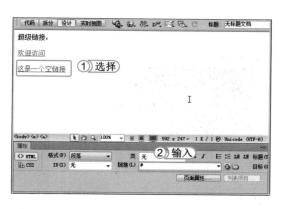

62
Hours

52
Hours

42
Hours

32
Hours

22
Hours

12
Hours

经验一箩筐——空链接与锚记链接的关系

锚点超级链接也就是空链接＋锚点名称的组合，空链接也算是一种特殊的命名锚记，单击空链接将返回到当前页面的最顶部。

5.1.7 添加图像超级链接

图像超级链接与其他链接不同的是链接源是一张图像，而其他链接源是文本或其他对象，图像超级链接的操作方法与其他链接的操作方法基本相同。其方法为：选择需要添加图像超级链接的图像，在"属性"面板的"链接"文本框中输入目标链接的 URL 地址。

5.1.8 热点链接应用

在网页中还有一种热点链接，就是指在一张图像上的某个区域添加链接，而对于没有添加链接的区域则没有任何影响。热点链接主要用于导航和地图制作。

1. 热点链接分类

由于热点是表现于不同形状的图形，因此可以将热点分为"矩形热点"、"圆形热点"和"多边形热点" 3 种，用户在制作热点链接时，可根据原始图像选择适合的热点样式进行链接。下面将分别介绍不同的热点样式。

🔑 矩形热点和圆形热点：矩形热点和圆形热点都是规则形状的热点，其绘制方式相对简单，通过拖动鼠标的操作即可完成。

🔑 多边形热点：多边形热点是较为复杂的热点形状，需要通过确定多个顶点来构成一个完整的多边形热点。

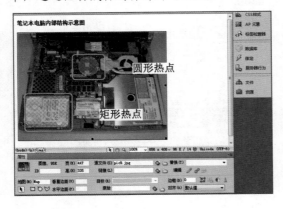

2. 绘制热点

在网页中绘制热点，必须是在已经存在的一幅图像上进行绘制。而绘制热点的方法很简单，只需选择需要绘制热点的图像，在"属性"面板的"地图"文本框中输入热点名称，然后在下方选择一种热点样式，当鼠标光标变为╋形状时，在图像的某个区域中按住鼠标左键并拖动绘制热点，绘制完成后释放鼠标，即可完成热点设置。

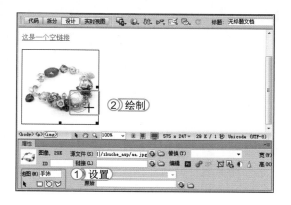

下面将分别介绍各热点工具的功能。

🔑 "指针热点工具"按钮 ▶：主要用于切换热点操作类型，完成绘制热点的操作后，单击该按钮即可退出绘制状态，这时可以对已绘制出的热点进行形状和尺寸的调整。

🔑 "矩形热点工具"按钮 ▢：主要用于在图像上绘制一个矩形热点。

🔑 "圆形热点工具"按钮 ▢：主要用于在图像上绘制圆形的热点，该功能不能用于绘制椭圆的热点。

🔑 "多边形热点工具"按钮 ▽：主要用于在图像上绘制一个多边形热点，在 Dreamweaver CS6 中对多边形热点区域的顶点个数不作限制。

3. 热点的属性设置

绘制热点的最终目的是为了在图像区域中添加超级链接信息，因此如果离开了超级链接设置，热点也就没有任何意义。因此绘制热点后，在"热点"属性面板的"链接"文本框中输入 URL 地址，即可完成整个热点链接的设置，而且在"热点"属性面板中还可对其进行其他属性设置。

下面将分别介绍"热点"属性的各项参数。

🔑 "地图"文本框：主要用于为某个图像地图（热点）设置一个唯一的名称。

🔑 "链接"文本框：主要用于设置链接目标 URL 地址。

🔑 "目标"下拉列表框：用于设置目标对象的打开方式，即当用户单击该热点区域时，设定的超级链接地址如何打开。

🔑 "替换"下拉列表框：用于设置替换文本的内容，即当用户的鼠标指向该热点区域时出现的提示信息。

121

72图
Hours

62
Hours

52
Hours

42
Hours

32
Hours

22
Hours

12
Hours

经验一箩筐——设置多个热点属性

热点区域的属性设置针对的可以是单个热点，也可以是多个热点，当需要对多个热点的属性进行设置时，可按住 Shift 键不放使用"指针热点工具"选中同一地图中的多个热点。

4. 热点右键功能

在图像上绘制热点后，可直接将其选中，单击鼠标右键，在弹出的快捷菜单中不仅包括所有热点属性面板中的设置，还可设置热点的对齐方式和统一宽度等。但热点右击功能一般是操作图像中的多个热点，如果是针对单个热点，则在弹出的快捷菜单中只有热点属性面板中的属性功能。

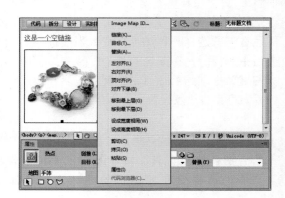

下面将对右键功能中的各命令进行简单的介绍。

🔑 "链接"、"目标"和"替换"命令：对应热点属性面板中的各功能。

🔑 对齐命令：使用各对齐命令可快速地将多个热点进行左对齐、右对齐、顶端对齐以及对齐下缘。

🔑 顺序命令：主要用于多个热点的层叠顺序设置，可防止热点被相邻的其他热点遮挡住。

🔑 大小命令：主要用于统一多个热点的宽度和高度。

读书笔记

上机 1 小时 ▶ 制作超级链接图文混排网页

🔍 进一步掌握各种超级链接的添加方法。

🔍 进一步熟悉热点链接的属性设置。

下面将在"iPhone 5s.html"网页中的导航栏中添加相应的热点链接，并对各热点的属性进行相应的设置，最后在网页底部选择邮箱文本并将其添加为电子邮箱超级链接。最终效果如下图所示。

苹果 **iPhone 5s** 正式发布

iPhone 5s概念　iPhone 5s发展历史　iPhone 5s功能特点　iPhone 5s图集

iPhone 5s是美国苹果公司在2013年9月推出的一款手机。在9月20日于12国家以及地区首发iPhone 5s，首次包括中国大陆，首周销量突破900万部。2013年底，美国知名科技媒体《商业内幕》整理出了"本年度最具创新力的十大设备"，iPhone 5s因指纹识别功能而入选其中。

iPhone 5s不仅是一款智能机，也是一部4G手机，支持WCDMA、TD-SCDMA、TD-LTE和GPRS/EDGE/HSDPA。有深空灰色、银色和金色三种颜色；操作系统为iPhone iOS 7。最长

的通话时长为480分钟。最长待机时长达到250小时。

苹果iPhone 5s延续了上一代iPhone 5的经典设计。但为了形成差异化，Home键的部位，去掉了中间的小方块，整个样子非常平整，材质也采用了坚固的蓝宝石设计。Home键的外侧拥有一圈感应光环，可以用来提示指纹识别的过程。iPhone 5s还提供了深空灰色、银色、金色版本机身。尺寸方面，iPhone 5s手机尺寸为（长度、宽度、厚度）123.8mm x58.6mm x7.6mm，重量为112克，和之前的iPhone 5基本保持一致。

屏幕方面，iPhone 5s搭载了4.0英寸的Multi-Touch显示器，配备Retina Display。分辨率为1136 x 640，像素密度达326 PPI。不同于以往iPhone的碳黑、白银两种颜色设计。iPhone 5s同样配备了银白色版本，但取消了原碳黑色的版本，新增了金色和深空灰版本，并且金属边框采用了金属原色打磨设计，像borecite一样更加持久，更耐磨，免去了边框掉漆的麻烦。

发送邮箱：540397255@qq.com

123

72 ☒
Hours

62
Hours

52
Hours

42
Hours

32
Hours

22
Hours

12
Hours

资源文件
素材 \ 第 5 章 \iPhone 5s\
效果 \ 第 5 章 \iPhone 5s\iPhone 5s.html
实例演示 \ 第 5 章 \制作超级链接图文混排网页

STEP 01： 打开"超级链接"对话框

1. 打开"iPhone 5s.html"网页，在文本中的开始处选择文本"iPhone"。
2. 在"插入"浮动面板中的"常用"分类中单击"超级链接"按钮，打开"超级链接"对话框。

提个醒 添加超级链接，还可以直接切换到代码窗格中，添加 <a href="#">iPhone</a>，表示为"iPhone"添加了一个空链接。

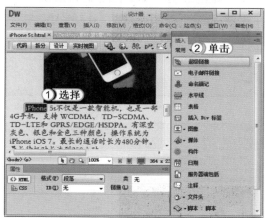

读书笔记

STEP 02： 设置文本链接

1. 在打开对话框的"链接"文本框中输入 URL 地址"http://baike.baidu.com/view/710887. htm"。
2. 在"目标"下拉列表框中选择"new"选项。
3. 在"标题"文本框中输入"关于 iPhone 5s 的介绍"。
4. 单击 确定 按钮，完成表格文本链接的设置。

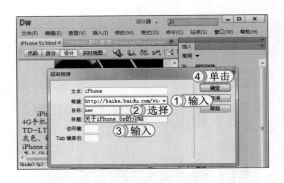

STEP 03： 绘制热点

1. 在网页中选择导航图片，在"属性"面板中单击"矩形热点工具"按钮口。
2. 将鼠标移至图片上的"iPhone 5s 概念"区域，按住鼠标左键进行热点绘制。

STEP 04： 绘制其他区域的热点

使用相同的方法在导航图片上的其他区域分别绘制出 3 个矩形热点。

读书笔记

STEP 05： 设置热点的对齐方式和大小

1. 按住 Shift 键，选中所有热点。
2. 单击鼠标右键，在弹出的快捷菜单中选择"顶对齐"命令。再次单击鼠标右键，在弹出的快捷菜单中选择"设成高度相同"命令。

提个醒 在进行热点对齐设置时，系统会默认在所选择的热点中找一个热点为基准，将其他热点按照基准热点进行对齐设置。

STEP 06： 设置空链接

1. 保持所有热点的选中状态，在"属性"面板的"链接"文本框中输入"#"，将其设置为空链接。
2. 在"目标"下拉列表框中选择"_self"。

提个醒　在一个网站中，如果没有将导航所要链接的其他网页制作完成，可将导航链接设置为空链接，以测试其链接效果。

STEP 07： 设置邮箱链接

1. 选择邮箱文本"540397255@qq.com"。
2. 在"属性"面板的"链接"文本框中输入"mailto:540397255@qq.com"。保存网页，完成整个例子的制作。

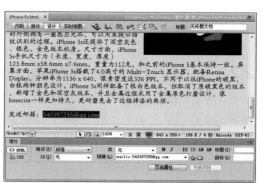

5.2　Spry 菜单

在各种形形色色的网站中，用户几乎在每个网页中都可以看到有网页导航，通过该导航，不仅可以了解到该网站中的主要信息，还可以快速地跳转到该网页其他位置进行查看，这就是本节要讲解的 Spry 菜单栏 Widget。在制作网站时，用户可以通过 Widget 在紧凑的导航中制作出大量的导航信息。下面就对 Spry 菜单栏 Widget 的插入、删除、修改等操作方法进行介绍。

学习 1 小时

- 认识 Spry 菜单栏 Widget。
- 熟悉插入和编辑菜单栏 Widget 的方法。
- 了解添加或删除菜单和子菜单的方法。
- 掌握更改 Spry 菜单栏 Widget 方向的方法。
- 熟悉更改 Spry 菜单栏 Widget 尺寸的方法。

5.2.1　关于 Spry 菜单栏 Widget

在网站中导航栏是必不可少的一个元素。如果没有了导航，相当于人没有了头部一样，制作导航的方法也有很多种，这里主要介绍 Dreamweaver CS6 中的 Spry 菜单栏 Widget。

1. Widget 的概念

Dreamweaver CS6 中的 Spry 菜单栏 Widget 是一组可导航的菜单按钮，并且是由 <ul> 和 <li> 标签所组成的。当浏览者将鼠标光标悬停在其中的某个按钮上时，则会显示相应的子菜单。

并且使用 Spry 菜单栏 Widget 可在紧凑的空间中显示大量导航信息，可以让浏览者无须深入网站中便可了解网站上提供的所有主要内容。

2. Widget 的分类

在 Spry 菜单栏 Widget 中包括了两种导航按钮，一种是垂直 Widget（如左图），另一种是水平 Widget（如右图）。用户可以根据实际的网页布局情况选择合适的导航样式。

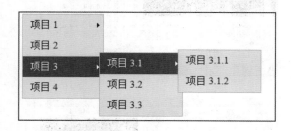
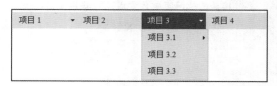

5.2.2　插入和编辑菜单栏 Widget

在 Dreamweavear CS6 网页编辑中插入菜单栏 Widget 可通过两种方法进行插入，一种是通过菜单命令进行插入，另一种是通过"插入"浮动面板进行插入。并且还可以对插入的菜单进行相应编辑。下面将对菜单栏 Widget 的插入与编辑进行介绍。

1. 插入菜单栏 Widget

在 Dreamweavear CS6 网页编辑中插入菜单栏 Widget 的两种方法其实很简单，下面将对其操作的具体方法进行介绍。

🔑 **通过菜单命令进行插入**：将插入点定位到需要插入导航栏的位置，选择【插入】/【Spry】命令，在弹出的下拉菜单中选择"Spry 菜单栏"命令，打开"Spry 菜单栏"对话框，在其中设置菜单栏的布局方式，如选中 ⊙▦水平单选按钮，单击 确定 按钮，即可完成菜单栏 Widget 的插入操作。

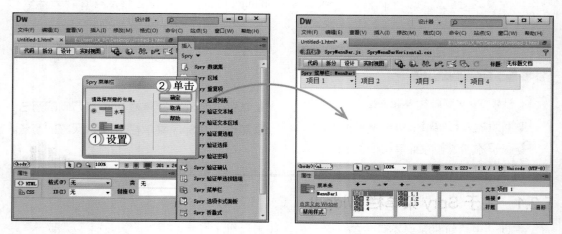

🔑 **通过"插入"浮动面板进行插入**：将插入点定位到需要插入导航栏的位置，在"插入"浮动面板的"Spry"分类列表中单击"Spry 菜单栏"按钮▦，打开"Spry 菜单栏"对话框设置菜单栏的布局方式，如选中 ⊙▦垂直单选按钮，单击 确定 按钮，即可完成菜单栏 Widget 的插入操作。

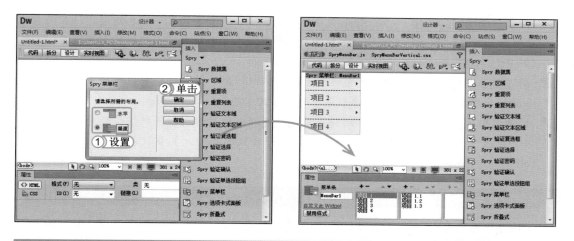

> **经验一箩筐——输入导航文本**
>
> 对于插入的菜单栏 Widget，可直接将插入点定位到每个按钮当中，然后将其原有的文本选中直接输入导航文本信息或选择需要更改信息的按钮，在"属性"面板的"文本"文本框中输入导航信息即可。

2. 编辑菜单栏 Widget

在属性面板中插入的菜单栏 Widget 包括了多个子菜单（最多三级子菜单），用户可以根据实际导航需求在属性面板中对其子菜单进行增加、删除或修改等操作。

下面将分别介绍其属性面板中的各种操作方法及作用。

🔑 **设置菜单条的名称**：在"属性"面板的"菜单条"文本框中可直接输入该 Spry 菜单的名称，方便编辑代码时对其进行引用。

🔑 **禁用菜单样式**：在"属性"面板中，可直接单击 禁用样式 按钮，禁用整个菜单的样式，菜单的样式则会成为项目列表的默认样式，再次单击该按钮则可启用样式。

🔑 **添加菜单项目**：在网页编辑区中选择 Spry 菜单栏，在"属性"面板中单击"添加菜单项"按钮➕，即可添加菜单项目，需注意的是只有添加了二级子菜单，三级子菜单的"添加菜单项"按钮➕才能使用。

🔑 **删除菜单项目**：在网页编辑区中选择 Spry 菜单栏，在"属性"面板中单击"删除菜单项"按钮➖，即可删除菜单项目。

🔑 **显示所有的菜单项目**：在"属性"面板中列表框的主要作用是显示 Spry 菜单栏上的所有菜单项目，如果要对其进行编辑，可直接在列表框中选择相应的菜单项目即可。

🔑 **更改各菜单项目的顺序**：在"属性"面板中的列表框中选择需要调整顺序的菜单项目后，单击"上移项"按钮▲或"下移项"按钮▼，即可上移或下移菜单项目。

62
Hours

52
Hours

42
Hours

32
Hours

22
Hours

12
Hours

🔑 **设置菜单项目的链接**：对于 Spry 菜单栏上的各项目，如果没有导航也就没有存在的意义了，因此可在"属性"面板的"链接"文本框中输入菜单项目需要跳转的网页页面或文件的 URL 地址。

🔑 **设置菜单项目的提示信息**："属性"面板中的"标题"文本框主要用于输入所选菜单项目的提示信息，即当鼠标移至导航菜单时显示的信息。

🔑 **设置菜单项的目标属性**：菜单项的目标属性是指以何种方式打开所链接的页面。可直接在"属性"面板的"目标"文本框中输入打开方式的参数，其参数包括"_blank"、"_self"、"_parent"和"_top"4 种。

经验一箩筐——目标方式的不同作用

_blank 表示在新浏览器窗口中打开所链接的页面；_self 是默认选项，表示在同一个浏览器窗口中加载所链接的页面，如果页面位于框架或框架集中，该页面将在该框架中加载；_parent 表示在文档的直接父框架集中加载所链接的文档；而 _top 表示在框架集的顶层窗口中加载所链接的页面。

5.2.3 更改菜单栏 Widget 的方向

在网页编辑区中插入 widget 后，则会生成 SpryMenuBar.js、SpryMenuBarHorizontal.css 和 SpryMenuBarVertical.css 文件。.js 文件是实现菜单及子菜单功能的具体脚本代码；.css 则是用于设置垂直（水平）菜单栏的外观样式文件。因此要修改菜单栏 Widget 的方向，需要在 HTML 代码中修改类名和引用相应的 .css 文件。

下面将在"TGW.html"网页中将水平菜单栏 Widget 更改为垂直菜单栏 Widget。其具体操作如下：

> **资源文件**
> 素材 \ 第 5 章 \ 团购网 \
> 效果 \ 第 5 章 \ 团购网 \TGW.html
> 实例演示 \ 第 5 章 \ 更改菜单栏 Widget 的方向

STEP 01： 打开"Spry 菜单栏"对话框

1. 打开"TGW.html"网页，在"插入"浮动面板中单击下拉按钮 ▼，在弹出的下拉列表中选择"Spry"选项。
2. 在"Spry"选项的列表中单击"Spry 菜单栏"按钮 ，打开"Spry 菜单栏"对话框。

读书笔记

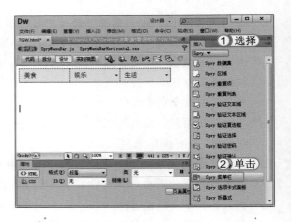

> **提个醒** 添加垂直菜单栏的目的是让其生成一个垂直样式的 .css 文件。

STEP 02： 添加垂直菜单栏

1. 在打开的对话框中选中 单选按钮。
2. 单击 确定 按钮，即可在网页编辑区中添加一个垂直的菜单栏（并生成文件 SpryMenuBarVertical.css）。

提个醒 网站中如果有垂直或水平菜单，则可直接将网站中相应的 .css 文件进行引用（在"窗口"菜单中打开"CSS样式"浮动面板，单击"附加样式表"按钮 进行引用）。

STEP 03： 修改水平菜单栏名称

选择添加的垂直菜单将其删除，并切换到"代码"视图中，将代码"<ul id="MenuBar1" class="MenuBarHorizontal">" 修改为"<ul id="MenuBar1" class="MenuBarVertical">"。

提个醒 修改代码中的水平菜单栏的名称才能引用 .css 文件中的各种样式。

129

72☑
Hours

62
Hours

52
Hours

42
Hours

32
Hours

22
Hours

12
Hours

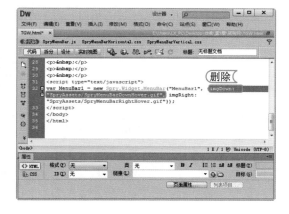

STEP 04： 删除预先加载项

拖动滚动条，在代码视图中选择代码"imgDown: "SpryAssets/SpryMenuBarDownHover.gif"," 将其删除。

提个醒 如果是将垂直菜单更改为水平菜单则需要添加代码"imgDown:"SpryAssets/ SpryMenuBarDownHover.gif","。

读书笔记

STEP 05： 查看效果

切换到"设计"视图中，即可查看到水平菜单已经变为垂直菜单，将其保存，完成整个例子的操作。

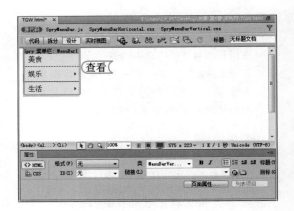

提个醒

在添加的 Spry 菜单中，如果菜单右侧带有下拉按钮▶，则表示将鼠标移至该菜单上会弹出子菜单。

5.2.4　更改菜单栏 Widget 的尺寸

插入的 Widget 菜单栏可以通过更改 .css 文件中的相关属性改变其菜单栏的大小。其方法为：选择需要更改的菜单，在网页编辑区中选择相应的 .css 文件，将 ul.MenuBarVertical li 或 ul.MenuBarHorizontal li 规则和 ul.MenuBarVertical ul 或 ul.MenuBarHorizontal ul 规则中的 width 属性更改为适合的宽度，如 width:4em（em 是尺寸大小的单位，也可以是 px）或 auto（表示按导航中的文本信息更改大小）。

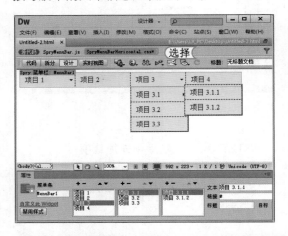

经验一箩筐——设置菜单项目的属性

在 .css 文件中可以使用 color 和 background-color 属性设置菜单项目的字体颜色和背景颜色，当然设置菜单项目的属性也不仅仅这两个，还包括文本居中、设置字体、字号等属性。

上机1小时 ▶ 制作网页导航栏

🔍 进一步掌握插入 Spry 菜单栏 Widget 的操作方法。

🔍 进一步熟悉菜单栏 Widget 的编辑方法。

🔍 进一步学习和掌握导航菜单栏 Widget 的各属性设置方法。

下面将在"xican.html"网页中使用 Spry 菜单栏 Widget 添加导航菜单，并对默认的导航菜单项进行删除、链接操作，然后在 .css 文件中对菜单栏 Widget 的尺寸和相关的属性进行设置，其最终效果如下图所示。

131

72
Hours

62
Hours

52
Hours

42
Hours

32
Hours

22
Hours

12
Hours

资源
文件

素材 \ 第 5 章 \ 西餐 \
效果 \ 第 5 章 \ 西餐 \xican.html
实例演示 \ 第 5 章 \ 制作网页导航栏

STEP 01： 选择 Spry 菜单选项

1. 打开"xican.html"网页，将插入点定位到网页中的黑色区域中。

2. 选择【插入】/【Spry】/【Spry 菜单栏】命令，打开"Spry 菜单栏"对话框。

读书笔记

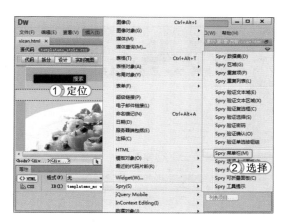

STEP 02： 设置 Spry 菜单栏

1. 在打开的对话框中选中 ⬤ 水平 单选按钮。
2. 单击 确定 按钮，完成 Spry 菜单栏的添加。

读书笔记

STEP 03： 添加菜单项目并修改文本

1. 在网页编辑区中选择 Spry 菜单栏。
2. 在"属性"面板中第一个列表框上方单击"添加菜单项"按钮 ✚，添加两个菜单项目。
3. 在该列表框中选择第一个菜单项目"项目 1"选项。
4. 在"文本"文本框中输入文本"首页"。

STEP 04： 修改和删除菜单项目

1. 使用相同的方法对第一个列表框中的所有菜单项目的文本进行修改。
2. 在第一个列表框中选择"首页"文本，在第二个列表框中依次选择菜单项目。
3. 在第二个列表框上方单击"删除菜单项"按钮 ➖ 将其删除。

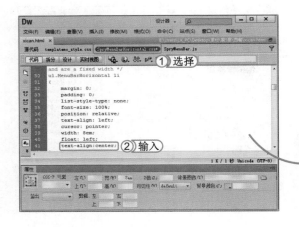

STEP 05： 设置菜单栏文本居中

1. 在"筛选相关文件"栏中选择"SpryMenu BarHorizontal.css"文件。
2. 在该文件中找到"ul.MenuBarHorizontal li"类，在其中输入代码"text-align:center;"，使菜单栏中的文本居中显示。

STEP 06: 设置文本颜色和背景颜色

1. 在"SpryMenuBarHorizontal.css"文件中找到"ul.MenuBarHorizontal a"类。
2. 将属性"background-color"设置为"#ffe665"。
3. 将属性"color"设置为"#FFF",完成菜单栏的文本和背景颜色的设置。

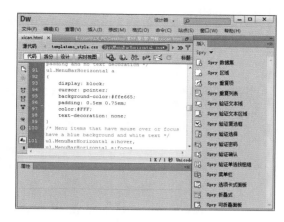

提个醒

例子中的属性"background-color"和"color"表示设置背景颜色和文本颜色。

STEP 07: 在"设计"视图中查看效果

单击 设计 按钮,切换到"设计"视图中,即可在网页编辑区中查看到设置后的效果。

STEP 08: 设置链接及指定目标

1. 在"设计"视图中选择 Spry 菜单。
2. 在"属性"面板的"链接"文本框中输入"#"设置为空链接。
3. 在"目标"文本框中输入"new",以新窗口的方式打开跳转的页面,保存网页,完成整个例子的制作。

5.3 练习 1 小时

本章主要介绍了网页中的各种链接的添加和编辑方法,此外还对 Spry 菜单栏 Widget 进行了相应介绍,如 Spry 菜单的使用方法及相应的属性设置,并讲解了使用 Spry 菜单制作出简单的网页导航栏的方法。下面就以制作"nature.html"网页为例进行练习,让读者更加熟练地掌握各种链接和 Spry 菜单栏的操作方法。

62
Hours

52
Hours

42
Hours

32
Hours

22
Hours

12
Hours

制作 Spry 导航并完成网页链接

本例将在"nature.html"网页中使用 Spry 栏 Widget 制作出导航菜单，并在网页中添加相应的文本链接和图片链接。最终效果如下图所示。

资源
文件
素材 \ 第 5 章 \nature\
效果 \ 第 5 章 \nature\nature.html
实例演示 \ 第 5 章 \ 制作 Spry 导航并完成网页链接

读书笔记

网页

72 HOURS

利用多媒体对象丰富页面效果

第 **6** 章

学习 2 小时

- 在页面中使用 Flash 对象
- 插入其他多媒体对象

除了文本和图像外，网页中经常添加和使用的元素还有很多，比较直观且应用较多的当属 **Flash** 对象和多媒体对象。在网页中使用这些对象，可以对网页进行润色，使网页效果不局限于呆板的文字和图像，从而给人以轻松、活泼的感觉。

上机 3 小时

6.1 在页面中使用 Flash 对象

在网页中还可以添加文本以外的其他元素来丰富网页的内容，如在页面中使用 Flash 对象可以为网页增加一些活泼、轻松的感觉。下面将对 Flash 对象的各种设置及应用进行讲解。

学习 1 小时

🔍 掌握插入 Flash 文件的方法。 　　　　🔍 掌握 Flash 播放控制和边距调整的方法。

🔍 掌握设置 Flash 显示大小及相关信息的方法。 🔍 掌握 Flash 附加参数的设置方法。

6.1.1 插入 SWF 格式的 Flash 文件

Flash 是交互式矢量图和 Web 动画的标准。用户可以利用 Flash 创建漂亮的、可变大小且极其紧密的各种特殊效果。Dreamweaver CS6 中提供了对 Flash 动画完善的支持功能，可以方便地在网页中插入 Flash 动画并对其属性参数进行相关设置。下面对插入 SWF 格式的 Flash 文件的操作方法进行介绍。

🔑 **通过"插入"浮动面板插入**：将插入点定位到需要插入 Flash 文件的位置，在"插入"浮动面板的"常用"分类列表下单击"媒体"按钮 右侧的下拉按钮 ，在弹出的下拉列表中选择"SWF"选项，在打开的对话框中找到并选择已经准备好的 SWF 格式的 Flash 文件，单击 确定 按钮，打开"对象标签辅助功能属性"对话框，在该对话框中可输入 Flash 标题、快速访问键，单击 确定 按钮即可插入 SWF 格式的 Flash 文件。

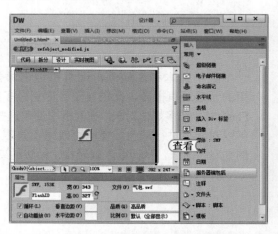

▌ **经验一箩筐——插入 SWF 格式的 Flash 文件的前提条件**

如果是新建的 HTML 网页文档，则在插入 SWF 格式的 Flash 动画之前，首先应对当前文档进行保存，否则无法插入。

🔑 **使用菜单命令进行插入**：将插入点定位到需要插入 Flash 文件的位置，选择【插入】/【媒体】/【SWF】命令（在对话框中的操作步骤与通过"插入"浮动面板打开的对话框中的操作步骤相同）即可。

问题小贴士

问: Flash 文件有哪些格式?

答: 在网页中插入的 Flash 文件主要包括 .fla、.swf、.swt 和 .flv 等几种格式,但在网页中出现较多的是 .swf 格式,下面将分别介绍一下各种格式的 Flash 文件。

🔑 .fla 格式: 该格式的文件是 Flash 的源文件,可以使用 Flash 软件进行编辑,在导出时还可以将其转换成 .swf 格式的 Flash 文件插入到网页中。

🔑 .swf 格式: 该格式的文件是电影文件,是一种压缩的 Flash 文件,通常被称为 Flash 动画文件。

🔑 .swt 格式: 该格式的文件是库文件,相当于模板,用户通过设置该模板的某些参数即可创建 .swf 文件。如 Dreamweaver CS6 中提供的 Flash 按钮、Flash 文本。

🔑 .flv 格式: 该格式的文件是一种视频文件,它包含经过编码的音频和视频数据,其数据是通过 Flash 播放器传送的。如果有 QuickTime 或 Windows Media 视频文件,可以使用编码器将视频文件转换为 .flv 文件。

6.1.2 调整 Flash 文件显示的大小

插入的 Flash 动画可以通过 "SWF" 属性面板进行大小和相关属性的调整,对文档中 Flash 动画显示大小的调整实际是对其背景框大小的调整(Flash 文件本身也会随之变化)。调整 Flash 大小的操作方法很简单,在网页编辑区选中目标 Flash 动画对象,在 "SWF" 属性面板的 "宽"、"高" 文本框中输入属性值,即可实现对 Flash 动画显示尺寸的调整。

█ 经验一箩筐——直接拖动改变大小

选中目标 Flash 动画对象,其四周会出现选择控制器,将鼠标移动到这些选择控制器上并实施拖动操作可调整 Flash 动画的大小,如果需要实现等比例缩放,则在拖动大小选择控制器的同时按住 Shift 键即可。

62
Hours

52
Hours

42
Hours

32
Hours

22
Hours

12
Hours

6.1.3　Flash 相关信息设置

在网页中插入的 Flash 文件，不仅仅可以调整其显示文件的大小，还可以设置 Flash 相关项目的信息，如"FlashID"、"文件"和"类"等，这些属性都可通过"SWF"属性面板进行设置。

下面将分别介绍"SWF"属性面板中 Flash 文件的相关参数。

🔑 "FlashID"文本框：主要用于为当前 Flash 动画分配一个 ID 号。

🔑 "文件"文本框：主要用于指定当前 SWF 文件路径信息，对本地 SWF 文件还可以通过单击"文件"文本框后的 🔘 按钮和 🔲 按钮快速方便地进行设置。

🔑 "类"下拉列表框：主要用于为当前 Flash 动画指定预定义的类。

▌ 经验一箩筐——查看互联网中的 Flash 文件

当需要调用网络上的 Flash 动画文件时，可通过查看来源网页的 HTML 源代码找到 Flash 文件的实际 URL 地址（即 Flash 文件所在网页的网址），然后把这段 URL 绝对地址复制到"SWF"属性面板的"文件"文本框中即可调用。

6.1.4　Flash 播放控制

Flash 播放控制属性设置项目包括"循环"控制、"自动播放"控制、"品质"设置、"比例"设置和"播放预览"等。选中目标 Flash 文件后，在"SWF"属性面板中可以看到对应的项目。

下面将在"Flash.html"网页中设置 Flash 文件的播放控制参数。其具体操作如下：

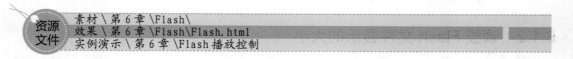

资源
文件　素材 \ 第 6 章 \Flash\
　　　效果 \ 第 6 章 \Flash\Flash.html
　　　实例演示 \ 第 6 章 \Flash 播放控制

STEP 01:　设置 Flash 的宽和高

1. 打开"Flash.html"网页，选择网页中的 Flash 文件。
2. 在"SWF"属性面板中分别将"宽"和"高"设置为"500"和"200"。

读书笔记

STEP 02: 设置 Flash 的品质和比例

1. 在"SWF"属性面板中设置"品质"为"自动高品质","比例"为"无边框"。
2. 按 Ctrl+S 组合键保存文档,单击 ▶ 播放 按钮进行播放预览。

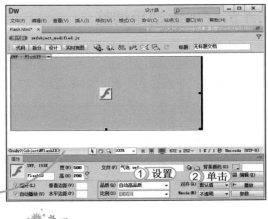

提个醒 当用户在"SWF"属性面板中单击 ▶ 播放 按钮后,该按钮会自动变为 ■ 停止 按钮,单击该按钮后,则会停止播放,并恢复成 ▶ 播放 按钮。

下面将对例子中使用到的各参数及播放控制的相关参数进行具体的介绍。

🔑 ☑ 循环 (L) 复选框:选中该复选框后,Flash 文件在播放时将自动循环。

🔑 ☑ 自动播放 (U) 复选框:选中该复选框后,在网页载入完成时 Flash 文件将自动播放。

🔑 "品质"下拉列表框:主要用于设置该 Flash 播放时的品质,以便在播放质量和速度之间取得平衡,该下拉列表框中主要包括"高品质"、"自动高品质"、"低品质"和"自动低品质"4 个选项。

▌经验一箩筐——"品质"下拉列表框中的各项参数

高品质:优先考虑播放品质而非播放速度;自动高品质:优先考虑播放品质,在系统资源许可的情况下再优化播放速度;低品质:优先考虑播放速度而非播放品质;自动低品质:优先考虑播放速度,在系统资源许可的情况下再兼顾品质。

🔑 "比例"下拉列表框:主要用于设置当 Flash 动画大小为非默认状态时,以何种方式与背景框匹配。该下拉列表框中包括 3 个选项,分别为"默认"、"无边框"和"严格匹配"。

▌经验一箩筐——"比例"下拉列表框中的各项参数

默认:始终保持 Flash 宽高比例并保证整个画面显示在背景框范围内,水平或垂直方向上与背景框边缘之间的差值部分将由背景色填充;无边框:始终保持 Flash 宽高比例并使画面填满背景框,这将可能造成水平或垂直方向上超出背景框的部分无法显示;严格匹配:不考虑 Flash 的宽高比例,使其宽度和高度都与背景框匹配,这样将可能造成动画画面的宽高比例失衡。

🔑 "播放"按钮 ▶ 播放 :主要用于在 Dreamweaver CS6 网页编辑区中预览 Flash 动画的播放效果。

62
Hours

52
Hours

42
Hours

32
Hours

22
Hours

12
Hours

6.1.5 Flash 边距调整

Flash 的边距是指 Flash 动画同周围网页对象之间的间距，其边距分为"垂直边距"和"水平边距"。设置 Flash 边距的方法其实很简单，只需选择目标 Flash 对象（如左图），在"SWF"属性面板的"垂直边距"和"水平边距"文本框中输入属性值即可（如右图）。

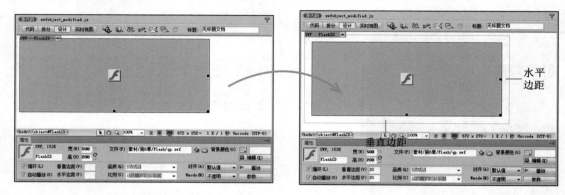

6.1.6 对齐方式及背景颜色设置

Flash 的对齐方式与图像对齐方式类似，包括水平对齐和垂直对齐。Flash 的"背景颜色"用于设置 Flash 动画的背景框颜色，默认情况下为空，即保持 Flash 动画原有背景色。但不管是对齐方式还是 Flash 的背景颜色设置，都可以通过"SWF"属性面板进行设置。

下面将在"Flash_color.html"网页中设置 Flash 文件的对齐方式和背景颜色。其具体操作如下：

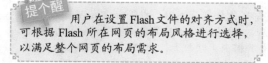

资源文件　素材 \ 第 6 章 \Flash_color\
　　　　　效果 \ 第 6 章 \Flash_color\Flash_color.html
　　　　　实例演示 \ 第 6 章 \ 对齐方式及背景颜色设置

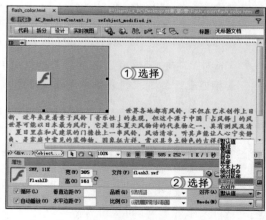

STEP 01： 设置 Flash 的对齐方式

1. 打开"Flash_color.html"网页，选择网页中的 Flash 文件。
2. 在"SWF"属性面板中的"对齐"下拉列表框中选择"左对齐"选项，完成Flash 的对齐设置。

提个醒　　用户在设置Flash文件的对齐方式时，可根据 Flash 所在网页的布局风格进行选择，以满足整个网页的布局需求。

读书笔记

STEP 02： 设置 Flash 的背景颜色

保持 Flash 对象的选中状态，在"属性"面板中单击"背景颜色"后面的■按钮，在弹出的颜色面板中选择颜色。此时"属性"面板后的"背景颜色"文本框中将显示出背景颜色具体的属性值。

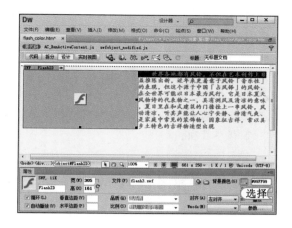

> **提个醒** 设置 Flash 的背景颜色后，默认情况下是不能查看其背景颜色的，除非将 Flash 大小设置为小于其本身的大小。

STEP 03： 预览效果

保存网页，在浏览器中对设置后的 Flash 文件进行预览。

> **提个醒** 由于 Flash 动画文件本身仍包含背景颜色，因此在网页中 Flash 的背景不会透明，除非进行了背景透明的相关设置。

6.1.7 Flash 附加参数设置

在 Dreamweaver CS6 中，可对插入的 Flash 进行相应的参数设置，如透明参数"Wmode"。除了该参数外，其他的参数都需要在其属性面板中单击 参数… 按钮后，打开"参数"对话框进行设置。下面将分别对 Wmode 参数及"参数"对话框中的参数进行介绍。

1. Wmode 参数

Wmode 参数是用于对 Flash 进行透明设置的最常用参数，它已经独立作为下拉列表框存在于"SWF"属性面板中，该下拉列表框中主要包括窗口、透明和不透明 3 个选项。下面将分别对这 3 个属性值进行介绍。

🔑 **窗口属性值**：选择该属性值，可以使 Flash 始终位于页面最上层，其也具有不透明属性值的功能。

🔑 **不透明属性值**：该属性值是插入 Flash 文件的默认值，在浏览器中预览 Flash 文件时都不能看到网页的背景颜色，而是以 Flash 文件的背景颜色遮挡了网页的背景颜色。

🔑 **透明属性值**：选择该属性值后，与不透明的属性完全相反，在浏览器预览时不会查看到 Flash 对象的背景颜色，可以说是以网页的背景作为 Flash 对象的背景颜色。

2. "参数"对话框

选择 Flash 对象后，在"属性"面板中单击 参数… 按钮，可打开"参数"对话框，在其中可添加、删除或调整参数载入顺序。该对话框中的参数是由参数名和参数值组合

而成的。下面将对在"参数"对话框中添加、删除和调整参数顺序的方法进行介绍。

🔑 添加参数：在"参数"对话框中，默认有两个参数项，单击 ➕ 按钮即可添加参数项，在添加的参数项后单击 ✐ 按钮可添加参数名，但必须保证创建了站点和 Spry 数据集（在 12 章进行介绍）。

🔑 删除参数：在"参数"对话框中单击 ➖ 按钮，可删除参数项。

🔑 调整参数顺序：在"参数"对话框中单击 ▲ 按钮或 ▼ 按钮，可在"参数"列表框中上移或下移参数项。

上机 1 小时 ▶ 插入 Flash 对象并设置

🔍 进一步掌握插入 Flash 及调整其大小的方法。

🔍 进一步熟悉 Flash 播放品质、比例及透明等相关属性的设置方法。

本例将在"jiqiu.html"网页插入用于修饰主题的 Flash 动画，并对插入的 Flash 动画进行大小、播放品质及相关属性设置，使主题效果更生动、丰富。其最终效果如下图所示。

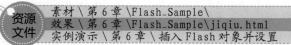

资源文件
素材 \ 第 6 章 \Flash_Sample\
效果 \ 第 6 章 \Flash_Sample\jiqiu.html
实例演示 \ 第 6 章 \ 插入 Flash 对象并设置

STEP 01： 打开"选择 SWF"对话框

1. 打开"jiqiu.html"网页，将插入点定位在页首背景图位置。

2. 选择【插入】/【媒体】/【SWF】命令，打开"选择 SWF"对话框。

STEP 02： 选择 SWF 格式的 Flash 动画

1. 在打开对话框的"查找范围"下拉列表框中选择 Flash 文件所在的位置。
2. 在下方的列表框中选择需要插入的 Flash 对象。
3. 单击 确定 按钮。

读书笔记

STEP 03： 设置 Flash 主题名称

1. 在打开对话框的"标题"文本框中输入 Flash 的主题"Flash 金秋动画"。
2. 单击 确定 按钮，将其插入。

提个醒　为 Flash 动画设置"标题"后，当访问者在这个页面中将鼠标移至该动画时，就会出现相应的标题提示文本。

143

72⊠
Hours

62
Hours

52
Hours

42
Hours

32
Hours

22
Hours

12
Hours

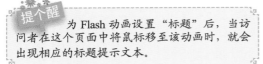

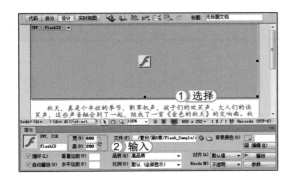

STEP 04： 设置 Flash 的大小

1. 选择刚插入的 Flash 对象。
2. 在"属性"面板的"宽"文本框中输入"600"，在"高"文本框中输入"200"。

提个醒　用户可直接在"宽"、"高"文本框右侧单击"重设大小"按钮，对调整后的 Flash 进行重设大小的操作。

STEP 05： 设置 Flash 属性的相关参数

1. 保持 Flash 对象的选中状态，在"属性"面板的"品质"下拉列表框中选择"自动高品质"选项。
2. 在"比例"下拉列表框中选择"无边框"选项。
3. 在"Wmode"下拉列表框中选择"透明"选项。

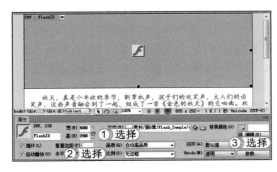

STEP 06： 保存并预览

按 Ctrl+S 组合键，进行保存操作，单击"在浏览器中预览 / 调试"按钮，在弹出的下拉列表中选择"预览在 IExplore"选项，即可在浏览器中进行浏览。

> **提个醒**　　插入 Flash 文件后，会自动在网页所在的文件夹中生成与 Flash 对象相关的文件，该文件不能删除，删除后 Flash 文件将不能正常运行。

6.2　插入其他多媒体对象

在网页中，除 Flash 动画外，还可以插入其他多媒体对象，如视频、音乐等。这些对象可以为网页增加趣味，让网页看起来更加活泼。但需注意的是，不管是插入哪种多媒体文件，都应该将插入的多媒体文件与网页存储在相同级别的文件夹中。下面将对插入 FLV 视频文件、Shockwave 影片、背景音乐及其他多媒体对象进行介绍。

▌▌**学习 1 小时** ▶ - - - - - - -

🔍 掌握 FLV 视频的插入方法。　　　🔍 了解在网页中插入背景音乐的操作方法。

🔍 熟悉 Shockwave 影片的插入方法。　　🔍 掌握其他多媒体对象的插入方法。

6.2.1　插入并设置 FLV 视频文件

Flash 视频是相当流行的一种网络多媒体技术，而 FLV 视频的应用则更是广受欢迎，如土豆、迅雷和优酷等视频网站都采用了这一技术。下面将介绍在 Dreamweaver CS6 中插入 FLV 视频的操作方法和相关属性的设置方法。

1. 插入 FLV 视频文件

在 Dreamweaver CS6 中插入 FLV 视频文件的方法与插入 SWF 格式的 Flash 文件的方法基本相同，都可以通过菜单命令和"插入"浮动面板进行操作。下面将介绍其具体的操作方法。

🔑 通过"菜单"命令插入：将插入点定位到需要插入 FLV 视频的位置，选择【插入】/【媒体】/【FLV】命令，打开"插入 FLV"对话框，在该对话框中可单击 浏览... 按钮，在打开的对话框中选择需要插入的 FLV 视频所在的 URL 地址。还可以在打开的"插入FLV"对话框中对 FLV 视频的类型、外观、大小和播放设置等进行设置，设置完成后，单击 确定 按钮即可插入 FLV 视频。

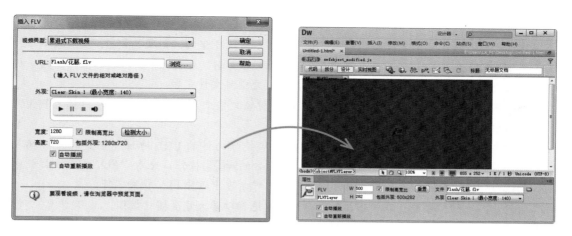

通过"插入"浮动面板插入：将插入点定位到需要插入 FLV 视频的位置，在"插入"浮动面板的"常用"分类列表中单击"媒体"按钮■后的下拉按钮▼，在弹出的下拉列表中选择"FLV"选项，即可打开"插入 FLV"对话框，然后设置 FLV 视频即可。

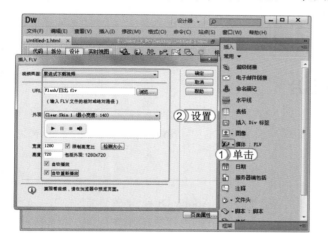

经验一箩筐—— FLV 类型

一般情况下，要将独立的 FLV 文件插入到网页中，应该在"插入 FLV"对话框的"视频类型"下拉列表框中选择"累进式下载视频"选项，如果是从流媒体服务器中获取 FLV 文件，则应选择"流视频"选项。

2. 设置 FLV 视频的属性

插入视频时可通过"插入 FLV"对话框进行相关属性的设置，插入后，如果想要对 FLV 视频的相关属性重新进行设置，则需要通过"属性"面板进行设置。因此"FLV"属性面板的属性与"插入 FLV"对话框中的设置基本相同，唯一不能在"FLV"属性面板中设置的是视频类型，如果要对视频类型进行设置，则需重新置入 FLV 视频。下面将对"FLV"属性面板中的属性进行介绍。

"FLV"文本框：主要用于为当前 FLV 视频命名，以便在相同网站中区分和引用 FLV 视频文件。

■ 自动播放复选框：选中该复选框后，则会在浏览网页时自动播放插入的 FLV 视频。

■ 自动重新播放复选框：选中该复选框后，则会在浏览网页时自动重复播放插入的 FLV 视频文件，直到浏览者手动将其停止。

62
Hours
▲

52
Hours
▲

42
Hours
▲

32
Hours
▲

22
Hours
▲

12
Hours

🔑 "W"和"H"文本框：用户可分别在"W"和"H"文本框中输入属性值，以设置 FLV 视频的宽和高。这两个文本框对应"插入 FLV"对话框中的"宽度"和"高度"文本框。

🔑 ☑ **限制高宽比** 复选框：选中该复选框后，在"W"和"H"文本框中输入属性值时，FLV 视频文件的宽和高则会成比例地进行缩放，以避免视频文件变形。

🔑 **重置** 按钮：单击该按钮，则会将插入的 FLV 视频文件恢复到原始大小。与"插入 FLV"对话框中的 **检测大小** 按钮功能相同。

🔑 "文件"文本框：该文本框中显示的是 FLV 视频文件的 URL 地址，也是对应"插入 URL"对话框中的"URL"文本框，并且其后的 **浏览...** 按钮，也和"FLV"属性面板中的 📁 按钮功能相同，单击后，都可以在打开的对话框中选择 FLV 视频文件。

🔑 "外观"下拉列表框：在该下拉列表框中可以选择以多大宽度播放视频。

🔑 "类"下拉列表框：主要用于为当前 FLV 视频指定预定义的类。

▌ 经验一箩筐——生成 FLV 视频的相关文件

FLV 视频文件与普通的 SWF 动画文件类似，在 Dreamweaver CS6 中插入 FLV 视频文件也需要相关的设置文件来提供支持，因此插入 FLV 视频时 Dreamweaver CS6 也会进行复制相关文件的操作，没有这些相关文件，FLV 视频就无法在网页中正常显示。

6.2.2 认识并插入 Shockwave 影片

除 Flash 动画和 FLV 视频等多媒体对象外，HTML 网页还支持一种交互功能非常强大的多媒体对象，它具有比 Flash 更优秀的多媒体交互功能，即 Shockwave 影片。下面将对 Shockwave 影片进行具体的介绍。

1. 认识 Shockwave 影片

Shockwave 影片也是网页中的一种媒体文件，它是由 Adobe Director 软件制作的，采用了比 Flash 更复杂的播放控制技术，并且 Shockwave 提供了更为优秀的脚本引擎，功能也比 Flash 更为强大，它常常被用于制作多媒体课件、具有较复杂逻辑的网页小游戏等，Shockwave 文件的格式有 DCR、DXR 和 DIR 等几种。

▌ 经验一箩筐——关于 Shockwave 影片

要想在浏览器中正常播放 Shockwave 影片，就必须安装 Shockwave 播放插件。通常在网页中插入 Shockwave 影片时都会有相应的播放插件检查代码，如果检测到访问者没有安装 Shockwave 播放插件，将自动进行下载安装。

▌ 经验一箩筐——Shockwave 的优缺点

虽然 Shockwave 文件具有比 Flash 更为强大的交互功能，互联网上也有大量的 Shockwave 资源可以使用，但由于其播放插件安装相对繁琐，对客户电脑的要求也相对较高，因此其普及率不如 Flash 文件。

2. 插入 Shockwave 影片

其实在 Dreamweaver CS6 中插入各种多媒体的方法都大同小异，都是通过菜单命令或"插入"浮动面板进行操作，并且在插入 Shockwave 影片后，也可以通过"Shockwave"属性面板进行设置。

下面将在"Shockwave.html"网页中插入 Shockwave 影片，并对其相关的属性进行设置。其具体操作如下：

资源文件	效果 \ 第 6 章 \Shockwave\Shockwave.html
	实例演示 \ 第 6 章 \ 插入 Shockwave 影片

STEP 01： 打开"选择文件"对话框

1. 新建 Shockwave.html 网页，将插入点定位到网页的空白处。
2. 选择【插入】/【媒体】/【Shockwave】命令，打开"选择文件"对话框。

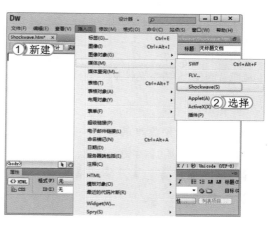

STEP 02： 选择文件

1. 在打开对话框的"查找范围"下拉列表框中选择影片所在的本地磁盘位置。
2. 在下方的列表框中选择需要插入的 Shockwave 影片。
3. 单击 确定 按钮，打开"对象标签辅助功能属性"对话框。

提个醒 如果设置 Shockwave 影片的显示尺寸小于其实际尺寸，影片内容将会无法完全显示，因此应先了解 Shockwave 的大小参数，并按照实际大小进行设置，以保证影片的完整显示。

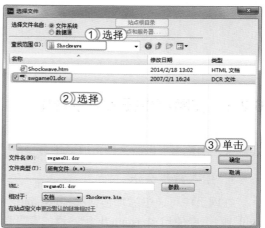

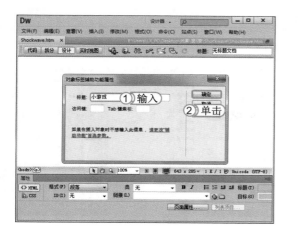

STEP 03： 设置对象标签辅助功能

1. 在打开对话框的"标题"文本框中输入 Shockwave 影片的标题"小游戏"。
2. 其他保持默认设置，单击 确定 按钮，完成 Shockwave 影片的插入操作。

提个醒 如果不想对插入的 Shockwave 影片进行设置，则可直接单击 确定 按钮进行忽略即可。

147

72☒
Hours

62
Hours

52
Hours

42
Hours

32
Hours

22
Hours

12
Hours

STEP 04： 设置影片的大小及背景颜色

1. 选择插入的影片，在"属性"面板中的"宽"
   和"高"文本框中输入"800"和"500"。
2. 在"背景颜色"后单击■按钮，在弹出的颜
   色面板中选择合适的颜色后，则会在其后的
   文本框中显示具体的属性值。

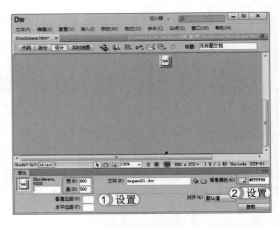

> 提个醒
> "Shockwave"属性面板中的对齐和
> 边距功能与"SWF"属性面板的功能相同。

STEP 05： 预览效果

保存网页，并在浏览器中进行预览。

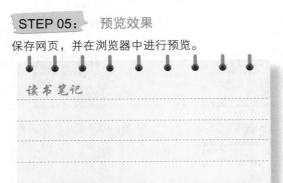

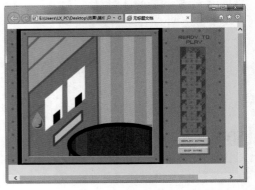

6.2.3 在网页中插入背景音乐

在 HTML 网页文档中支持多种音乐格式，如 MP3、WMA、WAV 和 RM 等。在网页中插入音乐，浏览者在浏览该网页时才不会觉得枯燥无味。

1. 插入背景音乐

在网页中可通过添加插件和 <bgsound> 标签的方法来插入音乐文件。下面将在"bgsound. html"网页中使用 <bgsound> 标签添加背景音乐，介绍插入背景音乐的方法。其具体操作如下：

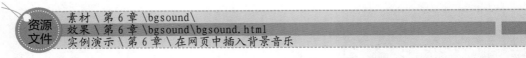

> 资源
> 文件
> 素材 \ 第 6 章 \bgsound\
> 效果 \ 第 6 章 \bgsound\bgsound.html
> 实例演示 \ 第 6 章 \ 在网页中插入背景音乐

STEP 01： 打开"标签选择器"对话框

打开"bgsound.html"网页，选择【插入】/【标签】
命令，打开"标签选择器"对话框。

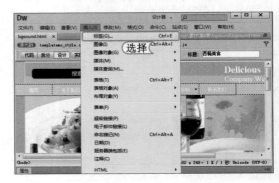

> 提个醒
> 如果使用 <bgsound> 标签添加背景
> 音乐，网页最小化后，背景音乐将自动停止播
> 放，使用行为（第 10 章介绍）添加则会避免
> 这种情况。

STEP 02: 打开"标签编辑器"对话框

1. 在打开对话框的左侧列表框中展开"HTML 标签",选择"页面元素"选项。
2. 在右侧列表框中选择"bgsound"选项。
3. 单击 插入(I) 按钮,打开"标签编辑器 - bgsound"对话框。

STEP 03: 选择背景音乐

1. 在"源"文本框后单击 浏览... 按钮,打开"选择文件"对话框。
2. 在打开的对话框中找到并选择需要插入的背景音乐。
3. 单击 确定 按钮。

STEP 04: 设置背景音乐

1. 返回"标签编辑器 -bgsound"对话框,在"循环"下拉列表框中选择"(-1)"选项。
2. 其余设置保持默认状态,单击 确定 按钮。
3. 在返回的对话框中单击 关闭(C) 按钮,完成设置背景音乐的操作。

STEP 05: 返回"代码"视图查看代码

切换到"代码"视图中,即可查看插入背景音乐后的代码,保存网页完成操作。

提个醒　　无论是哪种音乐格式,要使背景音乐正常播放,必须有相应的音乐播放器,Windows 自带的 Windows Media Player 可以播放除 RM 以外的大多数音乐格式。

149

72☑
Hours

62
Hours

52
Hours

42
Hours

32
Hours

22
Hours

12
Hours

▌经验一箩筐——使用插入插件的方法添加背景音乐

选择【插入】/【媒体】/【插件】命令或在"插入"浮动面板的"常用"分类列表下单击"媒体"按钮🎵后的下拉按钮▾，在弹出的下拉列表中选择"插件"选项，打开"选择文件"对话框，选择要插入的音频文件即可在网页编辑区中以🎞图标进行显示。

2. 在"属性"面板中设置背景音乐

在网页中，如果使用插入插件的方法添加了背景音乐，则可在网页编辑区中选择插件图标，在"属性"面板中设置插件的宽、高、边框以及边距等。

▌经验一箩筐——设置播放器界面大小

如果不希望播放背景音乐的播放器界面在页面中显示，可在属性检查器中将宽度和高度设为"0"；如果希望完整显示操作界面，则应根据不同的音乐文件类型，设置相应的播放器大小。如对于使用 Windows Media Player 播放的背景音乐，宽度和高度至少应该分别大于 270 像素和 40 像素才能保证进行正常的播放控制操作。

6.2.4　插入其他媒体对象

在网页中不仅可以插入本章所讲解的多媒体对象，还可以通过 Dreamweaver CS6 在页面中插入传统视频文件（如 AVI、WMV 和 RMVB 等）、APPLET 和 ActiveX 等对象，并且可对插入的各种媒体对象进行相应的设置。

1. 插入传统视频文件

传统视频文件是指非 FLV 格式的视频文件，这些视频文件都可以通过传统的视频播放器（如 Windows Media Player、Realplayer 等）进行播放，其格式包括 AVI、WMV、RM、RMVB 和 MOV 等。并且传统视频的插入方法与使用插件添加音乐的方法完全一致，即选择【插入】/【媒体】/【插件】命令，在打开的对话框中选择需要插入的视频文件，单击 确定 按钮（如左图），完成并保存后便可在浏览器中进行查看（如右图）。

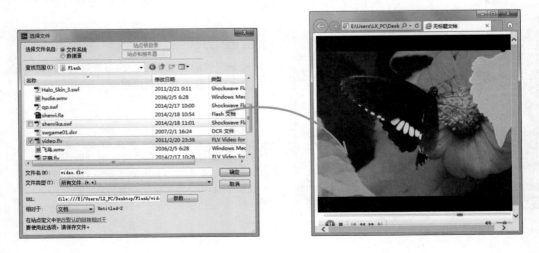

经验一箩筐——各种格式的视频播放注意事项

插入播放的视频时，如果客户端没有安装相应的播放软件，是无法播放相应格式的视频文件的，一般情况 AVI、WMV 等格式的视频可以使用 Windows Media Player 播放器播放，因此无须客户端安装其他播放器。而 RM 或 RMVB 格式则必须安装 Realplayer 或具有 Realplayer 播放插件的播放器，MOV 格式需要安装苹果公司的 QuickTime 播放软件。

2. 插入 APPLET

APPLET 不同于其他插件，APPLET 是用 Java 程序开发语言编写的一个小程序，其扩展名为 .class，用于满足一些特殊的用户需求，其本身不能单独运行，需要嵌入在 HTML 网页文档中，借助浏览器来执行，并且运行环境要求必须安装 JVM（Java virtual machine，Java 虚拟机）。

下面将在"insertAPPLET.html"网页中添加已经编辑好的 APPLET 程序，以介绍在 Dreamweaver CS6 中插入 APPLET 的方法及属性设置方法。其具体操作如下：

> **资源文件**
> 素材 \ 第 6 章 \APPLET\
> 效果 \ 第 6 章 \APPLET\insertAPPLET.html
> 实例演示 \ 第 6 章 \ 插入 APPLET

STEP 01： 打开"选择文件"对话框

1. 打开"insertAPPLET.html"网页，将插入点定位在第二段文本下方。
2. 在"插入"浮动面板的"常用"分类列表中单击"媒体"按钮后的下拉按钮。
3. 在弹出的下拉列表中选择"APPLET"选项，打开"选择文件"对话框。

> **提个醒** 也可选择【插入】/【媒体】/【APPLET】命令，插入 APPLET 小程序。

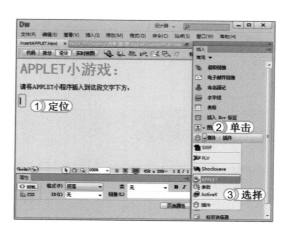

STEP 02： 选择文件

1. 在打开对话框的"查找范围"下拉列表框中选择 APPLET 文件所在的位置。
2. 在下方的列表框中选择 APPLET 文件。
3. 单击 **确定** 按钮，完成选择文件的操作。

> **提个醒** 大多数情况下，APPLET 小程序在设计时都提供了一组可供网页设计师使用时定制的参数，可通过这组参数对该 APPLET 小程序的运行状态进行控制。要使 APPLET 小程序按照既定要求执行，就需要了解其各项参数的对应功能。

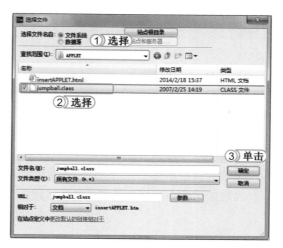

62
Hours

52
Hours

42
Hours

32
Hours

22
Hours

12
Hours

STEP 03： 设置 APPLET 辅助属性参数

1. 在打开的"Applet 标签辅助功能属性"对话框中设置"替换文本"为"小球跳动"。
2. 在"标题"文本框中输入"Applet 程序"。
3. 单击 确定 按钮，完成 APPLET 辅助属性参数的设置。

读书笔记

STEP 04： 设置 APPLET 的大小和边距

1. 选择插入的 APPLET 图标，在"APPLET"属性面板中将"宽度"和"高度"分别设置为"420"和"120"。
2. 将"垂直边距"和"水平边距"分别设置为"20"和"5"。

提个醒 除了可在"属性"面板中设置 APPLET 的大小和边距外，还可以设置其对齐方式。

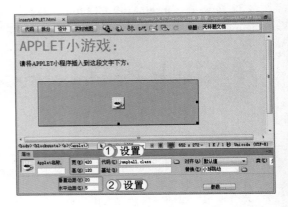

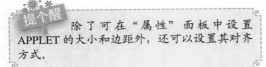

STEP 05： 预览效果

对编辑的网页进行保存后，按 F12 键，在浏览器中进行浏览。

提个醒 由于 APPLET 小程序需要 Java 虚拟机的支持，因此如果电脑中没有安装 Java 虚拟机将无法正常运行该程序。Java 虚拟机的下载地址为 http://java.com/en/download。

3. 插入 ActiveX

ActiveX 是一个开放的集成平台，为开发人员提供了快速、简便地在网页中创建程序集成和内容的方法。使用 ActiveX 可以方便地在网页中插入多媒体效果、交互式对象以及复杂程序。下面将分别介绍插入和设置其属性的方法。

（1）插入 ActiveX 的方法

其实在网页中插入 ActiveX 的方法与插入其他多媒体的方法基本相同，都是通过在"插入"浮动面板的"常用"分类列表中单击"媒体"按钮 后的下拉按钮 ，在弹出的下拉列表中选

择 "ActiveX" 选项或选择【插入】/【媒体】/【ActiveX】命令，打开 "对象标签辅助功能属性" 对话框，设置其标题和快速访问键，单击 确定 按钮后，则会以 "" 图标显示在网页编辑区中。

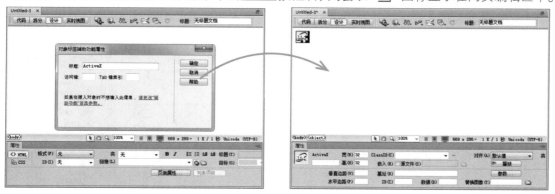

（2）设置 ActiveX 的属性

在网页编辑区中插入了 ActiveX 后，可选择 ActiveX 图标，在 "属性" 面板中对各种属性值进行设置（如下图所示）。

上机 1 小时 ▶ 制作游戏界面

🔍 进一步掌握 FLV 和 Shockwave 视频的插入方法。

🔍 进一步熟悉视频的属性设置。

本例将制作一个游戏界面，在该游戏界面中插入 FlV 视频和 Shockwave 所制作的小游戏，并对插入的视频进行相应的属性设置，其效果如下图所示。

153

72☑
Hours

62
Hours

52
Hours

42
Hours

32
Hours

22
Hours

12
Hours

资源	素材 \ 第 6 章 \game\
文件	效果 \ 第 6 章 \game\game.html
	实例演示 \ 第 6 章 \ 制作游戏界面

STEP 01： 打开"选择文件"对话框

1. 打开"game.html"网页。
2. 将插入点定位到文本"垃圾回收机器人游戏界面"下方。
3. 在"插入"浮动面板的"常用"分类列表中单击"媒体"按钮 后的下拉按钮 。
4. 在弹出的下拉列表中选择"Shockwave"选项，打开"选择文件"对话框。

STEP 02： 选择 Shockwave 文件

1. 在打开对话框的"查找范围"下拉列表框中选择 Shockwave 文件所保存的位置。
2. 在下方的列表框中选择需要插入的 Shockwave 文件。
3. 单击 确定 按钮，完成 Shockwave 文件的插入操作。

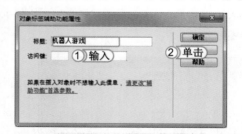

STEP 03： 设置对象标签辅助功能属性

1. 打开"对象标签辅助功能属性"对话框，在"标题"文本框中输入 Shockwave 文件的标题"机器人游戏"。
2. 单击 确定 按钮，插入 Shockwave 文件。

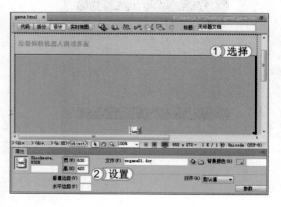

STEP 04： 设置 Shockwave 文件的大小

1. 在网页编辑区中选择刚插入的 Shockwave 文件图标。
2. 将"属性"面板中的"宽"和"高"文本框中的属性值设置为"630"和"420"，使插入的 Shockwave 影片显示完整。

STEP 05： 打开"插入 FLV"对话框

1. 将插入点定位在文本"游戏操作视频"的下方。
2. 在"插入"浮动面板的"常用"分类列表中单击"媒体"按钮📷后的下拉按钮▼，在弹出的下拉列表框中选择"FLV"选项，打开"插入 FLV"对话框。

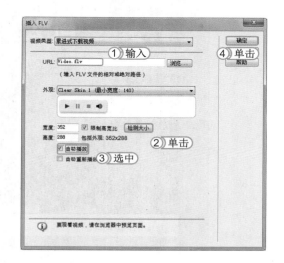

STEP 06： 设置 FLV 视频文件

1. 在打开的对话框的"URL"文本框中输入"Video.flv"。
2. 单击 检测大小 按钮，在"宽度"和"高度"文本框中输入原始文件的大小。
3. 选中 ☑ 自动播放 复选框。
4. 单击 确定 按钮，完成 FLV 视频文件的设置。

提个醒 在"插入 FLV"对话框的"URL"文本框中输入 FLV 视频名称，也可以说是相对路径，因为需要插入的视频文件必须与所制作的网页存放在同一路径下，否则不能正常播放。

STEP 07： 预览效果

按 Ctrl+S 组合键，保存网页，完成整个例子的制作，并在浏览器中预览。

读书笔记

6.3 练习 1 小时

本章主要介绍了各种多媒体对象在网页中的应用及插入的操作方法，并对插入的各种媒体对象进行了相应的属性设置。让用户了解到使用 Dreamweaver CS6 插入各种多媒体对象的多种操作方法，为了让读者更加熟练地在网页中添加各种多媒体对象，下面将以制作游戏宣传网页为例进行练习。

155

72☐
Hours

62
Hours

52
Hours

42
Hours

32
Hours

22
Hours

12
Hours

制作游戏宣传网页

　　本例在制作游戏宣传网页时，将会在网页中插入一个 .swf 格式的 Flash 文件作为网页的片头，在网页的中间部分插入一个 .avi 格式的游戏视频并对插入的 Flash 文件和视频文件进行相应设置。最终效果如下图所示。

资源
文件

素材 \ 第 6 章 \xc_game\
效果 \ 第 6 章 \xc_game\xc_game.html
实例演示 \ 第 6 章 \ 制作游戏宣传网页

提个醒

　　在制作游戏宣传网页时，请参照如下操作步骤完成。第一步：打开 "xc_game.html" 网页，在页头主题图片上定位插入点；第二步：插入 "top.swf" Flash 动画，并在 "SWF" 属性面板中将该动画的 "品质" 设置为 "自动高品质"，"Wmode" 设置为 "透明"；第三步：在第一段文本后定位插入点，通过插入插件的方式插入视频文件 "cod7.avi"；第四步：在 "插件" 属性面板中将视频的尺寸设为宽 400、高 330，保存文档，复制相关文件。

读书笔记

72 HOURS

HTML 和 CSS

第 **7** 章

学习 **2** 小时
- HTML
- CSS

　　HTML 即超文本标记语言，它是一种网页编辑和标记语言，用 HTML 代码制作网页时，加入 CSS 样式，可对网页中的所有对象进行美化，使网页效果更加美观。本章将具体介绍 HTML 基本语法、HTML 标记、HTML 编辑器、CSS 美化网页背景和使用 CSS 样式制作特效等知识。

上机 **4** 小时

7.1 HTML

在网页中，所使用的语言是 HTML，即超文本标记语言，随着网页设计语言的发展，在 HTML 的基础上不断地升级和完善，得出了 HTML5 标准。但是要快速地掌握新的语言，那么重点还是要学会升级变更前的原始语言 HTML，因为不管是现在的 HTML5 标准还是以后的升级语言，都是根据 HTML 进行完善的。

学习 1 小时

- 🔍 了解什么是 HTML。
- 🔍 熟悉 HTML 编辑器。
- 🔍 掌握 HTML 的基本语法和常用标记。
- 🔍 掌握 HTML 代码的输入及编辑方法。

7.1.1 什么是 HTML

HTML（Hypertext Markup Language 的简称）中文译为超文本标记语言，它是一种网页编辑和标记语言。超文本标记语言是标准通用标记语言下的一个应用，也是一种规范，一种标准，它通过标记符号来标记网页中的各个部分。

网页文件本身是一种文本文件，通过在文本文件中添加标记符，在浏览器中则可使用相应译码器对网页内容进行显示，如文字格式、画面安排和图片链接等，浏览器按顺序阅读网页文件，然后根据标记符解释和显示其标记符之间的内容。对于高级网页设计者来说，通过 HTML 语言来编辑网页可以达到更加高效的编辑效果。

7.1.2 认识 HTML 的基本语法

HTML 通常是以 < 标记名 ></ 标记名 > 或 < 标记名 /> 的形式表示标记的开始与结束，而 HTML 标记语言则将标记之间的语法进行解释和转换，便可得到完整的一个网页效果。如在一个网页中存在一个必不可少的标记 <html></html> 表示网页文件的开始与结束。

7.1.3 常用 HTML 标记

在一个完整的 HTML 网页中，包括了多种类型的 HTML 标记，如网页中的基本标记、格式标记、文本标记、图像标记、表格标记、链接标记以及表单标记，下面将分别对这几种类型中最常用的 HTML 标记进行介绍。

1. 基本标记

在 HTML 网页中，最基本也是重要的标记主要包括 <html>、<head>、<body> 和 <title> 等标记，下面将分别介绍各标记的作用。

- 🔑 <html></html> 标记：该标记对是 HTML 网页文档中的用来标识文档的开始和结束的标记，<html> 标记是放于文档的开始处，而 </html> 标记则放于文档的结尾处。并且两个标记必须成对使用，有开始就要有结束。
- 🔑 <head></head> 标记：该标记对主要是构成 HTML 文档的头部，但该标记对中的内容不会在浏览器进行显示。还需要注意的是该标记对之间还包含了 <title></title> 或 <script></script>

标记对，这些标记对都是描述 HTML 文档的相关信息。

🔑 <body></body> 标记：该标记对是 HTML 文档的主体部分，在该标记对中还可包括除基本标记类型的其他标记类，并且该标记对中的所有需要显示的内容都会在浏览器窗口中显示出来。

🔑 <title></title> 标记：该标记对主要是用于设置网页的标题，在该标记对之间加入标题文本后，会在浏览器中的标题栏中进行显示，并且 <title></title> 标记对只能存放于 <head></head> 标记对中。

2. 格式标记

在 HTML 网页中，格式标记主要用于设置网页中各种对象的格式，如设置文本的段落、缩进以及列表符等，并且这些格式标记只能存放于 <body></body> 标记对之间。下面将分别介绍格式标记中比较常用的标记。

🔑 <p></p> 标记：该标记对是用来创建一个段落的标记，在该标记对之间加入的文本，则会按照段落格式显示在浏览器中。并且该标记还可以使用 align 属性，用来设置该段落文本的对齐方式。

▌经验一箩筐——align 属性

在 align 属性中包括 3 种属性值，分别为 left（左对齐）、right（右对齐）和 center（居中对齐），与 <p> 标记联合使用的格式为 <p align="left\right\center"></p>，也可以写为 <p align="left\right\center"/>。

🔑
 标记：该标记主用于创建一个 Shift+Enter 组合键的换行段落，并且该标记不是成对使用，如果表示该标记的内容结束，可直接使用
 的形式来表示结束。

🔑 <blockquote></blockquote> 标记：该标记对的主要作用是将标记对之间的内容以两边缩进的方式显示在浏览器中。

🔑 <dl> </dl>、<dt> </dt> 和 <dd> </dd> 标记：这三组标记对的主要作用是创建一个普通的项目列表。

▌经验一箩筐——<dl> </dl>、<dt> </dt> 和 <dd> </dd> 标记的使用方法

在 HTML 网页中，这 3 个标记的使用方法是：<dt> </dt> 和 <dd> </dd> 标记放置于 <dl> </dl> 标记对中，默认情况下 <dt> 和 <dd> 标记的区别在于一个有一定的缩进样式，另一个没有。

```
<body>
    <dl>
        <dt>HTML的常用标记</dt>
        <dd>基本标记、格式标记、文本标记等等</dd>
        <dt>HTML的语法</dt>
        <dd>HTML由开始标记名和结束标记名组成</dd>
    </dl>
</body>
```

HTML的常用标记
　　基本标记、格式标记、文本标记等等
HTML的语法
　　HTML由开始标记名和结束标记名组成

🔑 <ol> </ol>、<ul> </ul> 和 <li> </li> 标记：这 3 组标记对可组合成两种形式的项目符号列，一种是 <ol></ol> 标记之间包含 <li></li> 标记，表示为数字项目列表；另一种则是 <ul></ul> 标记之间包含 <li></li> 标记，表示为黑心圆点的项目列表。

🔑 <div></div> 标记：该标记对用来排版大块 HTML 段落，也用于格式化表，此标记对的用法与 <p></p> 标记对非常相似，同样有 align 对齐方式属性。并且 <div></div> 标签也可以称之为容器，可将其他段落标记、文本标记等放置于该标记中。

3. 文本标记

文本标记是用于设置文本输出的基本格式，如字形、字体、下划线、字号以及字体颜色等。下面介绍几种常用的文本标记及使用方法。

🔑 \<font> \</font> 标记：该标记对可以用来设置文本字号和颜色，设置其字号和颜色的属性为 size 和 color，其具体的使用方法为"\<font color=" 属性值（如 #000066）" size=" 属性值（如 +4）" > 文本 \</font>"。

🔑 \<b> \</b>、\<i> \</i> 和 \<u> \</u> 标记：这 3 组标记对主要是对文本的输出形式进行设置，其中 \<b> 标记是用来设置文本以黑体字的形式输出；\<i> 标记主要是设置文本以斜体字的形式输出；而 \<u> 标记则是用来设置文本加下划线输出。

🔑 \<h1> \</h1>……\<h6> \</h6> 标记：在 HTML 语言中提供了一系列设置文本标题的标记，即 \<h1> ~ \<h6>，6 对设置文本标题的标记，各标题已经设置了默认字体和字号，并且是依次从大到小的变化，即 \<h1> 的字体是最大的，依次变小。

🔑 \<tt> \</tt>、\<cite> \</cite>、\<em> \</em> 和 \<strong> \</strong> 标记：这 4 组标记对都是用来设置文本的字形的，其中 \<tt> 标记是用来设置输出打字机风格字体的文本；\<cite> 标记则是用来设置需要强调的文本，以斜体形式输出；\<em> 标记也是用来设置需强调的文本，以斜体加黑的形式输出；而 \<strong> 标记则是以黑体加粗的形式输出强调文本。

🔑 \<pre> \</pre> 标记：该标记对主要是用来对文本进行预处理操作，即该标记之间的文本通常会保留空格和换行符，而文本本身也会以等宽字体的形式输出。

4. 图像标记

在网页中除了文本，还有其他的一些对象，如最常见的图像对象，在 HTML 中，当然也存在图像标记 \<img>。此外使用 \<hr> 标记可以在网页中添加水平线，并对水平线进行设置，下面将分别对 \<img> 和 \<hr> 标记进行介绍。

🔑 \<img> 标记：该标记结合标记属性"src"并对该属性进行赋值，达到链接图片的效果。并且属性值可以是图像文件的文件名、路径加图像文件名或网址。而且 src 属性在 \<img> 标记中是必须赋值的，是标记中不可缺少的一部分。除此之外，\<img> 标记还有 alt、align、border、width 和 height 属性。align 是图像的对齐方式；border 是图像的边框，可以取大于或等于 0 的整数，默认单位是像素；width 和 height 是图像的宽和高，默认单位也是像素；alt 是当鼠标移动到图像上时显示的文本。

🔑 <hr> 标记：该标记是在 HTML 文档网页中加入一条水平线，具有 size、color、width 和 noshade 属性。其中 size 是设置水平线的大小；color 是设置水平线的颜色；width 是设置水平线的宽度，而默认单位是像素（px）；noshade 属性不用赋值，而是直接加入标记即可使用，用来加入一条没有阴影的水平线，如果不加入此属性，水平线将有阴影。

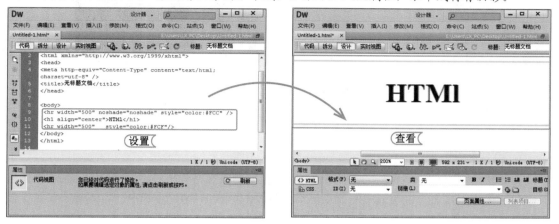

5. 表格标记

在 HTML 网页中，表格标记 <table></table> 也是相当重要的，主要用于网页布局，因为表格不但可以固定文本或图像的输出，而且还可以快速方便地设置背景和前景色。在表格标记中包括了行标记 <tr></tr> 和单元格标记 <td></td>。下面将分别对其进行介绍。

🔑 <table> </table> 标记：该标记对主要用来创建一个表格。主要包括以下属性：bgcolor 用于设置背景色；border 用于设置边框的宽度，其属性值默认为 0；bordercolor 用于设置表格边框的颜色；bordercolorlight 用于设置边框明亮部分的颜色（必须将 boder 属性值设置为 1 或大于 1）；bordercolordark 用于设置边框昏暗部分的颜色（必须将 boder 属性值设置为 1 或大于 1）；cellspacing 用于设置单元格与单元格之间的距离；cellpadding 用于设置单元格与单元格内容之间的距离；width 用于设置表格的宽度，单位为像素（px）或百分比（%）。

🔑 <tr> </tr> 和 <td></td> 标记：这两组标记对属于 <table> 标记中包含的标记对，其中 <tr></tr> 标记用于在 <table></table> 标记中创建表格的行；<td></td> 标记用于在 <tr></tr> 标记中创建单元格，并且在创建这两组标记时必须存放于 <table></table> 标记对中，而输入的文本则只能存放于 <td></td> 标记对中。

62
Hours

52
Hours

42
Hours

32
Hours

22
Hours

12
Hours

6. 链接标记

在互联网中，不同类型的网站都是通过不同类型的链接将其串联，否则整个网站也就失去了存在的意义，因此一个网站中的链接是相当重要的，在 HTML 语言中也为链接设置了链接标记 <a></a>，在该标记中存在有两个相当重要的属性"href"和"name"。下面将分别对链接标记及其属性进行介绍。

🔑 <a href=" " > </a> 标记及属性：在链接标记中 href 属性是不可缺少的，用户可在标记对之间加入需要链接的文本或图像等对象，href 的属性值则是以 URL 形式，即网址、相对路径、mailto: 形式（即发送 E-Mail 形式）链接到目标对象。

🔑 <a name=" " > </a> 标记及属性：该标记对需要结合 <a href=" " > </a> 标记对使用才有效果。即 <a href=" " name=" " ></a> 形式，name 属性用来在 HTML 文档中创建一个标签，其属性值也即是标签名。

7. 表单标记

在网页中经常可以遇到让用户留言、填写注册信息及调查信息表等情况。一般情况下都是使用表单创建，从而获得用户信息，使网页具有交互的功能。用户可以直接通过表单及表单对象标记创建表单及表单内容，下面将分别对表单及相应表单对象标记进行介绍。

🔑 <form> </form> 标记：该标记对用来创建一个表单,用于定义表单的开始和结束位置，在标记对之间的一切都属于表单的内容。

🔑 <input type=""/> 标记：该标记用来定义一个用户输入区，用户可在其中输入信息。此标记必须放在 <form></form> 标记对之间，并且 type 的属性值有 8 种，不同的属性代表着不同的输入区域。

经验一箩筐——表单的提交方式

<form> 标记具有 action、method 和 target 属性。action 的值是处理程序的程序名；method 属性用来定义处理程序从表单中获得信息的方式，可取值为 GET 和 POST 的其中一个，GET 方式是处理程序从当前 HTML 文档中获取数据，这种方式传送的数据量是有所限制的，一般限制在 1KB 以下，POST 方式与 GET 方式相反，它是将当前的 HTML 文档中的数据传送给处理程序进行处理，传送的数据量要比使用 GET 方式大很多；target 属性用来指定目标窗口或目标帧。

🔑 <select> </select> 标记：该标记对用来创建一个下拉列表框或可以多选择的列表框。该标记对也必须存放于 <form> </form> 标记对之间。

🔑 <option> 标记：该标记用来指定列表框中的一个选项，它放在 <select> </select> 标记对之间。

🔑 <textarea> </textarea> 标记：该标记对用来创建一个可以输入多行的文本框，此标记对用于 <form></form> 标记对之间，具有 name、cols 和 rows 属性。其中 name 是定义 <textarea> 标记对的名称；cols 和 rows 属性分别用来设置文本框的宽度和显示文本的行数。

经验一箩筐——<select> 标记的主要属性

<select> 标记还具有 multiple、name 和 size 属性。其中 multiple 不用赋值，加入了此属性后列表框就可多选，若没有设置 multiple 属性，显示的将是一个弹出式的列表框；name 是此列表框的名字；size 用来设置列表的高度，默认值为"1"。

经验一箩筐——<option> 标记的主要属性

<option> 标记主要包括 selected 和 value 属性，selected 用于指定默认的选项；value 用于给 <option> 标记指定的选项赋值。

7.1.4 HTML 编辑器

HTML 编辑器是指各种能制作网页的编辑软件，如记事本、Dreamweaver 和 Frontpage 等，这里主要介绍 Dreamweaver CS6 编辑器。

1. 认识 Dreamweaver CS6 的 HTML 代码编辑器

在 Dreamweaver CS6 的网页编辑区中有 3 个主编辑网页的环境，分别为"代码"、"拆分"和"设计"视图模式，平时编辑网页一般是使用"设计"视图进行可视化编辑。用户可直接在网页编辑栏中单击不同的视图按钮进行切换。

下面将分别对各种视图的作用进行介绍。

🔑 "设计"视图：在"设计"视图中设计的网页，可方便直观地查看到网页在浏览器中显示的效果，因此该视图也是最常用的。

🔑 "拆分"视图：该视图是将编辑窗口拆分成了两个部分，一部分是代码视图，另一部分则是设计视图，这样方便在编辑代码时查看网页的设计效果。

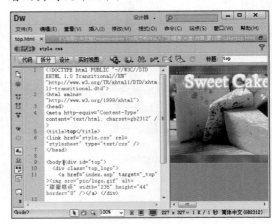

🔑 "代码"视图：该视图主要是用来控制并编辑网页代码，使用代码编辑网页可以使用更多网页特效，但不能及时查看其网页效果。

经验一箩筐——了解"代码"视图的代码

一个空网页，切换到"代码"视图中都可以看到代码"<!DOCTYPE html PUBLIC "-//W3C//DTD XHTML 1.0 Transitional//EN" "http://www.w3.org/TR/xhtml1/DTD/xhtml1-transitional.dtd">" 告诉浏览器在什么位置找到匹配的公共标识的 DTD 文件来翻译网页，而 "<meta http-equiv="Content-Type" content="text/html; charset=gb2312" />" 代码则表示在浏览器中用国标汉字码显示网页。

2. "代码"视图的工具栏

在 Dreamweaver CS6 中，只有"代码"视图和"拆分"视图中提供了编码工具栏，并且两个视图中的工具栏是相同的，在对代码进行编辑时，则可使用该工具栏对代码进行管理。下面将对"代码"视图的工具栏进行介绍。

- "打开文档"按钮🔲：单击该按钮时，则会查看到打开文档的路径。
- "显示代码浏览器"按钮🔳：当代码文档中有折叠的代码时，可直接单击该按钮，在打开的浮动面板中可选择需要打开的代码文档。
- "折叠整个标签"按钮🔳：将插入点定位到需要折叠的代码标记的开始处，单击该按钮，则会折叠一组开始和结束标记之间的所有内容。
- "折叠所选"按钮🔳：选择需要折叠的代码，单击该按钮后，则会折叠所选代码。
- "扩展全部"按钮🔳：单击该按钮后，则会展开所有被折叠的代码。
- "选择父标签"按钮🔳：选择插入点定位的上一级开始标记和结束标记中所有的内容，如果反复进行单击，则会依次选择目标标记的上一级标记，直到选择 <html></html> 标记对为止。
- "选取当前代码段"按钮🔳：在 CSS 代码段中，选择插入点所在的行、方括号及大括号中的所有内容。
- "行号"按钮🔳：显示或隐藏每行代码前的数字。
- "高亮显示无效代码"按钮🔳：单击该按钮，则会在代码文档中用红色线条勾画出无效代码。
- "自动换行"按钮🔳：当代码超过窗口宽度时，则自动换行。
- "信息栏中的语法错误警告"按钮🔳：当 Dreamweaver CS6 检测到语法错误时，语法错误信息栏会指定代码中发生错误的行。并且会在"代码"视图中突出显示错误的行号，默认情况下，该按钮处于启用状态。
- "应用注释"按钮🔳：单击该按钮，在弹出的下拉列表中可选择不同的注释标签对代码进行注释。
- "删除注释"按钮🔳：选择注释的代码后，单击该按钮，则会删除注释。让注释代码变得有效。

经验一箩筐——不同注释的作用

在"应用注释"按钮下拉列表中包括4种注释，分别为"应用 HTML 注释"、"应用 // 注释"、"应用 /**/ 注释"以及"应用 ' 注释"。其中"应用 HTML 注释"表示将所选择的代码两侧加上 <!-- 和 -->，如果没有选择代码，则会新建一个注释标签；"应用 // 注释"表示将所选择的 CSS 和 JavaScript 代码的每行行首都添加 // 标签；"应用 /**/ 注释"表示将所选的 CSS 或 JavaScript 代码的开始处添加 /*，在代码结束处添加 */；"应用 ' 注释"一般是在 VB 代码中，将所选择的每一行脚本代码的行首都添加一个单引号，如果没有选择代码，则在插入点插入一个单引号。

- "环绕标签"按钮🔳：该按钮的主要作用是在所选代码两侧添加选自"快速标签编辑器"的标签。
- "最近的代码片断"按钮🔳：单击该按钮，在弹出的下拉列表中选择"代码片断面板"选项，则可打开"片断代码"浮动面板。
- "移动或转换 CSS"按钮🔳：选择 CSS 代码后，单击该按钮，在弹出的下拉列表中选择

165
72
Hours
62 Hours
52 Hours
42 Hours
32 Hours
22 Hours
12 Hours

不同的选项，则可将 CSS 移动到另一个位置，或将内联 CSS 转换为 CSS 规则。

🔑 "缩进代码"按钮▦：单击该按钮，则会将选择的代码向右移动。

🔑 "凸出代码"按钮▦：单击该按钮，则会将选择的代码向左移动。

🔑 "格式化源代码"按钮▩：该按钮的主要作用是将预先设置的代码格式应用于所选代码中，如果没有选择代码，则会应用于整个页面。在单击了该按钮后，也可以根据弹出的下拉列表中的选项对其进行设置。

7.1.5 插入 HTML 代码

在每一个网页中都离不开 HTML 代码，一个完整的网页文件是由两部分组成的，一部分是头部，另一部分则是主体。其中，在头部中包含了许多不可见的信息，如语言编码、版权声明、作者信息、关键字以及网页描述等；而主体即 <body> 标记中包含的信息则是可见的，如插入的文本、图像、表格以及表单等信息。

下面将在 "photo.html" 网页中使用 HTML 代码编辑一个简单的相册网页，其具体操作如下：

> **资源文件**
> 素材 \ 第 7 章 \ photo\
> 效果 \ 第 7 章 \ photo\photo.html
> 实例演示 \ 第 7 章 \ 插入 HTML 代码

STEP 01： 切换到 "代码" 视图中

1. 新建一个 HTML 网页，并将其保存为 "photo. html"。
2. 在网页编辑栏中单击 [代码] 按钮，将其切换到 "代码" 视图中。

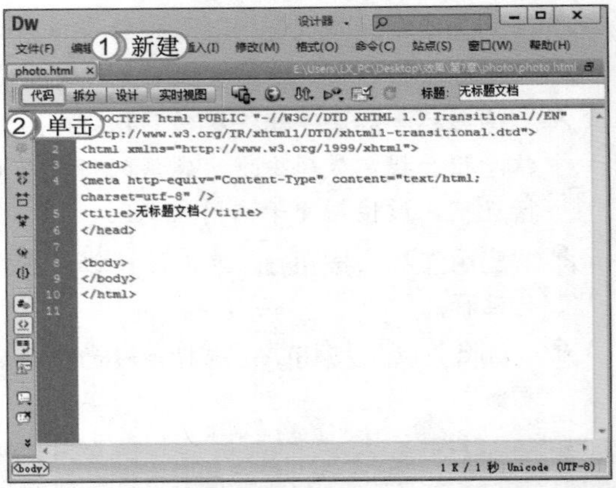

> ✳ **提个醒**
> 切换到 "代码" 视图中即可清楚地查看到 HTML 文档的结构，头部与主体，而需要添加的内容则会在主体中进行输入。

STEP 02： 输入标题

1. 将插入点定位到 <body> 标记中，按 Enter 键进行换行。
2. 按 Tab 键进行缩进，输入标记 <h1></h1>，并在该标记对之间输入文本 "人物相册"。

> ✳ **提个醒**
> 当用户在 "代码" 视图中输入标记时，则会弹出提示下拉列表，如果用户不知道如何输入该标记时，则可直接在弹出的下拉列表中进行选择，进行快速输入。

STEP 03： 添加表格

在 </h1> 标记后进行换行，输入"<table></table>"并在该标记对中添加 3 对 <tr></tr> 标记，在 <tr> 标记对中分别添加 4 对 <td></td> 标记。

提个醒 在编辑代码时，相同代码可直接使用复制粘贴的方法输入，以提高编辑速度。

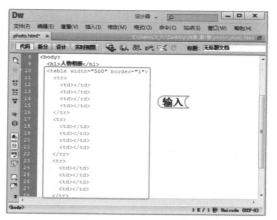

STEP 04： 打开"选择文件"对话框

在 <td></td> 标记对中输入 <img src=" 时，则会弹出一个"浏览"浮动选项，选择该选项，打开"选择文件"对话框。

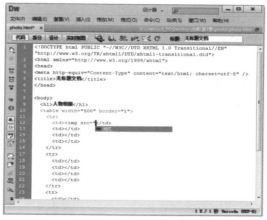

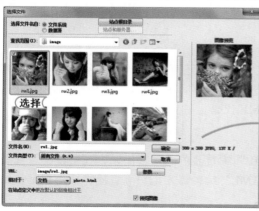

STEP 05： 选择图像

1. 在打开的对话框中选择需要添加的图像文件。
2. 单击 确定 按钮，返回"代码"视图中完善 <img> 标记的输入即可。

STEP 06： 复制图像标记

选择添加的图像标记并按 Ctrl+C 组合键进行复制，将插入点定位到第 2 个 <td></td> 标记对之间按 Ctrl+V 组合键进行粘贴。选择复制后的图像文件名，将其修改为"rw2"。

62
Hours

52
Hours

42
Hours

32
Hours

22
Hours

12
Hours

STEP 07： 在其他 <td> 标记中添加图像

使用相同的方法，在其他 <td> 标记中添加图像，并修改图像文件名。

提个醒　　在插入图像之前一定要将需要插入的图像文件用拼音或英文进行命名，并且还要将所有的图像文件存放于网页所在的文件夹中，保证网页加载时不会出错。

STEP 08： 预览效果

将制作的网页进行保存后，按 F12 键进行预览。

7.1.6　编辑 HTML 代码

用户除了可以在代码视图中直接插入 HTML 代码外，还可以使用快速标签编辑器编辑 HTML 代码。在快速标签编辑器中存在 3 种编辑状态，分别为插入 HTML、编辑标签和环绕标签。下面将分别介绍如何在这 3 种编辑状态下编辑 HTML 代码。

1. 插入 HTML 模式

在 Dreamweaver CS6 网页中打开"插入 HTML"编辑器的方法很简单，在"设计"视图中直接按 Ctrl+T 组合键，即可快速打开"插入 HTML"编辑器，用户可直接将插入点定位到文本编辑框中编辑 HTML 代码。

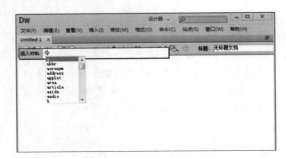

经验一箩筐——切换不同的编辑状态

在"设计"视图中按 Ctrl+T 组合键可直接打开"插入 HTML"编辑器，但用户在打开的状态下再按 Ctrl+T 组合键，则可在不同的编辑器中进行切换。

当用户退出插入 HTML 编辑模式时，输入的 HTML 代码就会直接被添加到"代码"视图中的代码文档中；如果用户只在快速标签编辑器中输入开始标记，没有输入结束标记，则会在关闭快速标签编辑器的同时自动添加结束标记。

2. 编辑标签模式

在 Dreamweaver CS6 中，如果要选择完整的开始标记及结束标记之间的内容，可直接在网页编辑区窗口左下角的标签编辑器上选择对应的标签即可。如果用户需要对其标记的 HTML 代码进行编辑，则可直接按 Ctrl+T 组合键，打开"编辑标签"模式，对选择的 HTML 标记的属性进行编辑。

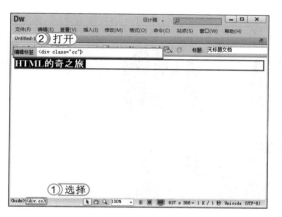

3. 环绕标签模式

如果用户在网页编辑区或代码文档中选择了网页内容，则按 Ctrl+T 组合键，会默认进入"环绕标签"编辑模式。用户可在该编辑器中输入标签，关闭编辑器后，输入的标签则会自动环绕在所选择对象的两侧，即标签属性值会作用在所选择对象上。

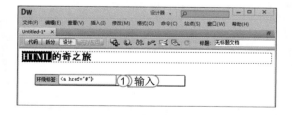

用户在使用快速标签编辑器时，在输入标签时，会弹出代码提示，如果没有开启该功能，则可通过选择【编辑】/【首选参数】命令，打开"首选参数"对话框，在"分类"列表框中选择"代码提示"选项，在右侧窗格中选中 ☑启用代码提示(C) 复选框即可，用户也可以在"菜单"列表框中进行设置。

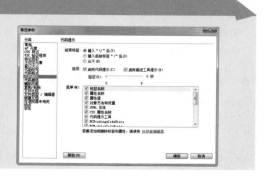

62
Hours
▲

52
Hours
▲

42
Hours
▲

32
Hours
▲

22
Hours
▲

12
Hours

上机1小时 ▶ 制作"乐购网"网页

🔍 进一步掌握 HTML 标记的用法。

🔍 进一步熟悉插入及编辑 HTML 代码的方法。

下面将制作一个"buy.html"网页，在 Dreamweaver CS6 中新建一个 HTML 网页，使用 HTML 代码对其进行编辑，最终效果如下图所示。

资源文件	素材 \ 第 7 章 \ buy \
	效果 \ 第 7 章 \ buy \ buy.html
	实例演示 \ 第 7 章 \ 制作"乐购网"网页

STEP 01: 切换到代码视图

1. 新建一个 HTML 网页，并将其命名为"buy.
   html"。

2. 切换到"代码"视图中，将插入点定位到
   <body></body> 标记对之间。

读书笔记

STEP 02： 添加 div 标记

在插入点按 Enter 键进行换行，输入标记"<div>
</div>"，并使用 Class 属性将其命名为"main"。

提个醒 在"代码"视图中输入的各种标记，可使用代码工具栏上的缩进按钮对代码进行缩进，让代码有一定的层次感，这样不仅方便查看，还方便代码管理。

STEP 03： 添加其他 div 标记

将插入点定位到名为"main"的 div 标记之间，依次输入 3 组 div 标记，分别将其命名为"top"、"dh"和"middle"。

读书笔记

STEP 04： 插入 log 图片

1. 将插入点定位到名为"top"的 div 标记之间，换行分别输入两组 div 标记，并将其命名为"log"和"sosuo"。

2. 将插入点定位到"log"标记之间，输入代码"<img src="image/log.png" />"。

STEP 05： 添加表单和对象

1. 将插入点定位到名为"sosuo"的 div 标记之间，并输入"<form></form>"标记。

2. 分别在表单对象中添加文本域和按钮标记。

171

72⊠
Hours

62
Hours

52
Hours

42
Hours

32
Hours

22
Hours

12
Hours

STEP 06： 添加列表项

1. 切换到"拆分"视图中查看相应的效果。
2. 将插入点定位到名为"dh"的标记之间，输入标记"<ul></ul>"，并在该标记对之间依次输入 5 组代码"<li><a href="#"></a></li>"。
3. 分别在 a 标记对之间输入文本。

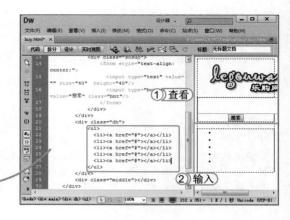

STEP 07： 添加表格

1. 将插入点定位到名为"middle"的 div 标记之间，并输入"<table></table>"标记。
2. 在 <table></table> 标记对之间输入 6 组"<tr></tr>"标记，在 tr 标记对之间依次输入 5 组"<td></td>"标记。

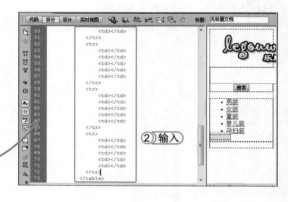

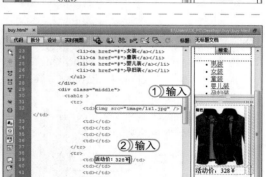

STEP 08： 添加图像及文本

1. 将插入点定位到第一个 <td> 标记对之间，输入代码"<img src="mage/lz1.jpg"/>"。
2. 将插入点定位到第二个 <tr> 标记对之间的第一个 <td> 标记对之间，输入文本"活动价：328 ￥"。

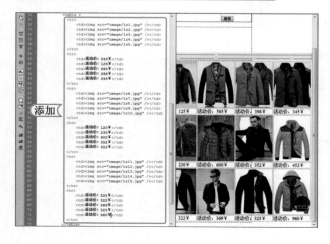

STEP 09： 添加其他图像及文本

使用相同的方法添加图像和文本。

读书笔记

STEP 10： 编辑 table 标签

1. 切换到"设计"视图中，在窗口左下角的标签编辑栏中单击 `<table>` 标签。
2. 按 Ctrl+T 组合键，打开"编辑标签"编辑器，输入代码 "align="center"cellspacing="10""。

提个醒 上述代码表示设置单元格中的对象的对齐方式为"居中"，单元格与单元格之间的距离为"10"。

STEP 11： 引用 CSS 样式

1. 切换到"代码"视图中，将插入点定位到 `<title>` 的结束标记下方。
2. 按 F8 键，打开"文件"浮动面板，在该面板中找到网页所在的文件夹，选择文件夹中的 "CSS.css" 文件。
3. 按住鼠标左键将其拖动到鼠标定位的位置即可生成链接 CSS 文件代码。

```
5    <title>无标题文档</title>
6        <link rel="stylesheet" type=
     "text/css" href="CSS.css"/>
7    </head>
```

STEP 12： 查看效果

保存网页，按 F12 键进行预览。

读书笔记

7.2 CSS

在网页中虽然只有 HTML 代码能制作出网页，但是其代码过于复杂，而且不方便网页的后期维护，因此在网页设计中加入了 CSS 样式。CSS 样式可对网页中的所有对象进行美化，达到设计者想要的效果，而且在后期维护中只需对 CSS 样式进行修改即可。下面将对 CSS 样式的概念、定义和使用方法等进行全面的介绍。

学习 1 小时

🔍 认识 CSS 样式的概念及基本语法。　　🔍 掌握 CSS 样式美化网页对象的方法。

🔍 熟悉 CSS 的定义和使用方法。　　　　🔍 熟悉 CSS 样式在网页中制作特效的方法。

🔍 认识 "CSS 样式" 浮动面板。

7.2.1　CSS 样式的概念

CSS（Cascading Style Sheet）是层叠样式表文件的英文缩写，它是依附于 HTML 技术发展起来的一种网页样式工具，由于它使网页设计标准化、结构化，因此在网页设计领域备受推崇，目前已成为业界的设计标准之一。

7.2.2　认识 CSS 的基本语法

在认识 CSS 的基本语法前，需先了解 CSS 的规则和类型，再对 CSS 样式的基本语法进行了解，让用户能对 CSS 样式的语法有个全面的了解和认识。

1. 了解 CSS 样式规则

在 CSS 中，其样式规则是由 3 部分构成的，分别为选择符（selector）、属性（properties）和属性值（value），并且在一个选择符中可以定义多对属性值，在属性值之间使用分号 "；" 进行分隔。

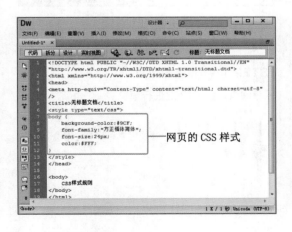
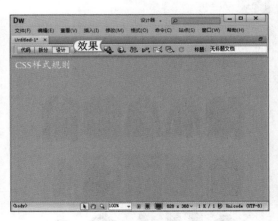

2. CSS 样式规则分类

根据 CSS 样式规则的选择符进行分类，可将 CSS 样式分为 4 种类型，分别为自定义 CSS 样式、ID 属性的标签、标签和复合标签，下面将分别进行介绍。

🔑 自定义 CSS 样式（类样式）：用户自定义的 CSS 样式，可以在网页文档区域中的任何位置对其进行应用，如用户自定义一个 Div 标记（<div class=" font1 ">top</div>），并对

```
.font1
{
    font-family:"方正黑体简体";
    font-size:14px;
    color:#993;
}
```

名为"font1"的 div 标记进行 CSS 样式定义。

🔑 ID 属性的标签：在网页文档中如果定义特定的 ID 属性标签格式，则这个标签的 ID 将是唯一的，并且只应用于一个 HTML 网页元素中，如用户定义一个 div 标记（<div id=" box1 " >top</div>），并对名为"box1"的 div 标记进行 CSS 样式定义，则定义的 CSS 样式只针对"box1"的页面元素生效。

```
.box1
{
    font-family:"方正黑体简体";
    font-size:14px;
    color:#993;
}
```

🔑 标签：HTML 标签的 CSS 样式，其实是针对默认 HTML 文档中标记的一种重新定义，如 body {background-color:#9CF;font-family: " 方正楷体简体" ;font-size:24px;color:#FFF;} 则表示对 body 标记默认的样式进行重定义。

🔑 复合标签：复合标签是指创建一个 CSS 样式，同时影响两个或多个标签、类或 ID 的复合规则，并且所有包含在该标签中的所有内容都会遵循定义的 CSS 样式，如输入 ul li，则 ul 标记中的所有 li 元素都会受定义的 CSS 样式规则的影响。

3. CSS 样式的语法

在了解了 CSS 样式的规则及类型后，其语法结构就更容易理解，但需注意的是，不管是哪种类型的 CSS 样式，一般情况都位于 HTML 文档的头部，即<head></head>标记内，并以 <style> 开始，</style> 结束。而 CSS 样式的基本语法为：选择符 { 属性：属性值 1；属性 2：属性值 3；……}（如右图）。

7.2.3　CSS 的定义和引用方法

在 Dreamweaver CS6 中定义 CSS 的方法其实很简单，但 CSS 层叠样式表的规则定义有两种方式。一种是直接定义在当前 HTML 文档中，这些定义只对当前文档有效；另一种是在独立的外部 CSS 文件中进行定义，通过对该文件的引用，不仅可以在当前网页中进行使用，还可以在其他网页中进行引用。下面将对 CSS 的定义和引用方法进行介绍。

1. CSS 的定义方法

根据 CSS 的定义方式不同，其创建 CSS 样式的方法也不同，但都可以单击鼠标右键，在弹出的快捷菜单中选择【CSS 样式】/【新建】命令，或通过"CSS"浮动面板进行创建，下面将对不同方式（位置）的 CSS 样式的定义方法进行具体的介绍。

🔑 新建当前文档的 CSS 样式：在"CSS 样式"浮动面板中，单击浮动面板右下角的"新建 CSS 样式"按钮 ，打开"新建 CSS 规则"对话框，在该对话框中即可设置"选择器类型（也就是新建 CSS 样式规则类型）"、"选择器名称"及"规则定义（该选项也决定了该 CSS 样式是哪一种规则方式下的 CSS 样式）"，设置完成后，单击 确定 按钮即可打开该 CSS 样式的属性对话框，用户可以直接在该对话框中设置其 CSS 样式的各种属性及属性值。

175

72☒
Hours

62
Hours ▲

52
Hours ▲

42
Hours ▲

32
Hours ▲

22
Hours ▲

12
Hours ▲

在定义 CSS 规则样式时，"选择器名称"下拉列表框的选项会随着"选择器类型"的设置而改变。如用户选择的是"标签"选项，则在"选择器名称"下拉列表框中会提供 HTML 中的默认标记名称，用户只需进行选择即可；如果选择的是其他 3 种类型，则需要在"选择器名称"下拉列表框中自定义输入其 CSS 样式的名称。

🔑 **新建当前文档的 CSS 样式**：在当前网页文档中单击鼠标右键，在弹出的快捷菜单中选择【CSS 样式】/【新建】命令，在打开的"新建 CSS 规则"对话框中设置选择器类型和选择器名称，然后在"规则定义"下拉列表框中选择"新建样式表文件"选项（新建的 CSS 样式才会是外部 CSS 样式），单击 确定 按钮，打开"将样式表文件另存为"对话框，在该对话框中选择新建 CSS 样式表的存储位置，并对其进行命名，单击 保存(S) 按钮，打开 CSS 样式的属性对话框，在其中设置属性及属性值即可。

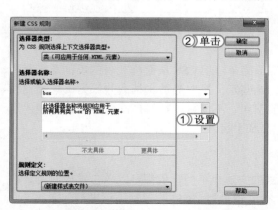

■ **经验一箩筐——关于 CSS 选择器类型**

"类"选择器类型：用于创建名称以"."开头的"类"CSS 样式规则，它可用于任何 HTML 标签。"ID"选择器类型：用于创建名称以"#"开头的"ID"CSS 样式规则，它可用于具有对应 ID 号的网页元素。"标签"选择器类型：用于创建针对标准 HTML 标签的 CSS 样式规则，如针对"p"标签（段落）的样式定义。"复合内容"选择器类型：CSS 规则允许对不同选择器类型组合，如"ID"与"标签"规则组合（如 .topic div），此类型就是为了创建这类组合规则的。

2. 引用 CSS 样式

不同方式（位置）的 CSS 样式，其引用的方法也有所不同，下面将分别对不同位置的 CSS 样式的引用方法进行介绍。

（1）内部 CSS 样式的引用

内部样式的引用方法很简单，都可以选择需要引用 CSS 样式的对象后，在"属性"面板中进行引用。但对于"类"规则和"ID"规则的网页元素的"属性"面板则会有所不同，其引用也有一定的差异，下面将分别进行介绍。

🔑 引用"类"规则：在文档中选中目标元素后，在"属性"面板的"类"下拉列表框（对"文本"则是"目标规则"下拉列表框）中选择相应的选项即可。

🔑 引用"ID"规则：在文档中选中目标元素后，在"属性"面板的"ID"下拉列表框中选择对应的 ID 名称，将样式定义赋予对应的元素，通常情况下元素已经被赋予 ID，对应的 ID 规则会自动匹配。

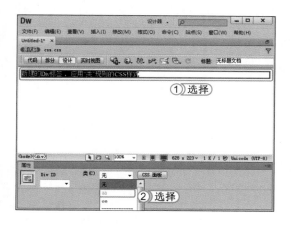

🔑 引用"标签"规则："标签"规则类型的 CSS 样式无需进行引用，因为该类型的定义本来就是针对 HTML 文档中标准的网页元素标签的，一旦对某个标签进行 CSS 规则定义，则该规则将自动应用到具有相应标签的网页元素上，对此规则的修改，也会自动在这些对应的网页元素上体现。

🔑 引用"复合"规则：对于"复合标签"规则，是"类"、"ID"和"标签"3 类规则的组合，因此使用方法需要将这 3 类规则的使用方法进行结合，同时还需要用到"标签编辑器"栏，对复合内容的不同部分进行选中后再设置对应的 CSS 规则赋值。

▍经验一箩筐——如何区别不同类型的规则

不同类型的 CSS 样式，可通过选择名称前的符号进行区别，"#"为"类"，"."则为"ID"，而复合类型则会由多个名称组成。但需要注意的是，这些符号是在新建 CSS 规则时通过设置选择器类型后，由 Dreamweaver CS6 自动添加的，在输入规则名称时无须添加这些符号。

（2）外部 CSS 样式文件的引用

对于外部 CSS 样式文件，其引用方法有多种，如在新建 HTML 网页进行引用、在"CSS 样式"浮动面板中进行引用或使用快捷菜单进行引用，下面将分别介绍其引用方法。

62
Hours

52
Hours

42
Hours

32
Hours

22
Hours

12
Hours

🔑 **新建 HTML 网页进行引用**：选择【文件】/【新建】命令，打开"新建文档"对话框，单击■按钮，在打开的"链接外部样式表"对话框中单击 浏览 按钮，在打开的对话框中选择 CSS 文件，并选择不添加方式，依次单击 确定 按钮完成操作。

🔑 **通过"CSS 样式"浮动面板进行引用**：按 Shift+F11 组合键，打开"CSS 样式"浮动面板，单击该面板中的■按钮，打开"链接外部样式表"对话框进行操作。

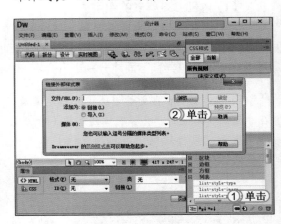

🔑 **通过快捷菜单进行引用**：在网页编辑区域中，单击鼠标右键，在弹出的快捷菜单中选择【CSS 样式】/【附加样式表】命令，打开"链接外部样式表"对话框进行设置即可。

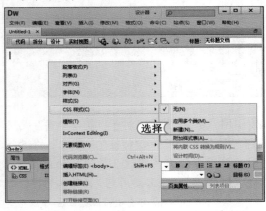

经验一箩筐——链接外部样式表

在链接外部 CSS 样式文件时，都会打开相同的"链接外部样式表"对话框，其对话框中包括"文件/URL"文本框：用于设置外部 CSS 样式表文件的 URL 地址，它可以是远程 CSS 文件 URL，也可是本地文件地址（通过单击其后的 浏览 按钮选择 CSS 文件）；"添加为"单选按钮组：包括了两个单选按钮，分别为 ⊙链接(L) 和 ⊙导入(I) 单选按钮，选中 ⊙链接(L) 单选按钮则只是链接使用 CSS 样式文件，选中 ⊙导入(I) 单选按钮则将 CSS 文件中的规则导入当前文档；"媒体"下拉列表框：主要用于设置 CSS 样式表使用的媒体类型。

7.2.4 认识"CSS 样式"浮动面板

"CSS 样式"浮动面板是创建和管理网页中 CSS 样式的重要工具，因为在当前网页所创建的 CSS 样式都可在该浮动面板进行查看和编辑。用户可通过选择【窗口】/【CSS 样式】命令或按 Shift+F11 组合键打开"CSS 样式"浮动面板。下面将对"CSS 样式"浮动面板进行具体的介绍。

🔑 **全部 和 当前 按钮**：在"CSS 样式"浮动面板中单击 全部 按钮，则显示网页中所有 CSS 样式规则及属性设置；单击 当前 按钮，显示当前选择网页元素的 CSS 样式信息。

🔑 **"所有规则"栏**：其主要作用是显示当前网页中所有 CSS 样式规则。在其中包含了外部链接样式表和内部样式表，可单击样式表前的⊞按钮，在展开的列表中可查看具体的 CSS 样式。

🔑 "属性"栏：主要显示当前选择的 CSS 规则的各种属性，用户也可以通过该属性栏对所选 CSS 规则进行修改或编辑。

🔑 ▦按钮：其主要作用是在该浮动面板的"属性"栏中分类显示所有的属性。

🔑 🅰↓按钮：其主要作用是在该浮动面板的"属性"栏中按字母顺序显示所有的属性。

🔑 **✲按钮：其主要作用是在该浮动面板的"属性"栏中显示所选择 CSS 规则中设置过的属性及属性值。

🔑 ⬤⬤⬤按钮：单击该按钮，可在打开的对话框中选择需要链接的外部 CSS 文件。

🔑 🔁按钮：单击该按钮，可在打开的对话框中新建 CSS 样式。

🔑 ✏按钮：单击该按钮，可在打开的对话框中编辑所选 CSS 规则的属性值。

🔑 🚫按钮：在该浮动面板中的"属性"栏中选中某项已被设置值的属性后，单击该按钮可禁用或启用该属性。

🔑 🗑按钮：单击该按钮，可将所选择的 CSS 规则删除。

7.2.5　CSS 美化文本

在网页中的文本，也可以同文档编辑软件中的文本一样，设置其格式，让文本更加美观，有吸引力，其设置的方法很简单，可以直接通过选择需要设置的文本，在其"属性"面板中进行设置，这里将介绍使用 CSS 样式对文本进行美化的方法，该方法比前一种虽然复杂些，但是使用 CSS 可对文本进行更细致的美化，这是在"属性"面板中不能进行的操作。

在 CSS 规则定义对话框（如左图）中的"分类"列表框中选择"类型"选项，在右侧的各种选项中设置文本样式的参数（效果如右图）。

下面将分别介绍美化文本的各个参数的作用。

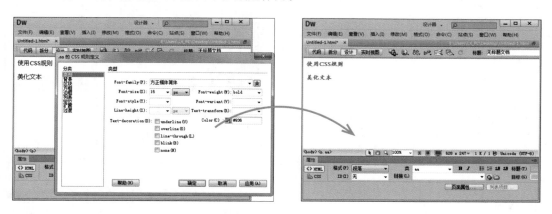

🔑 "Font-family"下拉列表框：在该下拉列表框中可选择文本的字体样式。

🔑 "Font-size"下拉列表框：在该下拉列表框中可设置文本的字体的大小，单击其后的下拉按钮▼，可选择字体大小的单位，默认情况下是 px（像素）。

🔑 "Font-style"下拉列表框：在该下拉列表框中可选择文本的样式。如 normal（默认样式）、italic（斜体）和 olique（偏斜体）。

🔑 "Line-height"下拉列表框：在该下拉列表框中可选择文本行的高度，单击其后的下拉按钮▼可设置行高的单位，默认为 px 像素。

🔑 "Font-weight"下拉列表框：在该下拉列表框中可设置文本的粗细，也可以设置具体的

179

72⊠
Hours

62
Hours

52
Hours

42
Hours

32
Hours

22
Hours

12
Hours

粗细值。

🔑 "Font-variant"下拉列表框：该下拉列表框中的选项主要是针对英文字体的设置，在英文文本中，大写字母的字号一般是选择"Font-variant"中的"small-caps（小型大写字母）"选项。

🔑 "Text-transform"下拉列表框：该下拉列表框中的选项也是针对英文字体的设置，主要是将英文字母进行大小写转换。

🔑 "Text-decoration"复选框组：该复选框中主要是对文本进行修饰，其中 ☑underline(U) 复选框表示为文本添加下划线；☑overline(O) 复选框主要是为文本添加上划线；☑line-through(L) 复选框主要是为文本添加删除线；☑blink(B) 复选框主要是为文本添加闪烁效果；☑none(N) 复选框是不为文本添加任何修饰。

🔑 "Color"按钮█：单击该按钮可设置文本的字体颜色，其后的文本框可显示颜色的具体值（其值是以十六进制的方式进行显示）。

7.2.6 CSS 美化图像

在网页中插入图像后，可使用 CSS 对其进行美化，让图像在网页看起来更加美观。下面将在"img.html"网页中添加图像，并使用 CSS 对其进行美化，其具体操作如下：

资源文件
素材 \ 第 7 章 \img\img.html
效果 \ 第 7 章 \img\img.html
实例演示 \ 第 7 章 \CSS 美化图像

STEP 01： 准备新建 CSS 样式

1. 打开"img.html"网页，按 Shift+F11 组合键打开"CSS 样式"浮动面板。
2. 在该浮动面板右下角单击"新建 CSS 样式"按钮█，打开"新建 CSS 规则"对话框。

💡提个醒 用户也可以直接切换到"代码"或"拆分"视图中，在 <head></head> 标记中直接命名 CSS 样式，对其进行属性值设置。

STEP 02： 新建 CSS 样式

1. 在打开对话框的"选择器类型"下拉列表框中选择"类"选项。
2. 在"选择器名称"下拉列表框中输入 CSS 名称为"box"。
3. 在"规则定义"下拉列表框中选择"仅限该文档"选项。
4. 单击 确定 按钮，完成新建 CSS 样式的操作。

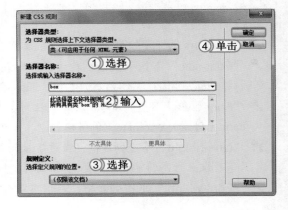

STEP 03: 设置属性值

1. 在打开对话框的"分类"列表框中选择"背景"选项。
2. 将属性"Background-color"设置为"#CCCC66"。
3. 单击 确定 按钮。

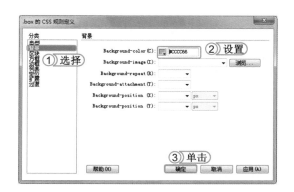

STEP 04: 添加 CSS 属性值

1. 在"CSS 样式"浮动面板中即可查看到新建的 CSS 样式。
2. 在该浮动面板的属性栏中,单击"添加属性"超级链接。

提个醒 如果用户要使用 CSS 规则定义对话框添加或修改属性,则可以双击已经存在的 CSS 样式的名称,即可在打开的对话框中设置属性。

STEP 05: 选择属性

在弹出的下拉列表框中输入属性"width",在其后的下拉列表框中输入属性值"160"。

提个醒 用户也可在"属性"下拉列表框后单击下拉按钮,在弹出的下拉列表中选择需要设置的属性。

STEP 06: 设置其他属性

以步骤 4 和步骤 5 的方法,为 box 规则添加其他样式的属性及属性值。

读书笔记

62 Hours
52 Hours
42 Hours
32 Hours
22 Hours
12 Hours

STEP 07： 查看效果

保存网页，按 F12 键，预览美化后的图片效果。

> **提个醒** 该例子中美化图像的操作，其实就
> 是使用 CSS 属性为图像添加边框，让图像看
> 起来更加美观。

7.2.7　CSS 定义链接样式

在网页中，如果只单纯地添加各种元素的链接，那么其链接样式则会使用默认的效果，即蓝色加下划线的样式，但在网页中所看到的链接都不会是默认样式，而是各式各样的，这就需要 CSS 的帮助，下面将介绍使用 CSS 定义链接样式的方法。

1. 定义链接样式

在网页中添加链接后，有 4 种样式，分别为：没有访问的链接样式（a:link）、已经访问后的链接样式（a:visited）、鼠标停留在链接上的样式（a:hover）以及单击链接时的样式（a:active），也称之为"伪类"。

不管是链接的哪种样式，在设置时都要选择需要设置的链接对象，在"属性"面板中单击 页面属性... 按钮，在打开的对话框的"分类"列表框中选择"链接（CSS）"选项，则会在右侧窗格中显示设置链接的各种参数，如字体、字号及链接样式的颜色。设置完成后，单击 确定 按钮，则会在"代码"视图中生成 CSS 样式的代码。

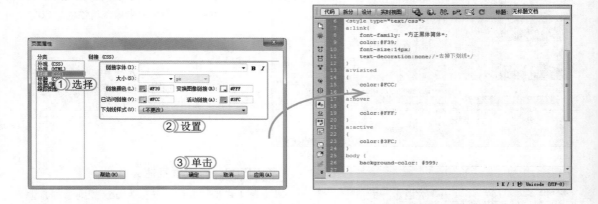

▌ 经验一箩筐——链接样式的顺序

在"代码"视图中定义其链接的样式时，一定不要将顺序定义错误，否则设置的链接效果也就不会存在，其正确的链接顺序为：link、visited、hover、active。

2. 定义局部链接样式

如果直接使用上述的链接样式，则会影响整个网页中的链接样式，但在整个网页中，并

非只有一种链接样式，这时就需对个别链接进行单独设置，其方法很简单，只需要在链接样式前加上选择器的名称即可，如 <div class="aa"><a href="www.baidu.com"> 百度 </a></div> 链接，定义"百度"文本链接，其代码如右图所示，如果是定义的 ID 类，则只需要将 CSS 样式代码前的"."改为"#"即可。

7.2.8 CSS 美化网页背景

在网页中使用 CSS 样式美化网页背景可以使用 3 种方式，分别为行内样式（style 属性）、内部样式表（style 属性）和外部样式表（引用一个 CSS 样式表文件）。下面将分别对这 3 种不同的方式进行介绍。

🔑 **行内样式**：行内样式就是直接在 <body></body> 主体标记中添加 style 属性，并设置属性值即可。

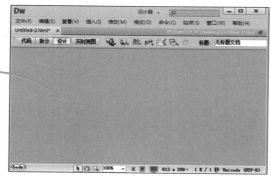

🔑 **内部样式表（style 属性）**：可直接将插入点定位到页面编辑区域，在"属性"面板中单击 页面属性... 按钮，在打开的对话框中选择"外观（CSS）"选项，在右侧窗格中的"背景颜色"选项后单击 按钮，在弹出的颜色面板中选择颜色后，单击 确定 按钮，即可在代码文档中产生 CSS 代码。

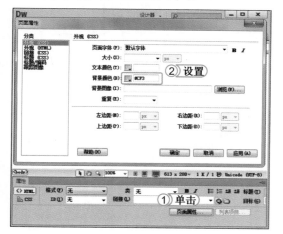

183

72🔲
Hours

62
Hours

52
Hours

42
Hours

32
Hours

22
Hours

12
Hours

🔑 **外部样式表**：外部样式表的方式是将设置背景样式的 CSS 作为一个单独的文件存放在网页所在的文件夹中，使用引用外部样式表时，只需将其引用即可。

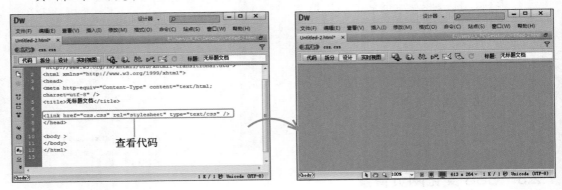

7.2.9 使用 CSS 样式制作特效

在网页中使用 CSS 样式可制作出多种特效，如设置光标效果和滤镜效果等。下面将对使用 CSS 制作光标和滤镜效果的方法进行介绍。

1. 制作光标效果

在电脑中，光标是用户在电脑中接触最多的一种屏幕标识。在网页中，Windows 系统都会使用默认鼠标标识，如通常都以箭头光标"🗕"显示当前位置，当指向网页中某个超级链接时，都以手型光标"👆"进行显示。

下面将在"caffe.html"网页中设置文本和链接的光标效果，其具体操作如下：

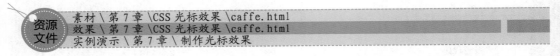

素材 \ 第 7 章 \CSS 光标效果 \caffe.html
效果 \ 第 7 章 \CSS 光标效果 \caffe.html
实例演示 \ 第 7 章 \ 制作光标效果

STEP 01： 打开该 CSS 规则定义对话框

1. 打开"caffe.html"网页，选择文本所在的 Div 标签。
2. 在"CSS 样式"浮动面板的"所有规则"栏中双击"#apDiv1"规则，打开该 CSS 规则定义对话框。

STEP 02： 设置光标类型

1. 在打开的对话框中选择"扩展"选项。
2. 在右侧窗格中的"Cursor"下拉列表框中选择"text"选项。
3. 单击 确定 按钮，完成文本的光标类型设置。

STEP 03： 准备设置图片的光标

1. 在网页编辑区中选择图片所在的 Div 标签。
2. 在"CSS 样式"浮动面板的"所有规则"栏中双击"#apDiv2"规则，打开该 CSS 规则定义对话框。

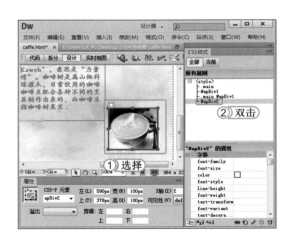

> **提个醒** 打开 CSS 规则定义对话框时，可选择需要修改的 CSS 规则，单击 ✐ 按钮即可。

STEP 04： 设置图片光标

1. 在打开的对话框中选择"扩展"选项卡。
2. 在右侧窗格中的"Cursor"下拉列表框中输入"url(c1.ani)"。
3. 单击 确定 按钮，完成图片光标类型设置。

STEP 05： 预览效果

保存网页，在 IE 浏览器中预览效果。

> **提个醒** 在设置光标效果时，如果 IE 浏览器的版本高于 IE7.0，则会不支持 CSS 的光标和滤镜效果，如果要强制在高版本中使用光标和滤镜效果，则需要在 \<head>\</head> 标记对中添加代码"\<meta http-equiv="X-UA-Compatible" content="IE=7" />"即可。

2. 制作滤镜效果

在网页中可以为网页中的图像元素添加特效，它们能够使图像变得非常丰富、炫目，如半透明、阴影和模糊等，这就是 CSS 滤镜（filter）。在 Dreamweaver CS6 中，用户可以通过在 CSS 规则定义对话框的"扩展"选项中的"Filter"下拉列表框中选择需要设置的滤镜效果。

下面将在"CSS_Filter.html"网页中设置图像的透明度，其具体操作如下：

> **资源文件**
> 素材 \ 第 7 章 \CSS_Filter\
> 效果 \ 第 7 章 \CSS_Filter\CSS_Filter.html
> 实例演示 \ 第 7 章 \ 制作滤镜效果

185
72 Hours
62 Hours
52 Hours
42 Hours
32 Hours
22 Hours
12 Hours

STEP 01： 打开"规则定义"对话框

1. 打开"CSS_Filter.htm"文档，选中文本所在的 Div（Div1）。
2. 在"属性"面板中单击 CSS 面板 按钮。
3. 在"CSS 样式"浮动面板中单击"编辑样式"按钮 ✎。

读书笔记

STEP 02： 为元素选择滤镜

1. 在打开的"Div1 的 CSS 规则定义"对话框中选择左侧分类列表中的"扩展"选项。
2. 在右侧设置区域的"Filter（过滤器）"下拉列表框中选择"Alpha"选项。

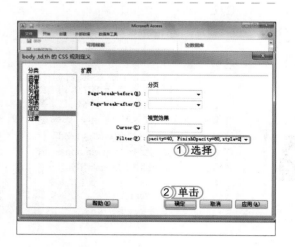

STEP 03： 修改滤镜参数

1. 在"Filter"下拉列表框中将选择的"Alpha"滤镜的 Opacity 参数设置为"40"，FinishOpacity 为"80"，Style 为"2"，删除其他参数。
2. 单击 确定 按钮，按 Ctrl+S 组合键保存。

提个醒 部分滤镜在使用时需要对其属性参数进行必要的设置，如本例中的 Alpha 滤镜，该滤镜的主要参数包括：Opacity（起始值，取值范围从 0~100）、FinishOpacity（目标值，取值范围同 Opacity）和 Style（透明度样式，取值范围 0~4，用于设置不透明度的过渡样式）。

读书笔记

STEP 04： 预览滤镜效果

在 IE 浏览器窗口底部的提示信息条中
单击 [允许阻止的内容(A)] 按钮，进行预览。

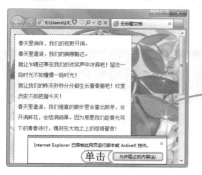

经验一箩筐——CSS 的其他滤镜效果

在网页编辑中，CSS 规则除了可设置透明的效果，还可设置模糊（Blur）和水平翻转（FlipH）、
垂直翻转（FlipV）、灰度（Gray）、反转（Invert）、X 射线（Xray）、波纹（Wave）和选定
颜色的透明（Chroma），其设置方法与设置透明效果的方法相同。

上机 1 小时 ▶ 制作手机页面

🔍 进一步掌握 CSS 语法的运用。　　　🔍 进一步掌握 CSS 样式的各种用法。

🔍 进一步熟悉 CSS 代码的编辑方法。

　　本次实例将根据打
开的网页素材，在该网
页中添加网页导航，并
使用 CSS 样式对其进
行设置，然后在相应手
机图片右侧的单元格中
添加相应的文本，并使
用 CSS 为其设置字体样
式，最后使用 CSS 样式
制作出底部信息。最终
效果如右图所示。

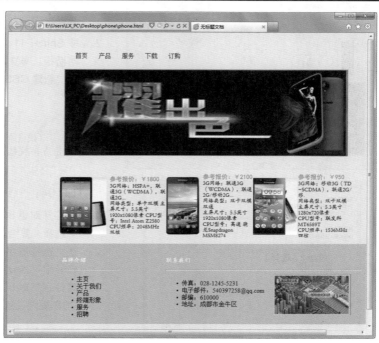

62
Hours

52
Hours

42
Hours

32
Hours

22
Hours

12
Hours

资源文件

素材 \ 第 7 章 \phone\
效果 \ 第 7 章 \phone.html
实例演示 \ 第 7 章 \ 制作手机页面

STEP 01： 插入项目符号

1. 打开 "phone.html" 网页，将插入点定位到图片的上方。
2. 按 Ctrl+F3 组合键，打开 "属性" 面板，在 "HTML" 属性面板中单击 按钮，添加项目前导符号。

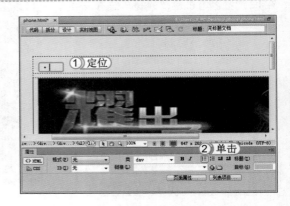

STEP 02： 输入文本并插入其他项目符

1. 在插入的项目前导符号后输入文本 "首页"。
2. 按 Enter 键，继续在下一个项目符号后输入文本，完成项目符号的插入，效果如右图所示。

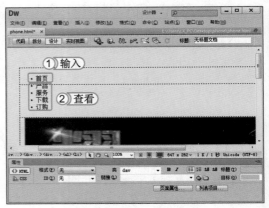

读书笔记

STEP 03： 设置 CSS 样式

1. 选择项目列表文本。
2. 按 Shift+F11 组合键，打开 "CSS 样式" 浮动面板，单击 "新建 CSS 规则" 按钮 ，打开 "新建 CSS 规则" 对话框。

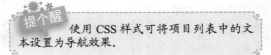

提个醒　　使用 CSS 样式可将项目列表中的文本设置为导航效果。

STEP 04： 设置 CSS 规则

1. 在打开对话框的 "选择器类型" 下拉列表框中选择 "复合内容" 选项。
2. 在 "选择器名称" 下拉列表框中选择复合内容名称 ".dav ul li" 选项。
3. 其他保持默认设置，单击 确定 按钮，完成 CSS 规则设置。

STEP 05： 设置 CSS 规则属性

1. 在打开对话框的"分类"列表框中选择"方框"选项。
2. 在右侧窗格中将"Width"的属性值设置为"60"，将"Float"设置为"left"。在"分类"列表框中选择"列表"选项，将"list-style-type"设置为"none"。
3. 单击 确定 按钮，完成 CSS 规则属性的设置。

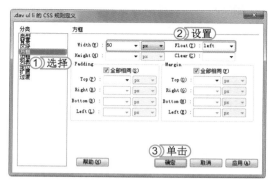

STEP 06： 添加 <a> 标签

1. 选择设置后的项目列表。
2. 按 Ctrl+T 组合键，打开"环绕标签"编辑器，在其中输入"<a href="#">"，为所选择的项目列表添加 <a> 标签。

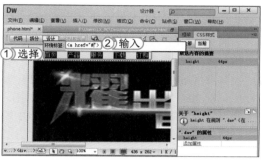

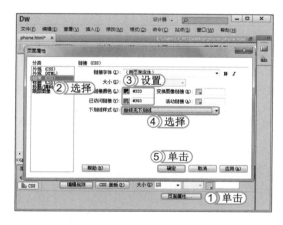

STEP 07： 设置链接样式

1. 选择项目列表，在其"CSS"类型的属性面板中单击 页面属性 按钮，打开"页面属性"对话框。
2. 在"分类"列表框中选择"链接（CSS）"选项。
3. 在右侧窗格中将"链接颜色"和"已访问链接"分别设置为"#333"和"#393"。
4. 在"下划线样式"下拉列表框中选择"始终无下划线"选项。
5. 单击 确定 按钮，完成面板链接样式的设置。

STEP 08： 为文本添加 CSS 样式

1. 选择"参考报价：¥1800"文本。
2. 在其属性面板中将"字体"、"大小"和"颜色"分别设置为"黑体"、"16"和"#F00"。

提个醒 在设置该文本样式时，在打开的"新建 CSS 规则"对话框中，将"选择器名称"设置为"aa"，以方便设置其他相同文本样式时，对其进行引用。

62 Hours
52 Hours
42 Hours
32 Hours
22 Hours
12 Hours

STEP 09： 设置其他文本的 CSS 样式

1. 选择"参考报价：¥1800"下方的文本。
2. 在属性面板中将"字体"和"大小"分别设置为"方正楷体简体"和"14"。

> **提个醒** 在设置该文本的样式时，在新建的 CSS 规则中，将选择器的名称命名为"bb"，以方便设置其他相同文本样式时进行引用，快速设置成相同样式的文本。

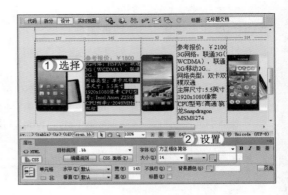

STEP 10： 应用 CSS 样式

1. 在网页文档中分别选择报价文本及报价文本下方的文本。
2. 在其属性面板中的"目标规则"下拉列表框中分别选择"aa"和"bb"CSS 规则选项，将其应用到报价文本和报价文本下方的文字中。

STEP 11： 在"拆分"视图中添加 Div

1. 单击 拆分 按钮，切换到"拆分"视图中。
2. 将插入点定位到名为"bottom"的 Div 标签之间，添加两个相同的标签，并分别命名为"bottom_left"和"bottom_right"。

> **提个醒** 使用代码输入的方法可快速创建多个 Div 标签或其他网页标签。

STEP 12： 使用 CSS 代码添加属性值

1. 将插入点定位到 </style> 标记上方，为刚创建的 Div 标签添加 CSS 代码，设置名为"bottom_left"的 Div 标签宽度和高度为"150px"和"170px"。其浮动方式设置为"left"，即左浮动。
2. 将名为"bottom_right"的 Div 标签宽度和高度设置为"170px"和"505px"。其浮动方式设置为"left"。

> **提个醒** 本节所使用到的 Div 标签知识将在第 8 章进行介绍。

STEP 13： 添加文本和项目列表

1. 单击 设计 按钮，切换到"设计"视图中。
2. 将插入点定位到网页文档底部左侧的 Div 标签中，输入文本"品牌介绍"。
3. 按 Enter 键，切换到下一行，使用添加项目列表的方法添加项目列表。

STEP 14： 插入表格并添加文本

1. 将插入点定位到第二个空白 Div 标签中，输入文本"联系我们"。
2. 按 Ctrl+Alt+T 组合键，打开"表格"对话框，在该对话框的"行数"和"列"文本框中分别输入"1"和"2"。
3. 单击 确定 按钮，插入表格。
4. 使用拖动鼠标的方法，改变表格的大小，并在第一个单元格中输入文本和插入项目列表。

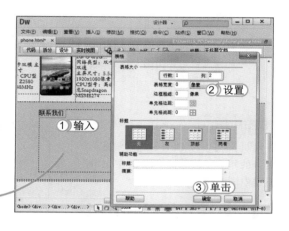

STEP 15： 添加水平线

1. 将插入点定位到文本"品牌介绍"之后，选择【插入】/【HTML】/【水平线】命令，插入水平线。
2. 使用相同的方法在文本"联系我们"下方插入相同的水平线。

提个醒 在网页文档中插入水平线时，插入的水平线将自动插入到插入点的下一行。

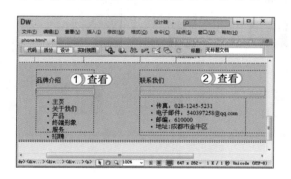

STEP 16： 添加图像

1. 将插入点定位到第 2 个单元格中。按 Ctrl+Alt+I 组合键，打开"选择图像源文件"对话框，在该对话框的"查找范围"下拉列表框中选择插入图像所在的位置。
2. 在下方的列表框中选择需要添加的图像"map.jpg"。
3. 单击 确定 按钮，完成图像的添加。

STEP 17： 添加 CSS 样式

1. 选择"品牌介绍"文本。
2. 在"CSS"类型的属性面板中，将文本的"字体"、"大小"和"颜色"分别设置为"方正楷体简体"、"16"和"#FFF"。

提个醒 在设置所选文本的 CSS 样式时，在"新建 CSS 规则"对话框的"选择器类型"下拉列表框中选择"标签"选项，在"选择器名称"下拉列表框中选择"p"选项。设置 CSS 样式后，则会为网页文档中所有 p 标记样式中的内容应用相同的 CSS 样式。

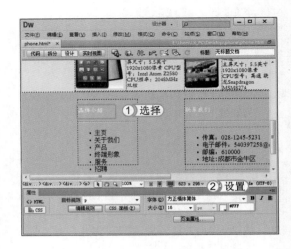

STEP 18： 保存并预览网页

在网页文档中按 **Ctrl+S** 组合键保存制作的网页，然后按 **F12** 键在 IE 浏览器中浏览网页。

读书笔记

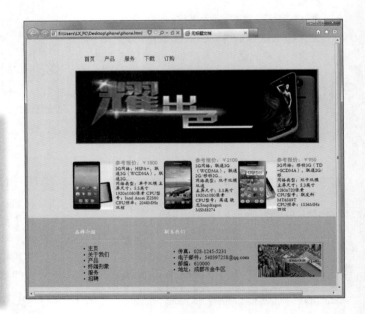

7.3 练习 2 小时

本章主要对网页中的 HTML 和 CSS 的基本知识进行了介绍，让读者了解 HTML 中的各种基本语法、标记、HTML 编辑器的使用方法，以及在网页文档中插入 HTML 代码和在网页文档中编辑简单的 HTML 代码的方法。对 CSS 而言，则介绍了 CSS 的基本语法、认识管理 CSS 样式的面板、使用 CSS 对网页文档中的各种对象（文本、图像、链接、背景）进行美化以及使用 CSS 在网页中制作简单的特殊效果的方法。为了巩固所学知识，下面将以制作"个人艺术"网页和制作"科技公司网站"首页为例，达到巩固练习所学知识的目的。

1. 练习1小时：制作"个人艺术"网页

本例将在"art.html"网页中使用 HTML 标记中的项目列表和链接标记制作出网页导航，然后再结合 HTML 代码和 CSS 样式制作出网页的中间部分。其最终效果如下图所示。

资源
文件

素材 \ 第 7 章 \Art\
效果 \ 第 7 章 \Art\art.html
实例演示 \ 第 7 章 \ 制作"个人艺术"网页

提个醒

在制作时，读者可参照效果中的一些代码进行制作，但是效果中的 CSS 样式代码是使用的外部链接样式，而提供的素材，则在网页代码中有少部分CSS样式，如果读者参照效果代码，制作不出效果，可在布局完成后直接对外部 CSS 样式进行引用，但在引用时需将布局使用的容器名称与 CSS 样式中的名称进行对应。

读书笔记

62
Hours

52
Hours

42
Hours

32
Hours

22
Hours

12
Hours

练习1小时：制作"科技公司网站"首页

　　本例将制作一个简单的科技公司网站首页，采用 Div+CSS 方式进行网页制作，首先选择【插入】/【布局对象】/【Div 标签】命令，在网页中插入相应的 Div 标签，再使用 CSS 进行设置。最终效果如下图所示。

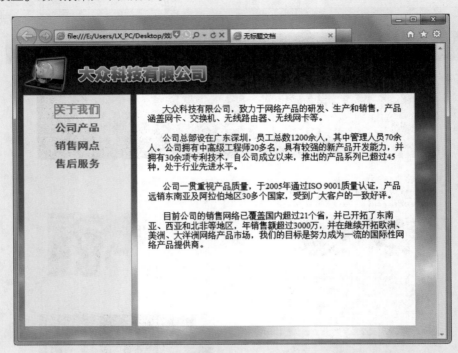

资源
文件
素材 \ 第 7 章 \comp
效果 \ 第 7 章 \comp\index.html
实例演示 \ 第 7 章 \ 制作 "科技公司网站" 首页

提个醒

　　在制作时，可根据以下提示的操作步骤进行制作。第一步: 在页面顶部插入"宽"为"360"，"高"为"80"的 Div 标签，背景图片选择"back.jpg"文件; 第二步: 插入"左浮动"，"宽"为"180"、"高"为"430"，"填充"为"10"的 Div 标签; 第三步: 在左侧 Div 标签中粘贴"link.txt"中的链接文本并设置空链接; 第四步: 在右侧插入"左浮动"、"宽"为"480"、"高"为"410"、"填充"为"20"，左侧"边界"为"10"，"背景"为"#FFF"的 Div 标签; 第五步: 粘贴"content.txt"中的内容，保存文档，完成制作。

读书笔记

网页

72 HOURS

使用 Div+CSS 布局网页

第 **8** 章

学习 **2** 小时
- Div 的相关操作
- Div+CSS 灵活布局

Div 是 HTML 中最重要的标签元素,它作为布局的容器,可以包含本身及其 HTML 网页中的所有元素。在网页设计中,一般采用 Div+CSS 的方式进行网页布局,其中 Div 也包括 AP Div 标签,与 Div 标签相比,AP Div 标签的位置更加灵活。本章将介绍 Div 对象的插入和设置、用 Div+CSS 布局网页、AP Div 对象的布局和操作 AP Div 元素等知识。

上机 **3** 小时

8.1 Div 的相关操作

在制作网页前，用户都应该知道所要制作的网页包括什么内容，以确定整个网页的设计及布局方式。在 Dreamweaver CS6 中用户可以通过 Div 对网页进行快速地布局操作，下面将对 Div 网页布局的相关知识进行介绍。

学习 1 小时

- 🔍 掌握 Div 对象的插入和设置方法。
- 🔍 掌握用 Div+CSS 布局网页。
- 🔍 掌握 AP Div 对象的绘制和设置方法。
- 🔍 掌握 AP Div 的管理及操作方法。
- 🔍 掌握 AP Div 与表格相互转换的方法。

8.1.1 Div 对象的插入和设置

Div 是 HTML 中最重要的一类标签元素，它作为布局的容器，可以包含本身及其 HTML 网页中的所有元素。而在布局方面，除了 Table 和框架布局外，还可以使用 Div 对网页进行灵活地布局。下面将介绍 Div 对象的插入和设置方法。

1. 插入 Div 对象

在 Dreamweaver CS6 中插入 Div 对象的方法非常简单，只需要将插入点定位到目标位置，选择【插入】/【布局对象】/【Div 标签】命令或在"插入"浮动面板的"常用"分类列表中单击"插入 Div 标签"按钮▦，在打开的对话框中即可设置"类"和"ID"名称，单击 确定 按钮，完成 Div 对象的插入。

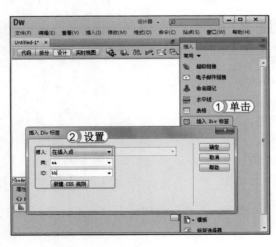

2. 设置 Div 对象

在网页中插入 Div 标签对象的过程中，可通过打开的"插入 Div 标签"对话框设置 Div 标签的 CSS 规则外，还可在插入 Div 对象后，通过选择插入的 Div 对象，在该标签"属性"面板的"Div ID"或"类"下拉列表框中重新选择 CSS 规则，重新应用 CSS 规则样式。

若需在"属性"面板中对所选 Div 标签的 CSS 规则进行修改，可直接单击 CSS 面板(P) 按钮，打开 "CSS 样式"浮动面板，在该浮动面板的"属性"栏中进行修改即可。

8.1.2 用 Div+CSS 布局网页

在目前的网页设计中，一般都采用 Div+CSS 的方式进行网页布局，这种方式摒弃了原始的表格布局方法，将 Div 标签元素作为布局元素的容器，通过 CSS 样式的各种规则来对 Div 标签进行样式定义，从而实现页面的布局和外观修饰。在第 7 章已经对 CSS 进行了相关的介绍。下面将对 Div+CSS 布局的优缺点及布局的操作方法进行讲解。

1. Div+CSS 布局网页的优缺点

在网页布局中，比起表格布局方式而言，Div+CSS 布局方式要更加灵活多变。其优点具体表现如下：

🔑 比起 Table 中大量重复的标签而言，Div+CSS 布局使代码更加精简。

🔑 使结构趋于标准化，方便维护和重构页面。

🔑 实现了表格和内容相分离，只需修改 CSS 样式表就可对页面进行重构。

🔑 页面布局控制力强、功能强大，效果出众。

🔑 结构清晰，更有利于搜索。

正因为 Div+CSS 布局具有这些优点，同时也有它的缺点，如 Div+CSS 的规则较为复杂、不易掌握和跨浏览器的兼容性问题等缺点。另外，当用户访问页面时一旦出现 CSS 文件下载失败的情况，将导致整个页面显示异常。

2. Div+CSS 布局的具体操作

在网页中，要实现"Div+CSS"网页布局，则要先插入 Div 标签对象，再使用 CSS 样式规则对该 Div 标签区域进行定位和样式设置，这样才能实现网页元素的定位和布局。在网页中，使用多个 Div 标签进行分隔，加上 CSS 的定位和修饰，便是 Div+CSS 布局的基本原理。

下面将对"Div.html"网页进行布局、定位，让其网页更加美观，其具体操作如下：

资源文件
素材 \ 第 8 章 \Div\Div.html
效果 \ 第 8 章 \Div\Div.html
实例演示 \ 第 8 章 \Div+CSS 布局的具体操作

STEP 01： 打开 CSS 规则定义对话框

1. 打开"Div.html"网页，按 Shift+F11 组合键，打开"CSS 样式"浮动面板。
2. 在"所有规则"栏中展开所有的 CSS 规则，双击".left"规则，打开相应的 CSS 规则定义对话框。

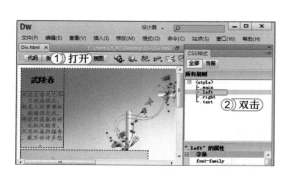

197

72☒ Hours

62 Hours

52 Hours

42 Hours

32 Hours

22 Hours

12 Hours

STEP 02： 设置方框参数

1. 在打开的对话框中选择"方框"选项卡。
2. 在"Float"下拉列表框中选择"left"选项，设置 Div 的浮动方向。
3. 在"Padding"栏的"Top"下拉列表框中输入"10"。
4. 在"Margin"栏的"Top"下拉列表框中输入"45"，单击 确定 按钮。

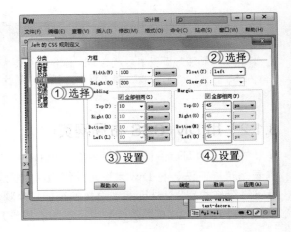

> **提个醒** 　如果用户分别设置 Padding 和 Margin 栏中的各项参数，则可取消选中 ☐全部相同(S) 复选框。

STEP 03： 设置方框参数

1. 在"CSS 样式"浮动面板上双击".right"规则，打开该规则的 CSS 规则定义对话框。
2. 在"分类"列表框中选择"定位"选项卡。
3. 在"Position"下拉列表框中选择"absolute"选项，对 Div 对象进行绝对定位。
4. 在"Placement"栏的"Top"下拉列表框中输入"130"。在"Left"下拉列表框中输入"380"。
5. 单击 确定 按钮，完成网页布局操作。

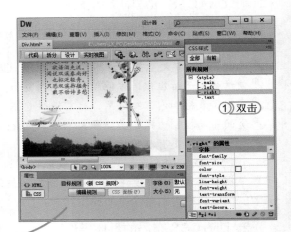

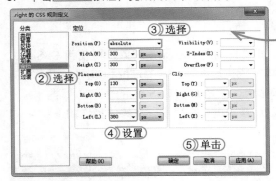

> **提个醒** 　在"Position"下拉列表框中可设置 Div 对象的相对定位（relative）和绝对定位（absolute），而"Placemetn"列表框中的各参数则是设置相对定位或绝对定位的具体值，而"Clip"列表框中的各参数只显示具体的定位区域，该区域为矩形。

STEP 04： 预览效果

保存网页，在浏览器中进行效果预览。

> **提个醒** 　在整个例子中，是对已经存在的 Div 和 CSS 规则进行的一个属性修改，如果对插入的 Div 对象，新建CSS规则，同样可以在"CSS样式"浮动面板中进行新建，在 CSS 规则定义对话框中设置其 CSS 规则的各种属性，如类型、背景、区块和边框等。

"CSS 规则定义"的"方框"选项中的"浮动"设置用于定义 Div 的对齐方式,可选择"左对齐"、"右对齐"和"无"3 种方式,设置该属性可使多个 Div 实现并排显示(前提是这些 Div 的宽度总和不超过它们的父元素总宽度)。

8.1.3 AP Div 对象的绘制和设置

AP Div 是 Dreamweaver 中一种特殊的 Div 标签元素,它的定位不会受到网页中其他元素的限制,可将其放置在网页中的任何位置,就像是悬浮在页面上方,利用它可以实现各种灵活而复杂的布局。下面将对 AP Div 的应用进行具体的介绍。

1. AP Div 对象的布局

AP Div 是重要的网页布局工具,相对于表格和 Div 标签元素,AP Div 具有更灵活、易用的特点,它不会出现表格与表格、Div 与 Div 之间在位置上相互制约和影响的问题。利用 AP Div 用户可随心所欲地在页面上布置各种网页元素,充分发挥设计者巧妙的构思,下面分别介绍两种布局方式。

🔑 用 AP Div 实现绝对定位:AP Div 是一种被定义了绝对位置的页面元素,每个 AP Div 都有其确定的坐标参数。在 AP Div 中可插入包括文本、图像、Flash 和表格在内的几乎所有网页元素,甚至还包括 AP Div 自身。

🔑 AP Div 的嵌套和重叠显示:AP Div 不但可像表格那样多层嵌套,甚至还可以相互重叠。对于重叠的 AP Div,浏览器会根据它们之间的前后级关系进行排序,处于后面的 AP Div 将被前面的 AP Div 部分或全部遮挡。

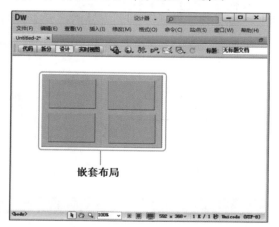

重叠布局

嵌套布局

在网页中使用 AP Div 也有不足的地方,如设置过程相对复杂;设置不当将造成 AP Div 的实际位置与设计方案中的布局有较大的差异。由于它对旧版本浏览器的兼容性较差,因此在网中可根据实际的情况选择不同的布局方式。

2. 插入 AP Div 元素

在 Dreamweaver CS6 中提供了强大的 AP Div 创建和编辑功能,其中插入最基本的 AP Div

199

72
Hours

62
Hours

52
Hours

42
Hours

32
Hours

22
Hours

12
Hours

的方法与插入 Div 标签的方法有相似之处，都可以通过菜单和"插入"浮动面板进行操作。下面将分别对其介绍。

🔑 通过菜单命令插入：将插入点定位到网页编辑区中的目标位置，选择【插入】/【布局对象】/【AP Div】命令即可插入 AP Div 对象。

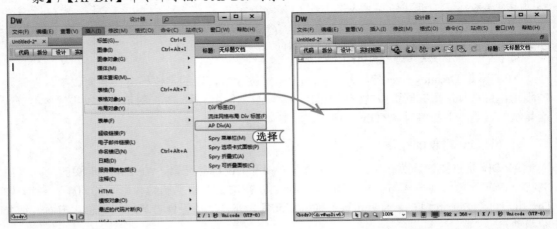

🔑 通过"插入"浮动面板插入：在"插入"浮动面板下的"布局"分类列表中单击"绘制 AP Div"按钮🗒，当鼠标变为➕形状时，在网页编辑区的目标位置按住鼠标左键进行绘制，绘制完成后，释放鼠标左键即可。在绘制时，可在窗口的状态栏中查看其大小。

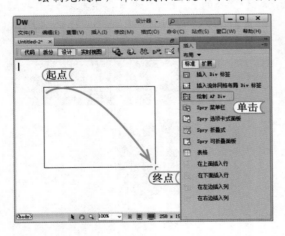
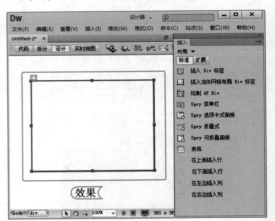

▍经验一箩筐——快速绘制 AP Div 对象

在"插入"浮动面板的"标准"选项卡上直接按住鼠标左键将"绘制 AP Div"按钮🗒拖动到网页编辑区的目标位置，释放鼠标左键，即可快速地绘制出默认大小的 AP Div 对象。

3. 插入重叠 AP Div 对象

在网页编辑区中插入重叠 AP Div 对象的方法很简单，直接将插入点定位到 AP Div 对象中，使用插入 AP Div 对象的任意一种方法再次插入 AP Div 对象即可，所以说插入重叠 AP Div 对象除了目标位置不一样外，其插入方法都是相同的。

选择【窗口】/【AP 元素】命令，打开 "AP 元素" 浮动面板，选中 ☑防止重叠 复选框后，用户则
不能重叠插入 AP Div 对象。

4. 设置 AP Div 对象的属性

对于插入的 AP Div 对象，可通过单击其任一边框将其选中后，在其 "属性" 面板中对其
进行设置，如背景、大小、是否溢出等，但对 AP Div 对象的属性设置也分单个和多个 AP Div
对象的属性设置，下面将分别进行介绍。

（1）设置单个 AP Div 对象的属性

设置单个 AP Div 对象的属性就是指选择单个 AP Div 对象，在其 "属性" 面板中对其进行
设置。

下面将分别介绍单个 AP Div 对象的属性面板中的参数。

🔑 "CSS-P 元素" 下拉列表框：主要用于为当前 AP Div 对象命名，方便在脚本中进行引用。

🔑 "溢出" 下拉列表框：主要用于设置 AP Div 对象中的内容超出 AP Div 范围的显示方式，
主要有 4 种方式，分别为 "visible"、"hidden"、"scroll" 和 "auto"。

visible 表示将 AP Div 自动向右或向下扩展，使 AP Div 能够容纳并显示其中的内容；hidden 表
示保持 AP Div 的大小不变，也不出现滚动条，超出 AP Div 范围的内容将不显示；scroll 表示无
论 AP Div 中的内容是否超出 AP Div 范围，AP Div 的右端和下端都会出现滚动条；auto 表示保
持 AP Div 的大小不变，但是在 AP Div 的左端或下端会出现滚动条，以便使 AP Div 中超出范围
的内容能够通过拖动滚动条来显示。

🔑 "左" 文本框：主要用于设置 AP Div 相对于页面或父 AP Div 左边的距离。

🔑 "上" 文本框：主要用于设置 AP Div 相对于页面或父 AP Div 顶端的距离。

🔑 "宽" 文本框：主要用于设置 AP Div 的宽度值，单位默认为像素。

🔑 "高" 文本框：主要用于设置 AP Div 的高度值，单位默认为像素。

🔑 "剪辑" 栏：在该栏中可设置 AP Div 的可见区域。其中，"左"、"右"、"上" 和 "下"
4 个文本框分别用于设置 AP Div 在各个方向上的可见区域与 AP Div 边界的距离，其单位
为像素。

🔑 "Z 轴" 文本框：主要用于设置 AP Div 的 Z 轴顺序，也就是设置嵌套 AP Div 在网页中的
重叠顺序，较高值的 AP Div 位于较低值的 AP Div 的上方。

🔑 "可见性" 下拉列表框：主要用于设置 AP Div 的可见性，其中包括 4 种参数设置，分别为：
"default"、"inherit"、"visible" 和 "hidden"。

201

72
Hours

62
Hours

52
Hours

42
Hours

32
Hours

22
Hours

12
Hours

经验一箩筐——"可见性"下拉列表框的 4 种参数的作用

在"可见性"下拉列表框中选择不同的参数，其作用也不尽相同。其中"default"表示默认值，其可见性由浏览器决定；"inherit"表示继承其父 AP Div 的可见性；"visible"表示显示 AP Div 及其内容，与父 AP Div 无关；"hidden"表示隐藏 AP Div 及其内容，与父 AP Div 无关。

🔑 "背景图像"文本框：主要用于显示选择图像源文件的 URL 路径，在其后单击 🗀 按钮，在打开的"选择图像源文件"对话框中可选择所需的背景图像。

🔑 "背景颜色"文本框：主要用于设置 AP Div 的背景颜色，单击 ■ 按钮，可在弹出的颜色面板中选择背景颜色。

🔑 "类"下拉列表框：主要用于选择 AP Div 的 CSS 样式。

（2）设置多个 AP Div 对象的属性

在网页编辑区中，如果有多个 AP Div 对象具有相同的属性值，则可选择多个 AP Div 对象，在"属性"面板中对其进行设置，而多个 AP Div 对象的"属性"面板也有不同之处。在多个 AP Div 属性面板中可分为两个部分，上部分可设置 AP Div 中文本的样式，其设置方法与文本属性面板的设置方法相同；而下部分则与单个 AP Div 属性面板有相同的参数项，唯一不同的是多了一个"标签"下拉列表框，而该下拉列表框中包括两种参数 span 和 Div。

下面分别对两种参数进行介绍。

🔑 span 参数：选择该参数后，表示 AP Div 是一个内联元素，支持 Style、Class 以及 ID 等属性，使用该标签可以通过为其附加 CSS 样式来实现各种效果。

🔑 Div 参数：该参数的功能与 span 标签的功能相似，不同的是 Div 标签是一个块级元素，默认情况下 Div 标签会独占一行（可以通过设置 CSS 样式使多个 Div 标签处在同一行中），而 span 标签则不同，可以与其他网页元素同行。

经验一箩筐——删除 AP Div 对象

当用户在网页编辑区中将 AP Div 对象进行删除时，其实并没有真正的删除，当用户在"CSS-P"文本框中输入刚删除的 AP Div 对象的名称，则会出现在网页编辑区中，如果要真正地删除该对象，则需要在"代码"文档中将相应的 CSS 规则代码删除即可。

8.1.4　AP Div 管理

AP Div 的管理主要是在"AP 元素"浮动面板中进行操作，其操作主要包括选择 AP Div、更改 AP Div 的层叠顺序以及更改 AP Div 可见性等，而打开"AP 元素"浮动面板也很简单，直接选择【窗口】/【AP 元素】命令即可，下面将对"AP 元素"浮动面板进行介绍。

1. 认识"AP 元素"浮动面板

"AP 元素"浮动面板用于显示和管理网页文档中插入的各种 AP Div 对象，除其自身的设置功能外，在其他针对 AP Div 的操作中，它也起到了举足轻重的作用，其中 "AP 元素" 浮动面板是由复选框和主控制区组成，其作用分别如下。

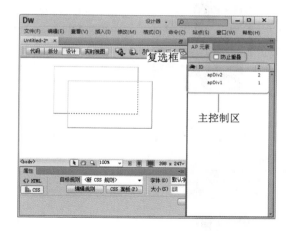

🔑 ☑防止重叠 复选框：其作用已经在前面进行描述，这里就不再赘述。

🔑 主控制区：设置 AP Div 对象的基本操作，其中包括 "眼睛图标" 列，用于控制 AP Div 的可见性；"ID" 列，用于显示 AP Div 的 ID 编号，也可通过它对 AP Div 的 ID 进行修改；"Z 轴" 列，用于控制各 AP Div 之间的层叠顺序。

2. 选择 AP Div 元素

在 "AP 元素" 浮动面板的主控制区中显示了所有的 AP Div 对象，要选择某个 AP Div 对象，只需单击该 AP 元素所在的行即可（如左图），如果要同时选择多个不连续的 AP 元素，则只需在选择的同时按住 Ctrl 键即可（如中间的图），而选择多个连续的 AP 元素，则只需在选择的同时按住 Shift 键即可（如右图），当然所有能在 "AP 元素" 浮动面板中选择 AP Div 元素的操作，都能在网页编辑区中进行操作，即选择 AP Div 元素。

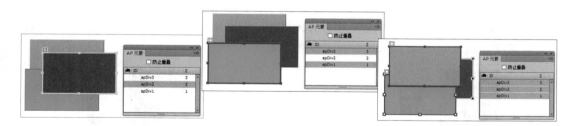

▌ 经验一箩筐——修改 AP 元素的名称

在 "AP 元素" 的主要控制区中双击 "AP 元素" 标签，则会进入修改的状态，此时用户只需重命名 AP 元素即可。

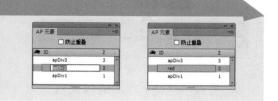

3. 更改 AP Div 元素的层叠顺序

在网页中往往不止存在一个 AP Div 元素，因此就需要通过改变 AP Div 元素的层叠顺序以控制 AP Div 元素中的内容，而改变其层叠顺序的基本原理就是改变 Z 轴的属性值，其值越高，越处于最上层，其值越低，则越处于最低层。下面将介绍几种更改 AP Div 元素层叠顺序的方法。

🔑 通过 "AP 元素" 浮动面板更改：在打开的 "AP 元素" 浮动面板的 "Z" 栏中双击需要进行修改的 AP Div 元素对应的 Z 轴值，修改后，单击其他空白位置，以结束更改 AP 元素的值。

203

72小时
Hours

62
Hours

52
Hours

42
Hours

32
Hours

22
Hours

12
Hours

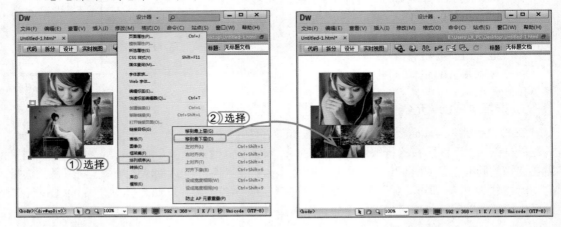

🔑 通过菜单命令更改：在网页编辑区中选择需要更改层叠顺序的 AP Div 元素后，选择【修改】/【排列顺序】命令，在弹出的子菜单中选择"移到最上层"或"移到最下层"命令即可。

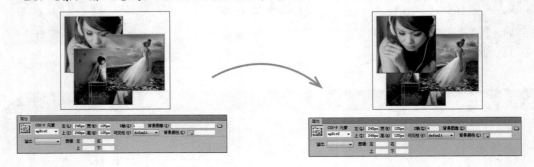

🔑 通过"属性"面板更改：选择需要更改的 AP Div 元素后，在其"属性"面板的"Z 轴"文本框中输入所需的数值，大于原有的数值时，则上移 AP Div 元素，相反，则下移 AP Div 元素，输入完成后按 Enter 键，以结束更改。

4. 更改 AP Div 元素的可见性

在"AP 元素"浮动面板中可快速将 AP 元素进行隐藏，其方法为：在"AP 元素"浮动面板的主控制区中，双击🖈按钮，则会在每个 AP 元素前添加一个🖈按钮，用户只要在需要隐藏的 AP 元素前单击🖈按钮，当其变为➡按钮则表示隐藏了所选 AP 元素，如果要同时隐藏或显示所有的 AP 元素，则直接单击主控制区栏上的🖈按钮即可。

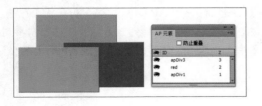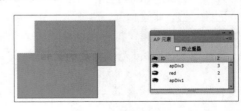

每单击"眼睛图标"  一次，图标就会发生相应变化，其各种状态下的含义如下。

🔑 状态：对应的"visibility"参数值为"visible"，对应的 AP 元素可见。

🔑 状态：对应的"visibility"参数值为"hidden"，对应的 AP 元素不可见（隐藏）。

🔑 无图标状态：表示不设置"visibility"参数，该 AP Div 通常继承其父级可见性，若父元素为不可见状态，则该 AP Div 元素也不可见。

8.1.5 操作 AP Div 元素

在网页中新绘制的 AP Div 元素，往往不能满足设计者的要求，这时就需要对其进行相应的调整，如调整 AP Div 的大小、移动 AP Div 元素和对齐 AP Div 元素，下面将分别对其进行介绍。

1. 调整 AP Div 元素的大小

调整 AP Div 大小的方法很简单，主要包括两种方式，分别为拖动进行缩放以及通过设置属性值进行调整，下面将对其操作方法进行具体的介绍。

🔑 拖动缩放的方法：选中 AP Div 元素后，可通过拖动 AP Div 控制边框或四角上的选择控制器来调整其大小。边框上的选择控制器用于调整 AP Div 的宽度或高度，四角上的选择控制器可以同时调整 AP Div 的宽度和高度。

🔑 设置属性值方法：选中 AP Div 元素后，在"CSS-P 元素"属性检查器中通过直接修改 AP Div 的"宽"、"高"属性文本框的取值（单位为"像素"）来调整，注意在设置时，除输入数值外还需带上单位"px"。

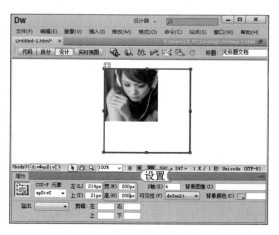

如果需要统一调整多个 AP Div 的大小，可先调整其中一个 AP Div 元素大小，以作为其他元素大小的参照，然后同时选中所有 AP Div 元素，再选择【修改】/【排列顺序】/【设成宽度相同】（【设成高度相同】）命令，使其他被选中的 AP Div 元素与被调整过的 AP Div 元素的大小达到一致。如果在"AP 元素"浮动面板中选中了☑防止重叠©复选框，调整 AP Div 大小时 Dreamweaver CS6 将自动限制其调整范围以避免 AP Div 之间产生重叠。将多个 AP Div 调整为统一宽度或高度，是以最后一个被选中的 AP Div 元素的宽或高为标准，因此选择多个 AP Div 元素时，应该最后选中作为标准的 AP Div 元素。

205

72⊠
Hours

62
Hours

52
Hours

42
Hours

32
Hours

22
Hours

12
Hours

2. 移动 AP Div 元素

由于 AP Div 是绝对定位的网页元素，因此它可以被放置在网页中的任何位置（在未被选中口**防止重叠**复选框的情况下）。Dreamweaver 根据 AP Div 的特点，提供了简便的 AP Div 移动操作功能，即实质是改变 AP Div 元素的 Top 和 Left 的属性值来实现。下面将介绍最常见的两种移动 AP Div 元素的方法。

🔑 拖动方法：将鼠标移至 AP Div 边框上，当鼠标光标变为✥状态时，按住鼠标左键不放，拖动鼠标即可将该 AP Div 移动到网页中的目标位置。

🔑 设置属性值方法：选中 AP Div 后，在"CSS-P 元素"属性检查器中通过直接修改 AP Div 的"左"、"上"属性文本框的取值（单位"px"不能省略）来调整。

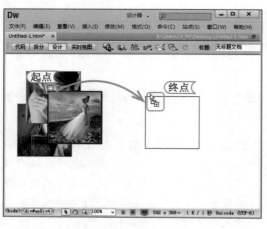

读书笔记

3. 对齐 AP Div 元素

在网页中想对多个 AP Div 元素统一设置对齐方式，可以选择【修改】/【排列顺序】命令，在弹出的子菜单中包括 4 种选项，分别为左对齐、右对齐、上对齐和对齐下缘（并且用户可直接按子菜单后的快捷键快速设置对齐方式），用户只需根据实际情况选择所需的对齐方式即可。

下面将分别介绍各对齐方式的对齐位置。

🔑 左对齐：主要是对齐目标 AP Div 元素的左边框。

🔑 右对齐：主要是对齐目标 AP Div 元素的右边框。

🔑 上对齐：主要是对齐目标 AP Div 元素的上边框。

🔑 对齐下缘：主要是对齐目标 AP Div 元素的下边框。

8.1.6 AP Div 与表格的相互转换

在网页中插入的 AP Div 元素，可以通过命令菜单将其转换为表格，而表格也可通过相同的方法转换为 AP Div 元素。AP Div 和表格作为布局元素，在转换时需要注意，不能对单独的某个 AP Div 元素或表格元素进行转换，只能对整个网页中的表格或 AP Div 元素进行同时转换，并且还不能将重叠或嵌套的 AP Div 元素转换为表格。

1. 将 AP Div 元素转换为表格

在网页中将 AP Div 元素转换为表格的方法其实很简单，只需要选择【修改】/【转换】/【将 AP Div 转换为表格】命令，打开"将 AP Div 转换为表格"对话框，在该对话框中设置其表格布局和布局工具，单击 确定 按钮，完成转换。

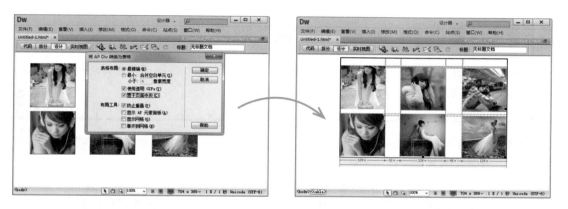

> **经验一箩筐——"将 AP Div 转换为表格"对话框**
>
> 在该对话框中的"表格布局"由 ◉最精确(M) 和 ◎最小: 合并空白单元(S) 单选按钮组成；而选中 ☑使用透明 GIFs(T) 复选框，转换后将用透明 .GIF 图像填充表格的最后一行；选中 ☑置于页面中央(C) 复选框，则转换后表格将被放置在页面中央。"布局工具"栏包含 4 个复选框，为一些辅助信息的显示或控制设置。

2. 将表格转换为 AP Div 元素

将表格转换为 AP Div 元素的方法与将 AP Div 元素转换为表格的方法基本相似，都是通过选择【修改】/【转换】/【将表格转换为 AP Div】命令，打开"将表格转换为 AP Div"对话框，在该对话框中的"布局工具"栏中选中相应的复选框即可单击 确定 按钮完成将表格转换为 AP Div 元素的操作。

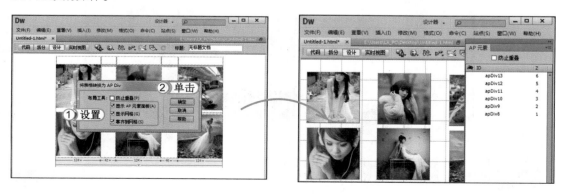

207
72 Hours
62 Hours
52 Hours
42 Hours
32 Hours
22 Hours
12 Hours

下面将介绍"将表格转换为 AP Div"对话框中的各复选框的作用。

🔑 ☑防止重叠(P)复选框：选中该复选框可使转换后的 AP Div 之间不会重叠。

🔑 ☑显示 AP 元素面板(A)复选框：选中该复选框则转换后将打开"AP 元素"浮动面板。

🔑 ☑显示网格(G)复选框和☑靠齐到网格(S)复选框：若选中该复选框，则转换后将显示网格，并利用网格协助对 AP 元素进行定位，转换后 AP 元素将自动靠齐到网格。

▌经验一箩筐——将表格转换为 AP Div 元素的注意事项

在转换时表格中的空白单元格将不会转换为 AP Div 元素，除非它们具有背景颜色。另外，位于表格外的页面元素也会被放入 AP Div 中。

上机1小时 ▶ 制作"留言板"网页

🔍 进一步掌握 Div 标签的插入及属性设置方法。　　🔍 进一步掌握Div+CSS 的设置方法。

🔍 进一步熟悉AP Div元素的插入及属性设置方法。

下面将使用 Div 标签和 AP Div 元素制作简单的留言板网页，并使用 Div+CSS 对网页进行布局定位，其最终效果如下图所示。

资源
文件
素材 \ 第 8 章 \liuyan\lybook.html
效果 \ 第 8 章 \liuyan\lybook.html
实例演示 \ 第 8 章 \ 制作"留言板"网页

STEP 01： 插入 Div 标签

1. 打开"lybook.html"网页，将插入点定位到网页编辑区中。选择【插入】/【布局对象】/【Div标签】命令，打开"插入 Div 标签"对话框。
2. 在"类"下拉列表框中输入名称"bt"。
3. 单击 确定 按钮，完成 Div 标签的插入。

STEP 02： 添加图像

1. 将刚插入的 Div 标签中的内容删除，并将插入点定位在该 Div 标签中，选择【插入】/【图像】命令，在打开的对话框中找到并选择需要插入的图像。
2. 依次单击 确定 按钮，完成图像的添加。

209

72☒
Hours

62
Hours

52
Hours

42
Hours

32
Hours

22
Hours

12
Hours

STEP 03： 新建 CSS 规则

1. 在"CSS 样式"浮动面板中单击"新建 CSS规则"按钮。打开"新建 CSS 规则"对话框。分别设置"选择器类型"、"选择器名称"和"规则定义"为"类"、"bt"和"（仅限该文档）"。
2. 单击 确定 按钮。

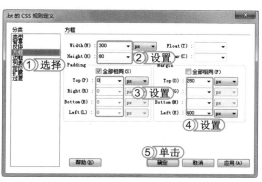

STEP 04： 设置 bt 规则的属性值

1. 在打开的对话框中选择"方框"选项卡。
2. 分别将"Width"和"Height"的属性值设置为"300"和"80"。
3. 在"Padding"列表框中将所有的值设置为"0"。
4. 在"Margin"列表框中取消选中 全部相同(F)复选框，并分别将"Top"和"Left"的属性值设置为"280"和"400"。
5. 单击 确定 按钮，完成 CSS 属性值设置。

STEP 05： 插入 AP Div 元素

在"插入"浮动面板中选择"标准"选项卡，在"绘制 AP Div"按钮上按住鼠标左键不放，并将其拖动至网页编辑区中。

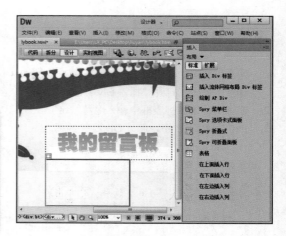

STEP 06： 设置 AP Div 元素的大小

选中绘制的 AP Div，在"属性"面板中设置"左"为"232px"，"上"为"450px"，"宽"为"417px"，"高"为"275px"。

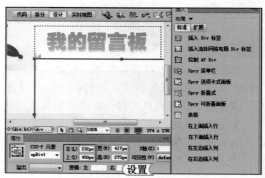

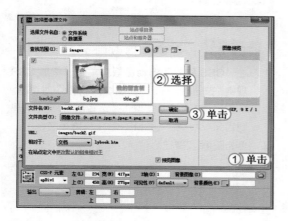

STEP 07： 设置 AP Div 元素背景

1. 在"属性"面板中单击"背景图片"右侧的按钮。
2. 在打开的对话框中找到并选择"back2.gif"图像选项。
3. 单击 确定 按钮，完成 AP Div 元素背景的设置。

STEP 08： 插入嵌套 AP Div

将插入点定位到第一个 AP Div 元素中。在"插入"浮动面板的"布局"分类列表中单击"绘制 AP Div"按钮，并按住鼠标左键不放，将其拖动至目标位置释放鼠标，完成插入嵌套 AP Div 元素的操作。

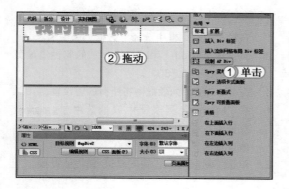

> **提个醒**
> 如果发现操作过程中无法在 AP Div1 中插入嵌套元素，则很可能是"AP 元素"浮动面板中的 ☑防止重叠 复选框处于被选中状态，取消选中该复选框即可。

STEP 09： 输入 AP Div2 的文本内容

将插入点定位到 AP Div2 元素中，输入文本。

读书笔记

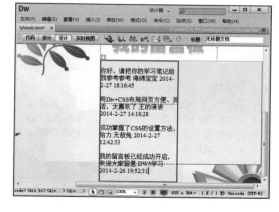

STEP 10： 设置 AP Div 的 CSS 样式

1. 保持插入点位于 AP Div2 中（注意，不要选中该 AP 元素）。
2. 在"属性"面板中单击 编辑规则 按钮，打开"#AP Div2 的 CSS 规则定义"对话框。

提个醒 嵌套的 AP Div 其位置是相对父元素而言的，因此，其"左"、"上"两定位属性值可为空。另外，嵌套的 AP Div 其宽度和高度不应大于父元素的宽度和高度，否则将导致父元素变形。

STEP 11： 设置 CSS 规则的属性值

1. 在"类型"选项卡中将"Font-size"设置为"12"，"line-height"设置为"22"，"Color"设置为"#0000CC"。
2. 单击 应用(A) 按钮，查看 CSS 样式设置效果。

STEP 12： 设置"方框"分类规则

1. 在打开的对话框中选择"分类"列表框中的"方框"选项卡。
2. 将"Width"设置为"362"，"Height"设置为"225"，"Margint"列表框中的所有属性值设置为"20"。
3. 单击 确定 按钮，完成 AP Div 元素的所有设置。

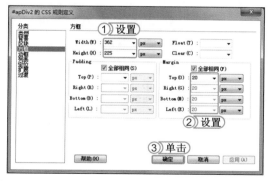

STEP 13： 预览效果

保存网页，按 **F12** 键，预览网页效果。

> **提个醒** 本例中对子 AP Div 边界的设置参考了父 AP Div 的宽度和高度属性，即子 AP Div 的宽度（高度）加左、右（上、下）边界值正好等于父 AP Div 的宽度（高度）。

8.2　Div+CSS 灵活布局

在前面对 Div 标签及 AP Div 元素进行了介绍，它们是最基本的网页布局方式，使用 Div 标签和 AP Div 元素可以灵活地布局整个网页，但是要进一步掌握 Div+CSS 网页布局，则需要对 Div 和 CSS 的使用非常熟练，下面将对 Div+CSS 的盒模型以及 Div+CSS 的定位进行介绍。

学习 1 小时

🔍 掌握 Div+CSS 盒模型的使用方法。

🔍 熟悉 Div+CSS 的定位方法。

🔍 熟悉使用 Div+CSS 布局网页的操作方法。

8.2.1　Div+CSS 盒模型

在 Div+CSS 布局网页中，盒模型是一个重要的概念，只有掌握了盒模型的布局原理，才能通过 Div+CSS 的布局方法对网页中的每个元素进行快速、准确地定位，并对各元素的各种属性进行设置。

盒模型的原理就是将 Div 元素看作是一个有一点空间的盒子，它由 Margin（边界）、Border（边框）、Padding（填充）和 Content（内容）组成。其中，Margin 位于最外层；Content 位于最里层，是存放具体内容的空间，不管是哪种组成属性，都是用于控制元素内容的布局及定位。

```
.aa {
    color: #F00;
    text-align: center;
    height: 400px;
    width: 400px;
    margin-top: 30px;
    padding-left: 30px;
    border: 4px double #909;
}
```

1. Margin（边界）

Margin 属性是用于设置元素与元素之间的距离，用户在设置盒子的边界距离时，可以分别对盒子的上、下、左、右的边距进行设置。其设置方法是：在打开的"CSS 规则定义"对话框中选择"方框"选项卡，在"Margin"栏中设置 Top、Right、Bottom 和 Left 参数值。如果用户是在代码中直接编辑，则设置顺序为上右下左（Margin：25px 13px 10px 13px），单击 确定 按钮完成操作。

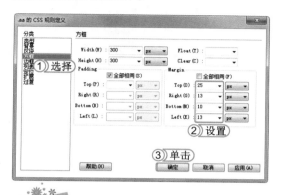

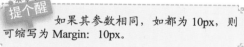

　　　　如果其参数相同，如都为 10px，则可缩写为 Margin：10px。

2. Border（边框）

Border 用于设置网页元素的边框，可达到分离元素的目的。而 Border 的属性主要有 color、width 和 style。其设置也是通过在"CSS 规则定义"对话框的"边框"选项卡中进行，下面将分别介绍各属性的作用。

- color 属性：该属性主要用于设置 Border 的颜色，其属性值与设置文本颜色的属性值相同，一般采用十六进制来进行设置，如黑色为"#000000"。

- width 属性：该属性主要用于设置 Border 的粗细，其值包括 medium、thin、thick 和 length。

经验一箩筐——width 属性的属性值介绍

在 Width 属性中包括 4 个属性值，其中，medium 表示默认大小边框宽度 2px；thin 表示细边框；thick 表示粗边框；length 表示用户可以自定义边框粗细的大小，只需输入具体的数值即可。

- style 属性：该属性主要用于设置 border 的样式，其值包括 dashed、dotted、double、groove、hidden、inherit、none 和 solid。

经验一箩筐——style 属性的属性值介绍

在 style 属性中包括 8 个属性值，其中 dashed 表示虚线边框；dotted 表示点划线边框；double 表示双实线边框；groove 表示雕刻效果边框；hidden 表示不显示边框；inherit 表示集成上一级元素的值；none 表示无边框；solid 表示单实线边框。

213

72🕐
Hours

62
Hours

52
Hours

42
Hours

32
Hours

22
Hours

12
Hours

3. Padding（填充）

Padding 主要用于设置 Content 与 Border 之间的距离，其属性主要包括 top、right、bottom 和 left，其设置方法与 Margint 的设置方法相同。

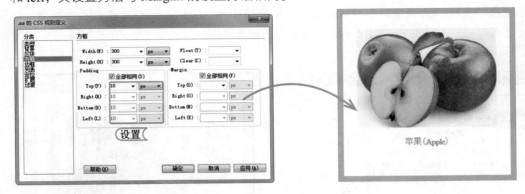

苹果（Apple）

4. Content（内容）

Content 即盒子包含的内容，也就是网页要展示给用户观看的所有内容，它可以是网页中的任一元素，包含块元素、行内元素、文本和图像等。

8.2.2　CSS+Div 定位

在网页中，使用 Div 进行网页布局时，主要还是通过 CSS 规则中的 Position 和 Float 的属性值进行快速定位，而在 Position 定位中包含了 4 种属性值，这 4 个属性值则决定了 Div 的布局方式，而 Float 属性则是设置 Div 的浮动属性，使其相对于另一个 Div 进行定位。下面将介绍 Position 属性中的定位方法。

1. relative（相对定位）

relative 是 Position 的属性之一，选用该属性，则表示使用相对定位，也是指在元素所在的位置上，通过设置其水平或垂直位置，让该元素相对于起点进行移动，可通过设置 top、left、right 和 bottom 属性的值对其进行具体的定位。

2. absolute（绝对定位）

absolute 在网页布局中表示使用绝对定位，通过设置 Position 属性的值，将其定位在网页中的绝对位置。同样也可以通过设置 top、left、right 和 bottom 的属性值进行绝对定位。

3. fixed（悬浮定位）

fixed 在网页布局中称之为悬浮定位，即是指使某个元素悬浮在上方，用于固定元素位于页面的某个位置，它与相对定位和绝对定位一样，都可使用 top、left、right 和 bottom 的属性值进行悬浮定位。

> **经验一箩筐——选择定位方式的方法**
>
> 在网页布局时，不管用户使用哪种方法进行定位，都要通过 CSS 规则定义对话框进行，选择"定位"选项卡，在"Position"属性的下拉列表框中选择定位方式后，再设置 top、left、right 和 bottom 的属性值进行具体的定位。

8.2.3　使用 Div+CSS 布局设计

在 CSS 中，盒模型和浮动、定位是 CSS 的 3 个最重要的概念，这 3 个概念能控制页面上各种元素的显示方式，构成 CSS 最基本的布局样式，下面将分别介绍居中布局和浮动布局两种方式。

1. 居中布局

在网页中居中布局是设计者使用较为广泛的一种布局方式，因此在学习 Div+CSS 布局方式时，居中布局也成为了学习的重点，使用 Div+CSS 进行居中布局有两种方法，一种是自动空白边让 Div 容器进行居中显示；另一种是使用定位和负值空白边让 Div 容器进行居中显示。下面将分别进行介绍。

（1）使用自动空白边让 Div 容器居中显示

使用自动空白边让 Div 容器居中即是在浏览器中进行浏览时，布局上的所有内容都会居中显示（即让整个网页的布局在浏览器中进行居中显示），即在 <body></body> 中定义一个 Div 容器 <div class="main"></div>，然后使用 CSS 规则定义 Div 容器的宽度，然后将水平空白边设置为 auto（如左图）。

（2）使用定位和负值空白边让 Div 容器居中显示

使用该方法在浏览器中使用整个网页布局居中显示，首先也要定义 Div 容器的宽度，然后将容器的 Position 属性的值设置为"relative（相对定位）"，再使用 left 属性，将其属性值设置为"50%"，即可将容器的左边缘定位在整个网页的中间。

215
72⊡
Hours

62
Hours

52
Hours

42
Hours

32
Hours

22
Hours

12
Hours

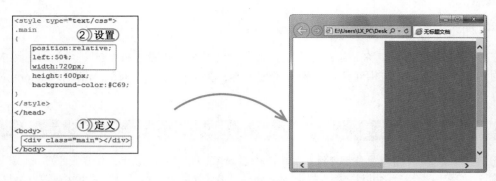

如果用户是想要整个网页呈居中显示，而不是将网页中最大容器的左边缘进行居中，则需要对容器的左边应用一个负值的空白边，宽度等于容器宽度的一半，这样即可将整个网页在浏览器中进行居中显示。

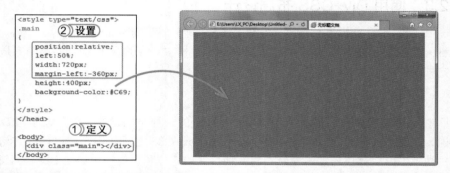

经验一箩筐——设置居中布局

当在一个 Div 容器中包含了其他 Div 容器时，那么该 Div 容器中具备了居中属性的功能，如果设置 auto，则可将其中的 Div 容器在该容器中进行居中显示。

2. 浮动布局

浮动布局在网页设计中也是不可忽视的一种布局方式，其布局的原理是使用 Float 属性值来控制各个容器与容器之间的定位，以达到布局的目的。下面将对固定宽度布局和宽度自适应布局的方法进行介绍。

（1）固定宽度布局

固定宽度布局的方法其实很简单，即使用一个嵌套的方式来完成布局，在网页中定义 Div 容器作为网页的主体，在主体 Div 容器中嵌套两个或多个容器，使用 CSS 规则进行设置，即可快速有效地达到容器的固定宽度布局。

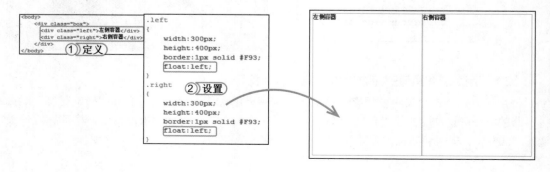

（2）宽度自适应布局

在网页中，宽度自适应布局主要是通过设置容器宽度的百分比值来进行控制，因此，在宽度自适应布局中，则只需使用 CSS 规则设置容器宽度的百分比即可。

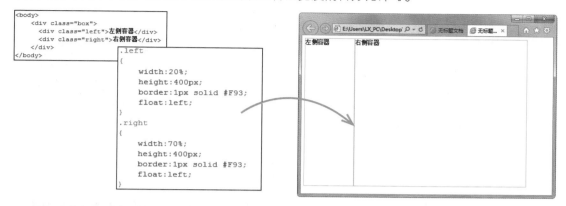

▌经验一箩筐——宽度自适应布局

当一个 Div 容器中嵌套多个 Div 容器时，如果要设置宽度自适应大小，可固定其中一个或多个 Div 容器后，其他 Div 容器则不设置其宽度即可让其自适应内容的大小。

上机 1 小时 ▶ 制作化工材料公司网站首页

🔍 进一步掌握 Div+CSS 布局的方法。　　🔍 进一步掌握 Div+CSS 的定位方法。

🔍 进一步掌握 CSS 盒模型的使用方法。

下面将制作化工材料网站的首页，并将该网页分为 5 个部分进行制作，分别为 logo、导航、广告条、产品信息和网页信息。在制作时，需要使用 Div+CSS 进行整体布局，再对每个部分进行制作，在制作的过程中使用 CSS 对每个容器进行定位，其最终效果如右图所示。

62
Hours

52
Hours

42
Hours

32
Hours

22
Hours

12
Hours

资源文件

素材 \ 第 8 章 \hgc1\
效果 \ 第 8 章 \hgc1\index.html
实例演示 \ 第 8 章 \ 制作化工材料公司网站首页

STEP 01： 添加 Div 标签

1. 新建一个 HTML 网页，并将其命名为 "index.html"。
2. 将插入点定位到网页编辑区中，插入第 1 个 Div 标签。再将插入点定位到插入的 Div 标签中，插入 5 个 Div 标签，在"拆分"视图中查看效果。

STEP 02： 新建 CSS 样式表

1. 选择【文件】/【新建】命令，在打开的对话框中的"页面类型"列表框中选择"CSS"选项。
2. 单击 创建(R) 按钮，新建一个空白 CSS 文档，并将其命名为 "Style.css"，完成新建 CSS 样式表的操作。

STEP 03： 引用 CSS 样式表

1. 打开"CSS样式"浮动面板，单击"附加样式表"按钮。
2. 在打开的对话框中单击 浏览... 按钮，在打开的对话框中选择 "Style.css" 文件。
3. 单击 确定 按钮，完成引用样式表的操作。

STEP 04： 定义 CSS 规则

返回到 CSS 样式表文档中，对网页中的背景和其他网页元素定义 CSS 规则。

提个醒　这里定义的都是 HTML 网页中已经存在的网页元素，即不用在标签前添加"."或"#"符号。

STEP 05： 添加 Div 标签

切换到"代码"视图中，将插入点定位到"content"标签之间，添加两 Div 标签，将其分为左右两栏。

STEP 06： 为 Div 添加 CSS 规则

将插入点定位在 CSS 文档的末尾，为网页编辑页面中添加的 Div 标签添加 CSS 规则。

STEP 07： 清除标记之间浮动

1. 在样式表文档中添加代码 .clearfloat{clear:both; height:0px;font-size:1px;line-height:0px;}。

2. 在"代码"视图中，将插入点定位到 <content> 和 <footer> 之间。添加代码 <div class="clearfloat"></div>，清除标记之间的浮动。

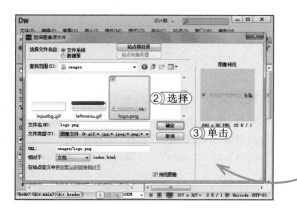

STEP 08： 添加 Logo 图像

1. 切换到"拆分"视图中，将插入点定位到"header"Div 标签中，删除文本。

2. 选择【插入】/【图像】命令，在打开的对话框中选择图像"logo.png"。

3. 依次单击 确定 按钮，插入所选图像。

STEP 09： 为 logo 标志添加 CSS 规则

1. 在网页编辑区中选择 "Style.css" 文件。
2. 在文档的末尾添加 CSS 规则，设置 logo 标志的 "float" 为 "left"，"margin-top" 为 "4px"。

读书笔记

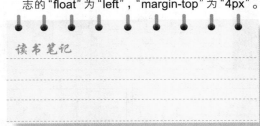

STEP 10： 添加导航 Div 标签

将插入点定位到 "nav" 标签之间，依次添加 7 个 <div></div> 标签，并将其命名为 "nav_img"。

提个醒　　不同的 Div 标签，使用相同的类，能为不同的 Div 标签设置相同的效果。

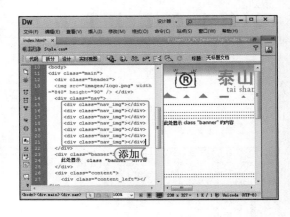

STEP 11： 添加导航图像

将插入点定位到刚添加的 Div 标签中，选择【插入】/【图像】命令，在打开的对话框中找到需要添加的导航图像。依次单击 确定 按钮，为 7 个 Div 标签添加导航图像。

读书笔记

STEP 12： 为导航添加 CSS 规则

在 Style.css 文档的末尾，为名为 "nav_img" 的 Div 标签添加 CSS 规则，设置 "height" 为 "30px"，"width" 为 "120px"，"float" 为 "left"。

STEP 13： 添加 banner 图像

将插入点定位到"banner"标签之间，选择【插入】/【图像】命令，在打开的对话框中找到"banner.jpg"文件，将其插入。

STEP 14： 制作 content_left 标签

1. 将插入点定位到名为"content_left"的标签中，添加 Div 标签，并命名为"content_left_list"，然后在该标签中添加列表标签 `<ul><li></li></ul>`，在"拆分"视图中查看其源代码。
2. 切换到"Style.css"样式表文档中，添加列表标签的 CSS 规则。

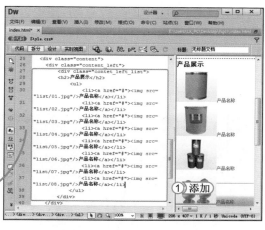

STEP 15： 制作 content_right 标签

将插入点定位到名为"content_right"的标签中，添加 Div 标签，并命名为"content_right_text"，然后在该标签中添加列表标签 `<ul><li></li></ul>`，在"拆分"视图中查看其源代码。复制粘贴制作一个相同的列表。

STEP 16： 制作 footer 部分

1. 将插入点定位到名为"footer"标签的 div 中，删除文本，再输入文本。
2. 切换到"Style.css"样式表文档中，添加列表标签的 CSS 规则，保存网页，完成制作。

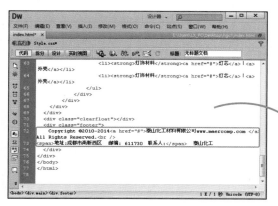

62
Hours

52
Hours

42
Hours

32
Hours

22
Hours

12
Hours

8.3 练习 1 小时

　　本章主要介绍了在网页中使用 Div+CSS 快速、便捷地对网页进行布局，以及 Div+CSS 的相关知识，如 Div 标签和 AP Div 标签的使用方法。整个讲解过程是让读者知其然还知其所以然，但要熟练使用 Div+CSS，还需要多做练习，下面将以制作"卡片墙"网页为例，进行巩固练习，从而提升用户制作网页的操作能力及熟练能力。

制作"卡片墙"网页

　　本例将在"卡片墙"网页中使用 AP Div 进行灵活布局，制作出一个灵活性较强的网页，网页上的卡片可分布在网页中的任何位置，再使用 CSS 对 AP Div 进行设置。其最终效果如下图所示。

资源文件	素材 \ 第 8 章 \card\
	效果 \ 第 8 章 \card\card.html
	实例演示 \ 第 8 章 \ 制作"卡片墙"网页

读书笔记

网页

72 HOURS

用表单实现用户交互性

第 9 章

学习 2 小时
- 使用表单
- 使用 Spry 表单

　　表单是用户与网站交互的重要桥梁，而 Spry 表单构件则是 Dreamweaver 中实现异步传输功能的重要组件。要实现网站的交互，表单和 Spry 表单的学习比较重要。本章将介绍使用表单、Spry 表单构件、设置表单标签属性和插入 Spry 文本区域等知识。

上机 3 小时

9.1　使用表单

在网页中，表单对应的 HTML 标签为 <form> 标签及其中包含的各种表单元素，是用来接受用户提交的内容或选项，是用户与网站交互的重要桥梁。因此在制作网站时，要实现网站的交互，表单的学习是比较重要的，下面将对表单及表单对象的使用进行讲解。

学习 1 小时 ┣ - - - - - -

🔍 了解什么是表单及表单标签。　　　🔍 掌握表单标签的插入及属性设置的方法。

🔍 掌握表单元素的插入及属性设置的方法。

9.1.1　认识表单和表单标签

在网上进行购物或进入娱乐等软件界面时，常常会进行注册用户名、申请 QQ 号码和申请游戏账号等操作，在注册过程中常常都需要填写文本内容、在选项中做选择和单击按钮进行提交等，这类网页元素就是 HTML 中用于交互的元素——表单（如右图所示）。

下面将分别介绍表单及表单标签的概念及作用。

🔑 **表单**：表单是由表单标签和它所包含的表单元素所组成的，并且在浏览器中不会进行显示，在网页中主要用于提交信息。

🔑 **表单标签**：表单标签是由表单元素所组成的，其作用是定义表单的总体属性，如提交的目标地址、提交方式和表单名称等。

▌**经验一箩筐——表单标签的位置**

在制作表单时，表单标签及表单标签中的所有元素，都必须包含在表单标签范围内，才能在浏览器中正常显示。

9.1.2　表单标签的插入及属性设置

在 HTML 中将表单标签（<form>）作为定义表单区域的容器，该标签可将一组表单元素（如文本框、下拉列表等）有机地组合起来，通过这些表单元素来收集用户的各种信息，并统一提交到目标 Web 处理程序中进行统一处理（保存或计算）。

1. 插入表单标签

一般情况下只有位于表单标签中的表单元素，才能有效地向服务器提交信息，因此要创建一个完整的表单，应先从插入表单标签开始。插入表单标签的常用方法有两种，一种是通过菜单命令插入；另一种是通过"插入"浮动面板插入。下面将分别介绍插入表单标签的具体操作方法。

🔑 通过菜单命令插入：在网页编辑区中，将
插入点定位到目标位置，选择【插入】/【表
单】/【表单】命令，便可在目标位置插入一
个表单标签。

🔑 通过"插入"浮动面板插入：在网页编辑
区中，将插入点定位到目标位置。按 Ctrl+F2
组合键，打开"插入"浮动面板，在"表单"
分类列表中单击"表单"按钮 ，可在目标
位置插入一个表单标签。

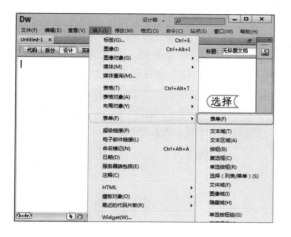

2. 设置表单标签属性

在网页编辑区中插入表单标签后，还需要对其进行必要的属性设置，其方法为：单击表单
四周的红色虚线将其选中，按 Ctrl+F3 组合键，打开所选择表单标签的"属性"面板，即可对
该表单属性进行设置，如提交方法、动作及编码类型等。

下面将对"表单标签"属性面板中各参数的作用进行介绍。

🔑 "表单 ID"文本框：主要用于为表单设置唯一的名称标识，以便脚本程序对其进行
控制。

🔑 "动作"文本框：主要用于设定表单的处理程序 URL 地址，如 E-mail 方式则需要在"动作"
文本框中输入"mailto:+ 发送的 URL 地址（mailto:540392897@qq.com）"。

🔑 "方法"下拉列表框：主要用于设置表单传输数据的方法，有"默认"、"GET"和"POST"
3 种，"GET"方法有传输数据量限制，因此相比之下"POST"应用得更多一些。

🔑 "目标"下拉列表框：设置表单提交并处理后，反馈网站的打开方式主要包括 5 个选项，
分别为"_blank"、"_new"、"_parent"、"_self"和"_top"，默认是在原窗口中进
行打开，即选择"_self"选项。

🔑 "编码类型"下拉列表框：用于确定发送表单数据的编码类型，主要包括两个选项，分别
为"application/x-www-form-urlencoded"和"multipart/form-data"，默认情况下为第 1 个选项，
并且通常会与 POST 提交方法协同，如果表单中包含文件上传域，则需要选择第 2 个选项。

🔑 "类"下拉列表框：主要用于设置表单标签的 CSS 样式。

62
Hours
▲

52
Hours
▲

42
Hours
▲

32
Hours
▲

22
Hours
▲

12
Hours

9.1.3 插入表单元素

在表单标签中包含了各种各样的表单元素，通过插入这些表单元素才能制作出一个完整的表单，而插入表单元素的方法和插入表单标签的方法基本相同，都可以通过菜单命令和"插入"浮动面板进行插入，下面将分别介绍其具体操作方法。

🔑 通过菜单命令插入：将插入点定位到表单标签中的目标位置，选择【插入】/【表单】命令，在弹出的子菜单中选择需要的表单元素命令即可，如选择"文本域"命令。

🔑 通过"插入"浮动面板插入：将插入点定位到表单标签中的目标位置，按 Ctrl+F2 组合键，打开"插入"浮动面板，在"表单"分类列表中单击需要插入的表单元素按钮即可，如单击"文本字段域"按钮。

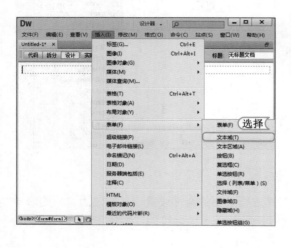

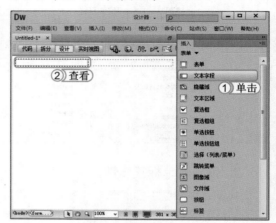

9.1.4 设置表单元素的属性

在表单中插入的表单元素不同，其属性及设置方法也不尽相同，下面将对常见的表单元素的属性设置及作用进行介绍。

1. 文本域

文本域对象是表单中最常见的表单元素，主要用于从客户端接收文本、密码等文字信息，并且文本域分为单行文本域、密码框和多行文本域（文本区域）。而使用插入表单元素的方法插入文本域时，会打开"输入标签辅助功能属性"对话框，用户可在该对话框中对"文本域"对象标签辅助功能进行设置。如果要对文本域对象的各种属性进行设置，还需要在"属性"面板中进行设置，下面将分别介绍标签辅助功能和属性设置的方法。

（1）使用标签辅助功能属性设置

在"输入标签辅助功能属性"对话框中可设置文本域的 ID、样式和位置等，下面将分别介绍该对话框中的各参数作用。

🔑 "ID"文本框：设置表单中文本域的 ID 编号。

🔑 "标签"文本框：设置该文本域的标题，它将出现在文本域的前面或后面。

🔑 "样式"单选按钮组：用于设置文本域

的外形，当选中 单选按钮，即文本和文本框同时并列显示，若选中 无标签标记 单选按钮，则不显示文字，只显示文本框。

🔑 "位置"单选按钮组：用于设置"标签文字"相对于该文本域的位置。

（2）属性设置

在插入"文本域"之后还需对文本域的主要属性进行设置，其方法为：选中目标文本域后，在其"属性"面板中进行设置，如文本域的宽度、字符数及类型等。

下面将分别介绍"文本域"属性面板中各参数的作用。

🔑 "文本域"文本框：主要用于命名文本域对象。

🔑 "字符宽度"文本框：主要用于指定文本域中可显示的字符数量，超出部分不会被显示，但仍会被文本域接收（对多行而言则是一行包含的字符数量）。

🔑 "最多字符数"文本框：主要用于指定文本域中可输入的最大字符数（对多行而言，没有字符数限制，将会变为可设置的"行数"）。

🔑 "类型"单选按钮组：主要用于设置文本框是单行文本域、多行文本域或是密码域。

🔑 "初始值"文本框：主要用于设置网页被打开时文本框中默认显示的内容（对多行而言，该文本框则会变为列表框，其作用相同）。

🔑 "换行"文本框：该文本框只在类型为"多行文本域"时才可用，它用于设置多行文本框的内容超过设置的行数时，以滚动条的方式进行显示。

▌经验一箩筐——密码文本域

将文本域设置为"密码"类型时，则该文本域在接收用户输入时，不会显示正常的输入内容，而是以黑点的方式显示内容，从而保证用户在使用过程中的密码安全。

---

2. 按钮

按钮是一个表单中不可或缺的元素，它用于确认输入结果、完成提交过程，有时候也会用于实现对表单的一些控制功能，并且在按钮对象中包括3种按钮，分别为提交表单按钮 提交 、重设表单按钮 重置 和一般按钮 按钮 。

▌经验一箩筐——不同类型按钮的作用

插入的按钮类型不同，作用也不相同。其中提交表单按钮主要是用于表单数据的提交操作；重置表单按钮的主要作用则在于将表单数据还原到初始状态；而一般按钮则需要与脚本程序配合才能实现特定的功能。

227

72☑
Hours

62
Hours

52
Hours

42
Hours

32
Hours

22
Hours

12
Hours

在插入按钮对象时，同样可在"输入标签辅助功能属性"对话框中设置标签辅助功能属性，但按钮的主要属性还是需要在"按钮"属性面板中进行设置。

下面将介绍各属性参数的作用。

🔑 "按钮名称"文本框：主要用于设置按钮的名称。

🔑 "值"文本框：主要用于设置显示在按钮上的文本内容。

🔑 "动作"单选按钮组：主要用于指定按钮的类型是提交按钮、重置按钮还是一般按钮。

3. 单选按钮和单选按钮组

当需要向用户提供一组互斥的选项（如性别选项）时，需要用到该表单对象，在Dreamweaver CS6中可插入单个单选按钮或由多个单选按钮组成的单选按钮组，而单选按钮在插入时会打开与文本域对象一样的"输入标签辅助功能属性"对话框，其作用和操作方法都相同，这里就不再赘述，下面对单选按钮组的相关知识进行介绍。

(1) "单选按钮组"对话框

在插入单选按钮组时，会打开"单选按钮组"对话框，在该对话框中可插入多个单选按钮（默认情况下为两个单选按钮），并且还可以选择单选按钮的布局方式。

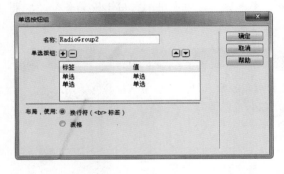

经验一箩筐——单选按钮组

在表单中如果只插入单个单选按钮，在选中后，则不能进行取消操作，而大多数时候单选按钮都是成组出现的，这样可以在组中切换各单选按钮的选中状态。

下面分别介绍"单选按钮组"对话框中的各参数的作用。

🔑 "名称"文本框：主要用于设置按钮组名称。

🔑 ➕和➖按钮：用于添加、删除单选按钮（添加或删除一个单选按钮，则会在下面的列表框中进行显示）。

🔑 ▲和▼按钮：主要用于调整单选按钮的顺序。

🔑 列表框：该列表框主要由标签和值组成，单击任一单选按钮的"标签"或"值"部分便可对其进行编辑。

🔑 "布局，使用"单选按钮组：主要用于选择单选按钮组使用的布局方式，是使用"换行符"，还是使用"表格"布局方式插入单选按钮。

(2) 设置属性

在表单中不管是插入的单选按钮还是单选按钮组，其主要属性的设置都是相同的，只要选择目标单选按钮，在"单选按钮"属性面板中即可设置选定值和初始状态。

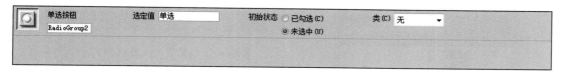

229

72☑
Hours

经验一箩筐——各属性参数的作用

在"单选按钮"属性面板中可设置单选按钮的"名称"、"选定值"和"初始状态"等属性参数。其中"选定值"用于设定该单选按钮被选中时，将提交到目标 URL 的值；"初始状态"用于设置该单选按钮在页面载入时是否被选中。

4. 复选框

复选框常用于实现在线调查、信息反馈等交互功能。通常是供用户在多个选项中作出多项选择，复选框也可以单独出现，如在用户登录邮箱时的一些协议认可或记住密码登录之类的功能设置项（如左图），也可以成组出现，如用户兴趣调查等（如右图）。

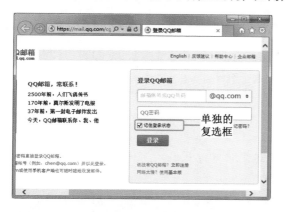

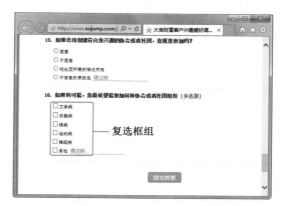

单个复选框和复选框组同单选按钮和单选按钮组一样，在插入单个复选框时，则会打开"输入标签辅助功能属性"对话框。而插入复选框组时，则会打开"复选框组"对话框，其设置方法与单选按钮和单选按钮组的设置方法都相同。对于复选框及复选框组的属性设置也需要在"复选框"属性面板中进行设置。

经验一箩筐——复选框组与单选按钮组的区别

"复选框"属性设置与"单选按钮"的属性设置非常类似，但与单选按钮不同的是，复选框组中可同时有多个复选框被勾选，因此可将多个复选框初始状态设置为"已勾选"。

5. 选择"（列表 / 菜单）"对象

HTML 中的菜单用于提供用户在可选择的项目中选择需要的值，并且在 Dreamweaver CS6 中，列表、菜单被归为同一类表单元素，它们的区别在于列表中同时会显示多条列表项，而菜单只会显示一条，同时菜单可通过下拉菜单选择更多的选项。

62
Hours

52
Hours

42
Hours

32
Hours

22
Hours

12
Hours

经验一箩筐——菜单和列表的区别

菜单和列表在功能上的区别在于：列表允许同时选中两个或两个以上的列表选项，而菜单在任何时刻都只能选择菜单中的某一个命令。对于添加列表项则没有什么区别，都可以通过在"选择"属性面板中单击 列表值... 按钮，在打开的对话框中进行增减选项。

对于选择"（列表/菜单）"对象的主要属性设置还需要通过"选择"属性面板进行设置，如类型、高度、选定范围和列表值等。

下面将对"选择"属性面板中的各参数的作用进行介绍。

🔑 "选择"文本框：主要用于设置选择"（列表/菜单）"对象的名称。

🔑 "类型"单选按钮组：用于指定当前对象为菜单还是列表（其属性面板的各参数项也会根据选择的类型进行禁用或启用）。

🔑 "初始化时选定"列表框：用于指定默认处于选定状态的项目。

🔑 列表值... 按钮：用于编辑菜单项目标签和值。

经验一箩筐——"列表值"对话框

在"选择（列表/菜单）"属性面板，单击 列表值... 按钮后，会打开"列表值"对话框，在该对话框中除了可编辑菜单项的标签和值外，还可以通过单击➕或➖按钮增加或删除菜单项，单击▲或▼按钮，可调整菜单选项的排列顺序。

6. 跳转菜单

跳转菜单实际上是将常规菜单与实现跳转的网页脚本程序结合起来形成的一类具有特殊功能的菜单项，当用户选择菜单中的某项时，页面会自动跳转到对应的目标 URL 地址，并且在外观上与菜单选项没有什么差别，只有在选择选项后才能发现与菜单选项的不同之处。在对跳转菜单进行属性设置时，可在插入时打开的"插入跳转菜单"对话框和"跳转菜单"属性面板中进行设置，下面将分别进行讲解。

（1）在"插入跳转菜单"对话框设置属性

在使用插入表单元素的方法插入跳转菜单时，则会打开"插入跳转菜单"对话框，在该对话框中可设置菜单项、菜单文本及跳转的链接等。

下面将对"插入跳转菜单"对话框中的各参数作用进行介绍。

🔑 "菜单项"列表框：主要用于设置显示跳转菜单的选择项。

🔑 "文本"文本框：用于设置跳转菜单项的显示文本。

🔑 "选择时，转到 URL"文本框：用于显示或输入选择跳转菜单项时跳转的目标 URL 地址网页或文件（单击文本框后的 浏览... 按钮，可在打开的对话框中选择目标的 URL 地址）。

🔑 "打开 URL 于"下拉列表框：主要用于设置菜单项动作执行位置，它主要针对框架型网页，可指定在特定框架中打开各菜单项 URL。

🔑 "菜单 ID"文本框：用于设置跳转菜单的名称。

🔑 "选项"复选框组：该复选框组包括两个复选框，分别为 ☑ 菜单之后插入前往按钮 复选框和 ☑ 更改 URL 后选择第一个项目 复选框，选中第一个复选框后，会在菜单项后插入按钮，只有单击该按钮才会打开目标 URL；选中第二个复选框后，被选择的菜单项将在完成跳转操作后继续呈现被选中状态。

（2）"跳转菜单"属性面板

插入跳转菜单后，选择跳转菜单，属性面板则会变为"跳转菜单"属性面板，该面板与选择"（列表/菜单）"对象的属性面板相同，这里不再赘述。

上机 1 小时 ▶ 制作具有复合功能的搜索条

🔍 进一步掌握表单标签的插入及设置属性方法。

🔍 进一步掌握表单元素的插入和属性设置方法。

🔍 进一步巩固按钮的插入和属性设置方法。

本例将在"sosuo.html"网页中综合应用之前学习的各种表单元素组成一个具有多重筛选条件的搜索条，这种多重条件搜索条在很多网站的高级搜索功能中都能看到，完成后的效果如下图所示。

231

72 ☒
Hours

62
Hours

52
Hours

42
Hours

32
Hours

22
Hours

12
Hours

資源　素材 \ 第9章 \ sosuo \
文件　效果 \ 第9章 \ sosuo \ sosuo.html
　　　实例演示 \ 第9章 \ 制作具有复合功能的搜索条

STEP 01： 插入表单标签

1. 打开 "sosuo.html" 网页，将插入点定位到名
   为 "sosuo" 的 Div 标签中。
2. 在 "插入" 浮动面板的 "表单" 分类列表中
   单击 "表单" 按钮🖫，完成插入表单标签操作。

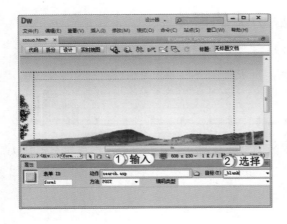

STEP 02： 设置表单标签的属性

1. 在 "表单标签" 属性面板中的 "动作" 文本
   框中输入 "search.asp"。
2. 在 "目标" 下拉列表框中选择 "_blank" 选项，
   完成表单标签的属性设置。

提个醒
　　在表单标签中的表单元素会将从用
户处获取的各种数据以特定的方式统一传递到
其所属表单标签中设定的 "动作" 地址，凡是
表单标签范围以外的表单元素，其获取的数据
将不会被该表单提交。

STEP 03： 在表单中插入菜单

1. 将插入点定位到表单标签中。
2. 在"插入"浮动面板的"表单"分类列表中单击"选择（列表／菜单）"按钮。
3. 在"输入标签辅助功能属性"对话框中设置"ID"为"type"，"标签"为"查询类型"。
4. 单击 确定 按钮，完成插入菜单的操作。

STEP 04： 设置菜单项

1. 选择插入的菜单项。
2. 在"选择（列表／菜单）"属性面板中单击 列表值... 按钮，打开"列表值"对话框。
3. 单击 按钮添加 5 个项目标签。
4. 分别在"项目标签"列输入"图片"、"视频"、"网页"、"新闻"和"购物"。其"值"分别输入"1"、"2"、"3"、"4"和"5"。
5. 单击 确定 按钮，完成菜单项的设置。

STEP 05： 插入文本域

1. 在菜单列表后按 Shift+Enter 组合键进行换行。
2. 在"插入"浮动面板的"表单"分类列表中单击"文本字段"按钮。
3. 在打开的对话框中设置"ID"为"keywords"，"标签"设置为"查询内容"。
4. 单击 确定 按钮，完成文本域的插入操作。

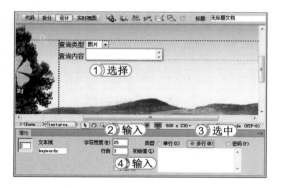

STEP 06： 设置文本域属性

1. 选择插入的文本域。
2. 在"文本域"属性面板中设置"字符宽度"为"25"。
3. 在"类型"单选按钮组中选中 多行(M) 单选按钮。
4. 将"行数"设置为"3"，完成文本域的设置操作。

62
Hours

52
Hours

42
Hours

32
Hours

22
Hours

12
Hours

STEP 07： 插入按钮

1. 在文本域后按 Enter 键进行换行，在"插入"浮动面板的"表单"分类列表中单击"按钮"按钮□。
2. 在打开的对话框中将"ID"设置为"submit"。
3. 单击 确定 按钮，完成插入按钮的操作。

STEP 08： 预览效果

保存网页，按 F12 键，在浏览器中查看最终效果。

提个醒　在表单元素对应的属性面板中，一般第一项都是标签的名称属性，"名称"属性对应于表单元素标签中的"name"属性，通过该属性来指定标签在表单范围内的唯一标识符，表单提交后，接收数据的处理程序会根据对应的 name 标识来获取由客户端提交的数据，因此不同的表单元素应设置不同的名称属性值，否则将被处理程序以数组方式处理。

9.2 使用 Spry 表单

在网页上经常会看到一些表单都具有自动检测的验证功能，如在用户输入内容不正确时自动弹出提示等。在 Dreamweaver CS6 中使用 Spry 表单也可以实现相同的功能，下面将对 Dreamweaver CS6 中的 Spry 表单的验证功能进行介绍。

学习 1 小时 ▶ - - - - -

🔍 了解 Spry 表单构件。
🔍 熟悉插入 Spry 验证文本域和文本区域的操作方法。
🔍 掌握插入 Spry 验证复选框和选择项的操作方法。

9.2.1 了解 Spry 表单构件

Spry 表单构件是 Dreamweaver CS6 中用于实现异步传输功能的重要组件，Spry 实际上是一套由 Adobe 公司开发的轻量级 AJAX 框架，所谓 AJAX 是一种异步传输技术，它能够在不刷新当前页面的情况下实现数据的请求和响应，是目前应用最多的一种网页脚本技术。在 Dreamweaver CS6 中可通过两种方法插入 Spry 表单的构件。下面将分别进行介绍。

🔑 **通过菜单命令插入**：选择【插入】/【Spry】命令，在弹出的子菜单中包含了 Spry 表单元素或构件的插入命令，选择任意选项就可在文档中插入一个 Spry 表单元素或构件。

🔑 **通过"插入"浮动面板插入**："插入"浮动面板的"Spry"分类列表中包含了各种 Spry 表单元素和构件，单击任意按钮可在文档中插入一个 Spry 表单元素或构件。

9.2.2 Spry 验证文本域

Spry 验证文本域与普通文本域的区别在于它可以实现对用户输入内容的验证，并根据验证结果向用户发出相应的提示信息。下面将对 Spry 验证文本域的插入和属性设置进行介绍。

1. 插入 Spry 验证文本域

在表单中插入 Spry 验证文本域的方法其实很简单，都可以通过插入 Spry 表单构件的方法进行插入，下面将对其方法进行具体的介绍。

🔑 **通过菜单命令插入**：在目标表单标签中定位插入点，选择【插入】/【Spry】命令，在弹出的子菜单中选择"Spry 验证文本域"命令，打开"输入标签辅助功能属性"对话框（与文本域插入时打开的对话框相同），在该对话框中进行设置后，单击 确定 按钮即可插入 Spry 验证文本域。

🔑 **通过"插入"浮动面板插入**：在目标表单标签中定位插入点，在"插入"浮动面板的"Spry"分类列表中单击"Spry 验证文本域"按钮，在打开的对话框中进行设置后，单击 确定 按钮，完成插入 Spry 验证文本域的操作。

2. 设置 Spry 验证文本域

对于插入的 Spry 验证文本域，可通过选择 Spry 验证文本域，在其属性面板中进行属性设置。下面将对该属性面板中各参数的作用进行介绍。

🔑 "类型"下拉列表框：用于设置输入类型，按该类型的判断条件对 Spry 文本域进行判断，如"电子邮件地址"，则判断条件为是否符合电子邮件地址的标准格式。

🔑 "格式"下拉列表框：根据"类型"的不同向用户提供相应的可选输入格式。如对"IP 地址"类型，就有"IPv4"、"IPv6"等格式可供选择。

🔑 "图案"文本框：当在"格式"为"自定义模式"时，需在此处设置自定义格式范本。

🔑 "提示"文本框：用于设置显示在 Spry 文本域中的提示信息，如"请输入正确的电子邮件地址"，该信息不作为文本框的实际内容，不影响验证的有效性。

🔑 "最小字符数"文本框：用于设置字符数下限判断条件（如要求密码必须是 6 位以上字母），若小于规定长度则会出现错误提示，对部分类型该属性无效。

🔑 "最小值"文本框：对于部分数值类型（如货币），可设置该属性，与"最小字符数"属性类似，若用户输入的值小于"最小值"，则会出现错误提示。

🔑 "预览状态"下拉列表框：用于切换在不同状态下文本域错误信息的内容预览。

▌ 经验一箩筐——"最大字符数"和"最大值"文本框

"最大字符数"和"最大值"这两项属性设置与"最小字符数"及"最小值"属性意义正好相反，设置方法也类似。

🔑 "验证于"复选框组：用于设置启动验证的触发事件类型，包括"onBlur"（模糊，焦点离开时）、"onChange"（改变时）和"onSubmit"（提交时，该项必选）3 个选项。

🔑 ☑ 必需的 复选框：选中该复选框则要求文本域必须输入内容，否则出现错误提示。

🔑 ☑ 强制模式 复选框：选中该复选框，可禁止用户在该文本域中输入无效字符，如"整数"类型的文本框在"强制模式"下就无法输入字符。

▌ 经验一箩筐——复制相关文件

如果是第一次插入该类 Spry 表单元素，则保存文档时会要求复制相关文件，这些文件包括用于修饰 Spry 表单元素外观的 CSS 文件和用于实现验证过程的 Js 脚本程序文件，是 Spry 构件赖以存在的基础，因此必须在"复制相关文件"对话框中单击 确定 按钮。

9.2.3 Spry 验证文本区域

Spry 文本区域其实就是多行的 Spry 文本域，两者的区别在于属性参数不同，Spry 验证文本区域与 Spry 验证文本域有很多相似之处。插入 Spry 文本区域的方法为：在表单标签区域中定位插入点，在"插入"浮动面板的"Spry"分类列表中单击"Spry 验证文本区域"按钮，或选择【插入】/【Spry】/【Spry 验证文本区域】命令。

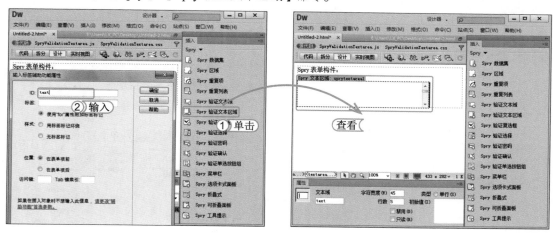

选中插入的 Spry 验证文本区域后，其属性面板则会变为 Spry 验证文本区域的状态，而且该属性面板与 Spry 验证文本域的属性面板相似（减少了部分无关项目），主要区别在于增加了"计数器"单选按钮组和☑禁止额外字符复选框两项。

下面将对 Spry 验证文本区域属性面板中增加参数作用进行介绍。

🔑 "计数器"单选按钮组：若选中 ⊙ 字符计数 单选按钮，将会实时统计用户输入字符总数；而 ⊙ 其余字符 单选按钮需要与"最大字符数"设置配合，每当用户输入一个字符，文本区域旁都会显示当前可输入剩余字符数。

🔑 ☑ 禁止额外字符 复选框：同样需要与"最大字符数"设置配合使用，如果此项被选中，则当用户输入的字符数达到"最大字符数"时，将无法继续输入。

▌经验一箩筐——选择 Spry 文本区域的注意事项

在选择 Spry 表单元素时，必须单击其蓝色标签才能将整个 Spry 表单元素选中，如果直接在其中的表单元素中单击，则选中的只是 Spry 构件中的普通表单元素，无法为 Spry 表单元素设置验证相关属性。

9.2.4 Spry 验证复选框

Spry 验证复选框可以对用户选中复选框的行为进行验证，包括要求必须选中单个复选框，或者在一组复选框中至少选中多少个复选框等应用。与普通复选框相比，Spry 验证复选框的最大特点是当用户选择（或没有选择）复选框时会根据预先设置的判断条件提供相应的操作提示信息，如"至少要求选择一项"或"最多只能同时选择三项"等。

下面将介绍在网页中插入 Spry 验证复选框的方法，其具体操作如下：

62
Hours

52
Hours

42
Hours

32
Hours

22
Hours

12
Hours

资源 文件	素材 \ 第 9 章 \Check.html
	效果 \ 第 9 章 \Check\Check.html
	实例演示 \ 第 9 章 \Spry 验证复选框

STEP 01： 插入 Spry 验证复选框

1. 打开"Check.html"文档，在文档的表格第 2 行第 2 列单元格中定位插入点。
2. 在"插入"浮动面板的"Spry"分类列表中单击"Spry 验证复选框"按钮☑。
3. 在打开的对话框中将"ID"设置为"source"，"标签"设置为"搜索引擎"。
4. 单击 确定 按钮，完成 Spry 验证复选框的插入。

> 提个醒　Spry 验证复选框与其他对象一样也可以通过选择【插入】/【Spry】/【Spry 验证复选框】命令插入。

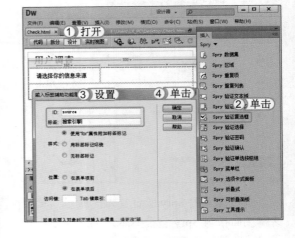

STEP 02： 插入普通复选框

1. 在刚才插入的 Spry 验证复选框的蓝色边框内定位插入点。
2. 将"插入"浮动面板切换到"表单"分类列表中单击"复选框"按钮☑。
3. 在打开的对话框中将"ID"设置为"source"，"标签"设置为"朋友推荐"。
4. 单击 确定 按钮，完成插入普通复选框操作。

> 提个醒　要实现对复选框组的验证，必须保证所有复选框位于同一个 Spry 复选框标签范围内，因此应先插入一个 Spry 复选框，然后在这个 Spry 表单元素的有效范围内插入普通复选框。

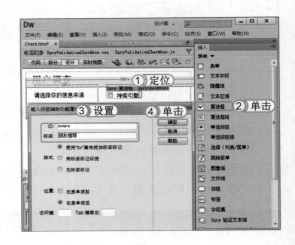

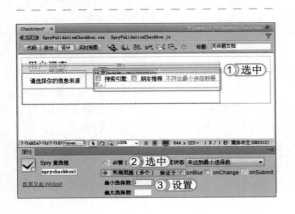

STEP 03： 设置验证属性参数

1. 单击 Spry 验证复选框蓝色标签将其选中。
2. 在"Spry 复选框"属性面板中选中 ◉ 实施范围（多个）单选按钮和 ☑ onBlur 复选框。
3. 设置"最小选择数"为"1"。

> 提个醒　◉ 实施范围（多个）表示该项需与"最小选择数"和"最大选择数"属性配合使用，通过后两项属性可设置用户选择时必须达到的最小项数及不能超过的最大项数。

STEP 04： 修改提示信息

在文档窗口单击提示信息区域，将提示内容改为
"至少需要选择一项"。

提个醒　　Spry 的提示信息是通过复制相关文件时生成的相关 CSS 文件来定义样式的，如果希望调整提示信息的显示效果，可以对这个相关的 CSS 文件进行修改，通过新的样式规则定义来改变提示信息的外观样式。

STEP 05： 预览效果

按 Ctrl+S 组合键，将网页进行保存，按 F12 键，在浏览器中进行预览。如果选中其中一项，则不会弹出提示信息，如果没有选中，则会弹出提示信息。

提个醒　　用户在保存网页时，会弹出一个提示对话框，用户只需要单击 确定 按钮即可，因为在网页中插入了 Spry 验证对象后，则会生成相应的脚本文件，有了脚本文件才能正常的进行验证。

9.2.5　Spry 验证选择对象

　　Spry 验证选择就是在"插入（列表 / 菜单）"的基础上增加了验证功能而生成的，它可对用户选择的菜单选项的值进行验证，如果出现异常（如选择的值无效时）则会进行提示。Spry 验证选择的插入要结合设置"插入（列表 / 菜单）"对象的知识才能完成。下面将对插入 Spry 验证选择对象和其属性设置进行介绍。

1. 插入 Spry 验证选择对象

　　在表单中插入 Spry 验证选择对象的方法与其他 Spry 表单对象的插入方法大同小异，都需要通过选择【插入记录】/【Spry】/【Spry 验证选择】命令或在"插入"浮动面板的"Spry"分类列表中单击"Spry 验证选择"按钮，在打开的对话框中设置 ID、标签等，单击 确定 按钮，完成 Spry 验证选择对象的插入操作。

239

72⊠
Hours

62
Hours

52
Hours

42
Hours

32
Hours

22
Hours

12
Hours

经验一箩筐——设置 Spry 验证选择

在插入 Spry 验证选择对象后，用户需选择插入（列表\菜单）部分，在普通的插入（列表\菜单）属性面板中添加选择项及进行相应的设置后，在 Spry 验证选择时才能生效。

2. 设置 Spry 验证选择对象的属性

插入 Spry 验证选择对象后，选择蓝色标签，将整个 Spry 验证选择对象选中，其属性面板则会变为相应的设置状态，用户则可在该属性面板中对选中的 Spry 验证选择对象进行属性设置。

下面将对该属性面板中的各参数的作用进行介绍。

🔑 "不允许"复选框组：当选中 ☑空值 复选框时，用户未选择该"菜单"中的项目就会出现错误提示；当选中 ☑无效值 复选框，则后面的"无效值"文本框将被激活。可将菜单中某项目的值设为"无效值"，当用户选择该项后，系统就会在预设的"验证于"动作发生时发出对应的错误提示信息。

🔑 "预览状态"下拉列表和"验证于"复选框组：这两项的功能与"Spry 验证文本域"对象对应项的功能相同，这里就不再赘述。

经验一箩筐——插入其他 Spry 验证对象

用户还可以在表单中插入其他的 Spry 验证对象，如 Spry 验证密码、Spry 验证确认以及 Spry 验证单选按钮组等，其插入的方法都与上述的插入 Spry 表单对象的方法相似，而对其属性设置同样是选择插入的相应 Spry 对象，其属性面板状态则会变为所选择 Spry 表单对象的属性设置状态。

上机 1 小时 ▶ 制作注册页面

🔍 进一步掌握 Spry 表单对象的插入方法。
🔍 进一步熟悉各 Spry 表单对象的属性设置方法。

本次实例将在"zhuce.html"网页中使用 Spry 表单中的验证功能对用户注册的用户名及输入的密码进行验证，如果注册名及密码符合验证条件，则不会弹出提示信息，如果不符合则提示注册用户名的规则及提示两次输入的注册密码不相同。其最终效果如下图所示。

读书笔记

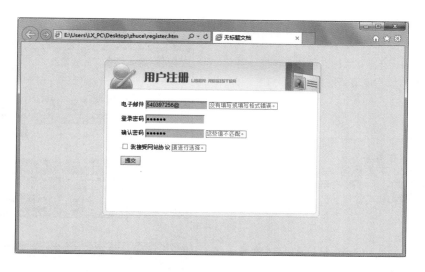

STEP 01： 插入 Spry 验证文本域

1. 打开"zhuce.html"网页，将插入点定位到表单标签中。
2. 在"插入"浮动面板的"Spry"分类列表中单击"Spry 验证文本域"按钮。
3. 在打开的对话框中将"ID"和"标签"分别设置为"Email"和"电子邮件地址"。
4. 单击 确定 按钮，完成插入 Spry 验证文本域的操作。

STEP 02： 设置 Spry 验证文本域的属性

1. 选中插入的 Spry 验证文本域。
2. 在"Spry 验证文本域"属性面板中将"类型为"设置为"电子邮件地址"。
3. 在"验证于"复选框组中选中 ☑ bnBlur 复选框，完成 Spry 验证文本域的属性设置。

读书笔记

62
Hours

52
Hours

42
Hours

32
Hours

22
Hours

12
Hours

STEP 03： 修改提示信息

选中插入的 Spry 验证文本域后的提示信息，并将其修改为"没有填写或填写格式错误"。

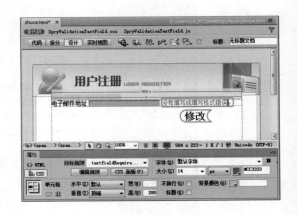

> **提个醒** Spry 验证信息只有在设置了"验证于"属性后，才会在 Spry 验证对象后显示默认的提示信息，此时用户都可选择手动修改其验证的提示信息。

STEP 04： 插入 Spry 验证密码对象

1. 将插入点定位到 Spry 验证文本域后按 Enter 键进行换行。
2. 在"插入"浮动面板的"Spry"分类列表中单击"Spry 验证密码"按钮。
3. 在打开的对话框中将"ID"和"标签"分别设置为"PassWord"和"登录密码"。
4. 单击 确定 按钮，完成插入 Spry 验证密码操作。

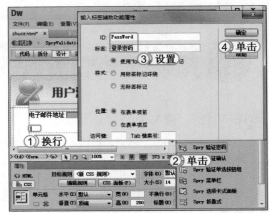

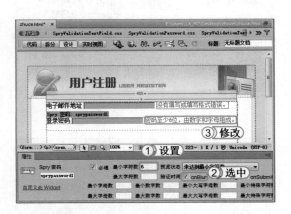

STEP 05： 设置 Spry 验证密码的属性

1. 选中插入的 Spry 验证密码对象，在其属性面板中将"最小字符数"设置为"6"。
2. 在"验证于"复选框组中选中 onBlur 复选框。
3. 将提示信息修改为"密码至少6位，由数字和字母组成"，完成 Spry 验证密码属性的设置。

STEP 06： 准备插入 Spry 验证确认对象

1. 选中插入的 Spry 验证密码对象后按 Enter 键进行换行。
2. 在"插入"浮动面板的"Spry"分类列表中单击"Spry 验证确认"按钮。

STEP 07: 设置功能属性

1. 在打开对话框的"ID"文本框中输入"ConformPass"。
2. 在"标签"文本框中输入"确认密码"。
3. 单击 确定 按钮,完成 Spry 验证确认对象的功能属性设置。

STEP 08: 设置 Spry 验证确认的属性

1. 选择插入的 Spry 验证确认对象。
2. 在其属性面板的"验证于"复选框组中选中 ☑ onBlur 复选框。将提示信息修改为"两次输入的密码不相同",完成 Spry 验证确认对象的属性设置和提示信息修改。

提个醒 在设置验证于属性后,如果在"设计"视图中没有显示提示信息,此时用户可以切换到"代码"视图中修改提示信息。

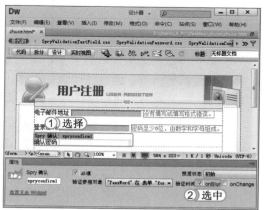

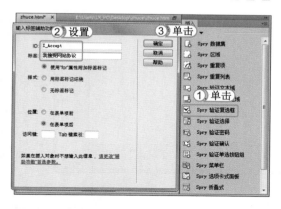

STEP 09: 插入 Spry 验证复选框

1. 在插入的 Spry 验证确认对象后按 Enter 键进行换行,在"插入"浮动面板的"Spry"分类列表中单击"Spry 验证复选框"按钮☑。
2. 在打开的对话框中分别将"ID"和"标签"设置为"I_Accept"和"我接受网站协议"。
3. 单击 确定 按钮,完成 Spry 验证复选框对象的插入。

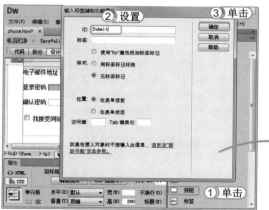

STEP 10: 插入提交按钮

1. 在插入的 Spry 验证确认对象后按 Enter 键进行换行,在"插入"浮动面板的"表单"分类列表中单击"按钮"按钮 。
2. 在打开的对话框中将"ID"设置为"Submit"。
3. 单击 确定 按钮,完成插入提交按钮的操作,保存网页,完成整个例子的制作。

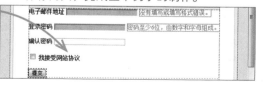

62
Hours

52
Hours

42
Hours

32
Hours

22
Hours

12
Hours

9.3　练习1小时

本章主要介绍了表单在网页中的使用，其中包括常用的表单标签及表单元素的插入和属性的设置方法，还介绍了较为特殊的 Spry 验证表单的插入和使用方法，并且还进行了相应的上机练习，但要让读者达到学以致用的目的，还需要读者自己动手制作，下面将以制作社区调查表单网页为例，进行巩固练习，从而提高用户的操作能力。

制作社区调查表单网页

本例将综合运用表单标签及表单元素的插入和设置知识，制作一个用于反馈信息的社区调查表单网页。通过该网页的制作，加深理解表单及表单元素的基本使用方法，同时巩固这些元素的创建和设置方法。其最终效果如下图所示。

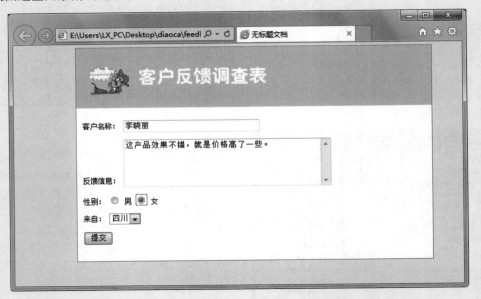

资源文件　　素材 \ 第 9 章 \ diaocha \
效果 \ 第 9 章 \ diaocha \ feedback.html
实例演示 \ 第 9 章 \ 制作社区调查表单网页

网页

72 HOURS

使用行为和 Spry 面板

第 **10** 章

学习 *2* 小时

- 添加和设置行为
- 使用 Spry 面板

在 Dreamweaver CS6 中可使用行为为网页制作一些特效，也可以使用 Spry 面板制作出选项卡、折叠式面板等效果为网页增色。本章将介绍添加和设置行为、应用行为效果、认识 Spry 面板以及插入并设置 Spry 面板等知识。

上机 *4* 小时

10.1　添加和设置行为

　　Dreamweaver CS6 中提供了丰富的行为设置，通过这些行为设置可以创建各种网页互动的特效，灵活运用这些功能则可为网页增色。这些行为设置本身是通过 JavaScript 等脚本程序实现，而在 Dreamweaver CS6 中已经将这些脚本程序集成在行为设置过程中，因此几乎无需编写脚本代码，只需在界面上进行简单的操作即可，下面将对行为和事件的添加与设置操作进行介绍。

学习1小时

🔍 了解什么是事件和行为。　　　　　　🔍 掌握绑定和应用行为的操作方法。

🔍 了解"行为"浮动面板。　　　　　　　🔍 掌握内置的 JavaScript 行为的应用。

10.1.1　认识事件和设置行为

　　行为是 Dreamweaver CS6 中非常重要的概念，它与 JavaScript 有着非常密切的关系，JavaScirpt 是一种典型的网页脚本程序，而行为代码实际上就是由一些预定义的 JavaScript 脚本程序所构成的，行为需要通过一定的事件来触发脚本程序，才能实现预想的效果，事件是触发行为的原因，行为是事件的直接后果，两者缺一不可。

　　下面将介绍一些 Dreamweaver CS6 中常用的事件。

🔑 onLoad 事件：该事件是在载入网页时触发。

🔑 onUnload 事件：该事件是在用户离开（关闭）页面时触发。

🔑 onMousOver 事件：该事件是在用户将鼠标光标移入指定元素范围时触发。

🔑 onMouseDown 事件：该事件是当用户按下鼠标左键但并没有释放的情况下进行触发。

🔑 onMouseUp 事件：该事件是当用户释放鼠标左键后进行触发。

🔑 onMouseOut 事件：该事件是当鼠标光标移出指定元素范围内时进行触发。

🔑 onMouseMove 事件：该事件是当用户在页面上拖动鼠标时触发。

🔑 onMouseWheel 事件：该事件是当用户使用鼠标滚轮时进行触发，比较适合在 IE 6 浏览器中使用。

🔑 onClick 事件：该事件是在用户单击了指定的页面元素后，如链接、按钮或图像映像时进行触发。

🔑 onDblClick 事件：该事件是当用户双击了指定的页面元素时进行触发。

🔑 onKeyDown 事件：该事件主要是用于为表单或表单中的各元素设置惟一名称标识符，以便脚本程序对其进行控制。

🔑 onKeyPress 事件：该事件是一个组合事件，要当用户任意按下一键，然后释放该键时才能进行触发。并且该事件是由 onKeyDown 和 onKeyUp 事件组合而成的。

🔑 onKeyUp 事件：该事件是在用户释放了被按下的鼠标键后才能进行触发的，主要适用于 IE 6、IE 5.5、IE 5、IE 4 的浏览器版本。

🔑 onFocus 事件：该事件是用于指定的元素（如文本框）变成用户交互的焦点时进行触发。

🔑 onBlur 事件：该事件和 onFocus 事件相反，当指定元素不再作为交互的焦点时进行触发。

🔑 onAfterUpdate 事件：该事件主要用于帮助当前页面上所设置的默认值。绑定的数据元素完成数据源更新之后才能进行触发。

🔑 onBeforeUpdate 事件：该事件是在页面上绑定的数据元素已经修改并且将要失去焦点时，也就是数据源更新之前进行触发。

🔑 onError 事件：该事件是在浏览器载入页面或图像发生错误时进行触发。

🔑 onFinish 事件：该事件是在选择框元素的内容中完成一个循环时进行触发。

🔑 onHelp 事件：该事件是在用户选择浏览器中的"帮助"菜单命令时进行触发。

🔑 onMove 事件：该事件是在浏览器窗口或框架移动时进行触发。

10.1.2 "行为"浮动面板

在 Dreamweaver CS6 中要对网页中的行为进行增加、删除和编辑等操作，都需要通过"行为"浮动面板来实现，而打开该面板只需选择【窗口】/【行为】命令或者按 Shift+F4 组合键即可。

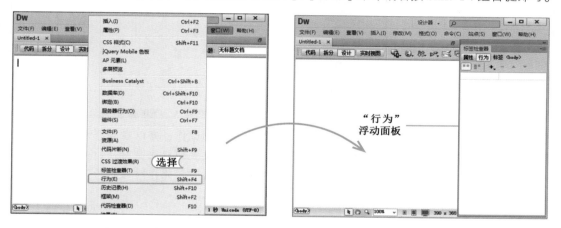

下面将对"行为"浮动面板中主要的组成按钮的功能进行介绍。

🔑 "显示方式"切换功能：由"显示设置事件"按钮▥和"显示所有事件"按钮▤组成。单击▥按钮只显示已设置的事件列表；单击▤按钮则会显示所有事件列表。

🔑 添加、删除功能：单击➕按钮，则可在弹出的下拉列表中选择相应的行为，完成添加新行为操作。单击➖按钮则可删除被选中行为。

🔑 行为顺序调整功能：单击▲按钮和▼按钮则可增加事件值和降低事件值。

🔑 行为的事件列、行为的动作列：可用于编辑行为对应的事件和动作。双击事件列可选择事件，双击动作列可编辑行为参数。

▌经验一箩筐——行为的执行原理

行为是客户端运行的脚本程序，当用户将某个网页对应的文件下载到本地后，该页面中包含的行为在本地运行，它与服务器端没有任何关系。换句话说，行为代码只在客户端执行，它不是服务器端程序，不会直接影响服务器的数据安全。

247

72 ☑
Hours

62
Hours

52
Hours

42
Hours

32
Hours

22
Hours

12
Hours

10.1.3　行为的基本操作

　　行为的各项基本操作都是在"行为"浮动面板中完成，如添加行为、删除行为和编辑行为。对于添加和编辑行为的操作，执行后将会打开相应的对话框，在该对话框中即可对需要编辑的行为进行必要的参数设置，下面将对行为的基本操作进行介绍。

🔑 **添加行为**：在"标签检查器"浮动面板中，单击"行为"列表框中的 ➕ 按钮，在弹出的菜单中选择相应的行为命令，然后对添加的行为设置必要的属性参数即可。

🔑 **删除行为**：在"标签检查器"浮动面板中的"行为"列表框中单击目标行为的行为名称列，将其选中。然后单击 ➖ 按钮，即可将该行为删除。删除后行为所包含的各种属性设置将一并消失。

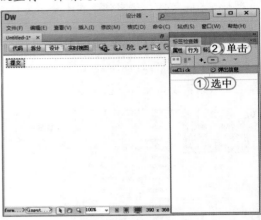

🔑 **编辑行为事件**：在"标签检查器"浮动面板的"行为"列表框中单击或右键双击该行为的"事件"设置列，将出现"事件"下拉列表框，可在该列表框中选择新的事件代替原有事件。

🔑 **编辑行为动作**：可以在某个需修改行为的"动作"设置列双击鼠标，打开该"事件"对应的设置对话框，对该行为事件的属性参数进行修改。

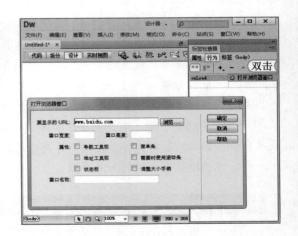

10.1.4　绑定行为

　　在网页编辑中包含了各种类型的行为，绑定不同类型的行为，则会出现不同的效果，如图像交换、显示隐藏元素、弹出信息窗口和打开浏览器窗口等等，下面将对不同的行为效果的添加应用进行具体的介绍。

1. 绑定"交换图像"行为

"交换图像"行为是实现在页面中某个图像上发生预设事件时，该图像被另一图像代替，而当另外一项触发事件发生时，还可使其切换为最初的图像，因此同时也将其归为视觉变换类行为。

绑定"交换图像"行为的具体实现方法为：选中需要交换的图像，在"行为"选项卡中单击 按钮，在弹出的下拉列表中选择"交换图像"命令，在"交换图像"对话框中单击 浏览... 按钮，在打开的对话框中选择要交换的图像文件，单击 确定 按钮即可。

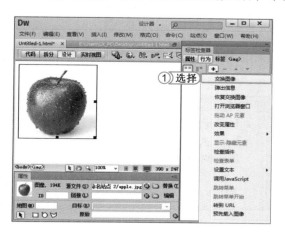 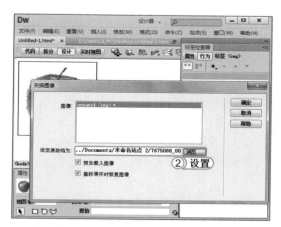

> **■ 经验一箩筐——交换图像行为的效果**
>
> 在网页中绑定了交换图像行为后，在浏览时，将鼠标光标移至图像上时，则会变为另一张绑定行为时所设置的图像，当鼠标光标没有放在图像上时，则会变为默认的图像。

2. 绑定"显示隐藏元素"行为

"显示隐藏元素"行为实际上是由"显示元素"和"隐藏元素"这两个行为组成的，由于这两个行为经常结合使用，因此在 Dreamweaver CS6 中则将其合二为一为"显示隐藏元素"行为。该行为常用于注释效果，即把注释内容做成一个 AP Div，然后分别添加显示和隐藏该 AP Div 的行为即可。

下面将在"Display.html"网页中制作一个注释的显示隐藏元素的行为，其具体操作如下：

资源文件

    素材 \ 第 10 章 \Display\
    效果 \ 第 10 章 \Display\Display.html
    实例演示 \ 第 10 章 \ 绑定 "显示隐藏元素" 行为

STEP 01： 设置 AP 元素不可见

1. 打开"Display.html"网页，并在网页编辑区中选中 ApDiv1 对象。
2. 在"CSS-P"属性面板中将该 AP Div 的"可见性"设置为"hidden"（不可见）。

62
Hours

52
Hours

42
Hours

32
Hours

22
Hours

12
Hours

STEP 02： 准备添加显示元素行为

1. 选中网页编辑区中的"草莓的产地"文本。
2. 在"行为"选项卡中单击 ＋ 按钮。
3. 在弹出的菜单中选择"显示 - 隐藏元素"命令，
   打开"显示 - 隐藏元素"对话框。

读书笔记

STEP 03： 添加显示元素行为

1. 在打开的对话框中，单击 显示 按钮，为 Ap
   Div 元素添加显示行为。
2. 单击 确定 按钮。

STEP 04： 添加隐藏元素行为

1. 在"行为"选项卡中单击 ＋ 按钮，在弹出
   的菜单中选择"显示 - 隐藏元素"命令。
2. 在打开的对话框中单击 隐藏 按钮，为 AP
   Div 元素添加隐藏行为。
3. 单击 确定 按钮。

STEP 05： 设置行为事件

在"行为"选项卡中双击第一行"事件"列，
单击下拉按钮 ▼，在弹出的下拉列表中选择
"onMouseOut"选项，用相同的方法在第二
行"事件"列，选择"OnMouseOver"选项。

读书笔记

STEP 06： 预览效果

保存网页，在浏览器中将鼠标移到"草莓的产地"文本上，则会显示 AP Div 元素，移开文本则会隐藏 AP Div 元素。

3. 绑定"弹出信息"窗口行为

在网页中经常需要打开对话框提醒访问者，该功能可以通过 Dreamweaver CS6 中的"弹出信息"行为来实现，其方法为：在网页文档中选中用于承载行为事件的网页元素，在"行为"选项卡中单击 按钮，在弹出的菜单中选择"弹出信息"命令，在"弹出信息"对话框中设置提示内容，单击 确定 按钮完成设置，依次单击"行为"选项卡、"事件"列，在弹出的下拉列表中选择需要的事件即可。

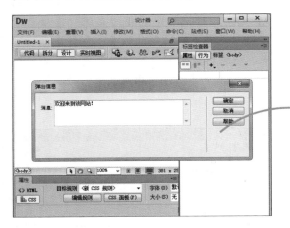

4. 绑定"打开浏览器窗口"行为

"打开浏览器窗口"行为常被称作"弹窗"行为。在 Dreamweaver CS6 中，弹窗除了可设置其载入的页面 URL 地址外，还可以设置它的宽度、高度、弹出位置、是否显示菜单栏和是否显示工具栏等一系列属性，其方法为：在"行为"选项卡中单击 按钮，在弹出的菜单中选择"打开浏览器窗口"命令，在打开的对话框中进行设置。

下面将介绍"打开浏览器窗口"对话框中各参数的作用。

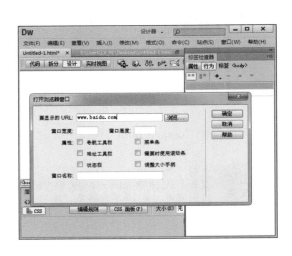

251

72 🕐
Hours

62
Hours

52
Hours

42
Hours

32
Hours

22
Hours

12
Hours

🔑 "要显示的 URL"文本框：设置在新窗口中要打开页面的 URL 地址，也可以单击其后的 浏览... 按钮进行选择。

🔑 "窗口宽度"和"窗口高度"文本框：用于设置打开窗口的宽度和高度。

🔑 "属性"复选框组：用于设置打开窗口中可用的浏览器功能，包括"导航工具栏"、"菜单栏"、"地址工具栏"、"需要时使用滚动条"、"状态栏"以及"调整大小手柄"。

🔑 "窗口名称"文本框：设置打开窗口的名称，此名称不能包含空格或特殊字符。

经验一箩筐——"弹窗"行为

"弹出信息"和"打开浏览器窗口"两种行为，其结果都是导致打开新的对话框或窗口，所以这两种行为可归为一类，都可称为"弹窗"行为。

252

72
Hours

5. 绑定"拖动 AP 元素"行为

Dreamweaver CS6 中的"拖动 AP 元素"行为非常丰富，可实现在规定范围内拖动 AP 元素，在 AP 元素移动到靠近"放下目标"点时自动实现对齐停靠或用户自定义拖动行为的鼠标操作有效区域等功能。下面将对"拖动 AP 元素"行为的基本操作进行介绍。

🔑 拖动 AP 元素行为的基本设置：在"行为"选项卡中单击 ➕ 按钮，在弹出的菜单中选择"拖动 AP 元素"命令，在打开的对话框的"移动"下拉列表框中选择"不限制"选项，将出现"左、上"两个文本框，通过对它们进行设置，可把 AP 元素的移动范围限制在设置的区域内。

🔑 拖动 AP 元素行为的高级设置：在"拖动 AP 元素"对话框中选择"高级"选项卡，可进行更多高级选项的设置，包括拖动控制点、拖动时是否置于顶层以及是否需要使用 JavaScript 脚本程序实现更复杂的功能等。

经验一箩筐——添加"拖动 AP 元素"行为的条件

AP 元素本身就是较为高级的应用，而拖动 AP 元素对浏览器的要求则更高，对于版本较低的 Web 浏览器，往往都无法支持该功能，并且在绑定"拖动 AP 元素"行为时，必须要有两个或以上的 AP 元素。

下面将在"dragAP.html"网页中绑定"拖动 AP 元素"行为，其具体操作如下：

资源文件
素材 \ 第 10 章 \dragAP\
效果 \ 第 10 章 \dragAP\dragAP.html
实例演示 \ 第 10 章 \ 绑定"拖动 AP 元素"行为

STEP 01： 打开"拖动 AP 元素"对话框

1. 打开"dragAP.html"文档，选中标签选择器中的 <body> 标签，将行为载体设为网页体。
2. 在"行为"选项卡中单击 + 按钮。
3. 在弹出的菜单中选择"拖动 AP 元素"命令，打开"拖动 AP 元素"对话框。

STEP 02： 设置行为属性参数

1. 在"拖动 AP 元素"对话框的"AP 元素"下拉列表框中选择"div "Layer2""选项。
2. 单击 取得目前位置 按钮，获取 Div 当前位置参数。
3. 单击 确定 按钮，完成行为属性参数的设置。

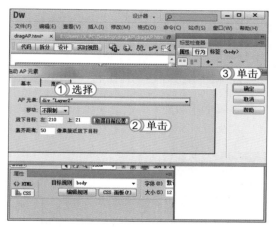

提个醒 在"拖动 AP 元素"对话框中，单击 取得目前位置 按钮，则可自动获取所设置的 AP 元素的"放下目标"和"靠齐距离"的具体位置。

253

72 ⊠
Hours

62
Hours

52
Hours

42
Hours

32
Hours

22
Hours

12
Hours

STEP 03： 预览效果

保存网页设置，在浏览器中进行预览。

6. 绑定"设置文本"和"调用 JavaScript"行为

"设置文本"和"调用 JavaScript"行为的设置过程，实质上都是针对文本内容的编辑操作，因此这里就对"设置文本"和"调用 JavaScript"行为进行介绍。

（1）绑定"设置文本"行为

绑定"设置文本"行为可实现修改网页中特定对象文本内容的功能，它包括"设置容器文本"、"设置文本域文字"、"设置框架文本"以及"设置状态栏文本"4 个行为，它们的设置方法大同小异，并且其设置方法与其他绑定行为的方法基本相同。下面将对不同行为的作用和操作方法进行简单介绍。

🔑 **设置容器文本**：当页面中含有 AP Div 等容器元素时，可使用该行为。行为结果是指定事件发生时容器内的内容被指定内容替换。

经验一箩筐——新增设置容器文本

在"行为"选项卡中单击 ⊕ 按钮，在弹出的菜单中选择【设置文本】/【设置容器的文本】命令，在打开的"设置容器文本"对话框中进行设置，在该对话框的"容器"下拉列表框中选择目标容器，在"新建HTML"文本框中设置用于替换的 HTML 代码内容。

🔑 **设置文本域文字**：当页面中含有文本域表单元素时，可使用该行为。行为结果是指定事件发生时对应的文本域中原有的文字被指定内容替换。

经验一箩筐——新增设置文本域文字

在"行为"选项卡中单击 ⊕ 按钮，在弹出的菜单中选择【设置文本】/【设置文本域文字】命令，在打开的"设置文本域文字"对话框中进行设置。通过该对话框的"文本域"下拉列表框选择目标文本域，在"新建文本"文本框中设置用于替换的纯文本内容。

🔑 **设置状态栏文字**：可使用该行为来实现在指定事件发生时 Web 浏览器状态栏中原有的文字被指定内容替换。不是所有的 Web 浏览器都支持此行为，而且这一行为不支持 HTML 编码，无法实现替换文本的样式设置。

经验一箩筐——新增设置状态栏文字

在"行为"选项卡中单击 ⊕ 按钮，在弹出的菜单中选择【设置文本】/【设置状态栏文字】命令，在打开的"设置状态栏文字"对话框中进行设置。该对话框只包含一个"消息"文本框，用于设置替换浏览器状态栏当前内容的文本。由于状态栏的位置有限，这里的替换内容最好不要太长。

🔑 设置框架文本：当网页为框架型网页时，可在一个框架中使用该行为。行为结果是指定事件发生时指定框架中的内容被指定内容替换。

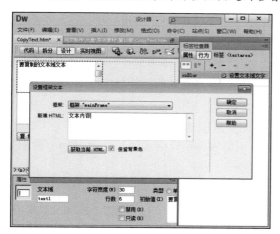

（2）"调用 JavaScript"行为

在 Dreamweaver CS6 中虽然预置了大量行为供设计者调用，但相对于 JavaScript 脚本程序强大的扩展性而言，它们的应用范围还是很有限的。Dreamweaver CS6 中还提供了一个非常有用的功能，那就是"调用 JavaScript"行为，它使交互设计的范围得到大幅扩展。设置"调用 JavaScript"行为非常简单，只需在"调用 JavaScript"对话框中的"JavaScript"文本框中输入 JavaScript 代码或输入函数名调用函数即可（这里输入的 JavaScript 代码两端不用大括号）。

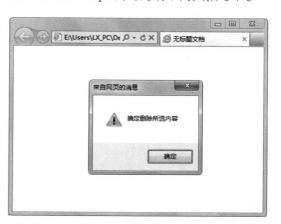

255

72⊠
Hours

62
Hours

52
Hours

42
Hours

32
Hours

22
Hours

12
Hours

10.1.5 应用行为效果

在网页编辑中，除了使用上述所讲解的弹出窗口和 JavaScript 脚本行为的使用外，还可以对图像使用相应的行为，达到相应的效果，如"增大 / 收缩"、"挤压"和"晃动"、"显示"和"渐隐"、"滑动"和"遮帘"以及"高亮颜色"行为效果等，下面分别对其进行介绍。

1. "增大 / 收缩"行为效果

"增大 / 收缩"行为可以实现网页元素的大小变换效果，当触发事件时，网页元素将呈现从小到大（或由大到小）的视觉变换，令原本静态的对象呈现动态变换的效果，该行为主要运用在图像元素上，但也可以运用在 Div 等网页元素中。下面将分别介绍添加和设置"增大 / 收缩"效果的方法。

（1）添加"增大 / 收缩"效果

在网页中添加"增大 / 收缩"效果的方法很简单，选中需要添加的"增大 / 收缩"效果的目标元素，在"行为"选项卡中单击"添加行为"按钮，在弹出的菜单中选择【效果】/【增大 / 收缩】命令，打开"增大 / 收缩"对话框进行设置，单击 确定 按钮，完成添加"增大 / 收缩"行为的操作（效果如右图大 - 小 - 大）。

（2）设置"增大 / 收缩"效果

要达到所选元素的增大和收缩效果，在"增大 / 收缩"对话框中进行相应的设置是关键，在该对话框中要设置所选元素的变换效果的持续时间、效果、增大或收缩的值等，下面将介绍该对话框中各项参数的作用。

- "目标元素"：用于设定要添加"增大 / 收缩"效果的目标网页元素。
- "效果持续时间"文本框：主要用于设置目标元素增大（或收缩）过程中所需要的时间。
- "效果"下拉列表框：主要用于设置效果的类型，其选项包括"增大"和"收缩"两项。
- "收缩自（增大自）"设置：主要用于确定过渡效果执行前目标元素的起始大小。该类设置由"值"文本框和"单位"下拉列表框组成。
- "收缩到（增大到）"设置：主要用于确定过渡效果执行后目标元素最终大小。
- 切换效果 复选框：选中该复选框后则该效果是可逆的（即再次单击可对元素实施放大或收缩的反向动作）。

"增大/收缩"效果行为的持续时间直接影响到该行为的呈现效果。通常应根据页面风格来确定持续时间的长短，以达到特效与页面风格的充分契合。

2. "挤压"和"晃动"行为效果

Dreamweaver CS6中的"挤压"和"晃动"效果设置过程都非常简单，但是特效的视觉呈现仍然非常生动，合理运用可使页面效果增色不少。下面将分别介绍"挤压"和"晃动"行为效果的添加方法。

🔑 "挤压"效果设置：要对选中的目标元素添加"挤压"效果行为，可单击"行为"选项卡中的 ➕ 按钮，在弹出的菜单中选择【效果】/【挤压】命令，在打开的"挤压"对话框保持默认设置，单击 确定 按钮即可。

🔑 "晃动"效果设置：要对选中的目标元素添加"晃动"效果行为，可单击"行为"选项卡中的 ➕ 按钮，在弹出的菜单中选择【效果】/【晃动】命令，在打开的"晃动"对话框中保持默认设置，单击 确定 按钮即可。

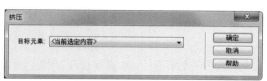

3. "显示/渐隐"行为效果

"显示/渐隐"效果可使网页元素呈现淡入/淡出的特效变换。添加该行为后，当设置的事件发生时，该网页元素将呈现慢慢显现（或慢慢消失）的视觉变换效果。其方法为：选择需要添加"显示/渐隐"效果的目标元素，可单击"行为"选项卡中的 ➕ 按钮，在弹出的菜单中选择【效果】/【显示/渐隐】命令，在打开的"显示/渐隐"对话框中进行相关属性设置。

"显示/渐隐"对话框与"增大/收缩"对话框中的参数基本相同，下面将介绍两个对话框中的不同参数的作用。

🔑 "效果"设置：用于设置变换效果的类型，其中包含"显示"和"渐隐"两个参数，用户可选择不同参数进行设置。

257

72 🕐
Hours

62
Hours

52
Hours

42
Hours

32
Hours

22
Hours

12
Hours

🔑 "渐隐自（显示自）"设置：用于确定过渡效果执行前目标元素起始透明度，透明度仅用百分比表示。

🔑 "收缩到（增大到）"设置：用于确定过渡效果执行后目标元素最终透明度。

▌ 经验一箩筐——效果的区分

"显示/渐隐"效果行为与"增大/收缩"行为非常类似，两者的属性设置方法也十分接近，它们最大的不同点在于"显示/渐隐"效果是通过调整网页元素的显示透明度来实现特效变换；而"增大/收缩"效果则是通过调整网页元素的大小来实现特效变换。正是因为"显示/渐隐"效果不会改变网页元素的位置和大小，因此其属性设置中没有针对变换过程中外观变换方式的相关设置项。

4. "滑动"和"遮帘"行为效果

"滑动"和"遮帘"行为效果都可以实现网页元素自上而下展开或自下而上折叠的变化特效。两者的不同之处在于"滑动"效果通过图像自上而下或自下而上的整体移动来实现展开或折叠的效果，而在"遮帘"效果中，图像的实际位置并不发生变化，它是通过一种遮罩效果来实现展开或折叠效果。

（1）添加并设置"滑动"行为效果

"滑动"行为效果实际上也运用了"遮罩"效果，与"遮帘"效果不同，其遮罩位于图像上方，且位置是固定的。其原理是通过将图像上移进入遮罩层区域，使被遮罩层覆盖的部分隐藏，从而呈现出图像向上滑动直到部分图像或全部图像消失的视觉变换效果。

下面将在"picSlide.html"网页中对 Div 标签添加并设置"滑动"行为效果。其具体操作如下：

资源
文件
```
素材 \ 第 10 章 \picSlide\
效果 \ 第 10 章 \picSlide\picSlide.html
实例演示 \ 第 10 章 \ 添加并设置"滑动"行为效果
```

STEP 01： 添加行为效果

1. 打开"picSlide.html"素材网页，选中图像文件所在的 Div 标签。
2. 在"行为"选项卡中单击 ➕ 按钮，在弹出的菜单中选择【效果】/【滑动】命令。
3. 在打开的对话框中设置效果持续时间为"300"，"上滑到"设置为"10%"。
4. 单击 确定 按钮，完成添加行为效果的操作。

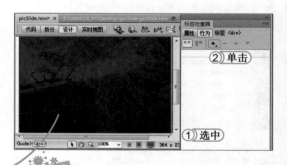

提个醒　"滑动"对话框中的"效果"设置是用于设置滑动变换的方向，可选择"上滑"、"下滑"或"上滑自（下滑自）"选项。前者用于确定过渡效果执行前目标元素的起始位置，用当前元素的显示部分高度与元素的实际高度之比表示。后者用于确定过渡效果执行后目标元素最终位置，计量方法同"上滑自（下滑自）"设置。

STEP 02： 设置效果事件

在"行为"选项卡中的"事件"列中单击刚才添加的行为"事件"，在弹出的下拉列表中选择"onDblClick"选项。

STEP 03： 设置效果事件

按 Ctrl+S 组合键保存文档，复制相关文件，按 F12 键进行预览。

图像 "滑动" 效果练习：

请为下方图像添加滑动效果行为： 查看

提示：双击图像，将使图像自动向上滑动。

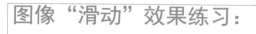

请为下方图像添加滑动效果行为：

提示：双击图像，将使图像自动向上滑动。

▌经验一箩筐—— "滑动"和"遮帘"行为效果与其他行为效果的区别

"显示 / 隐藏"等效果都可以直接针对图像元素进行设置，而"滑动"和"遮帘"行为效果则只能针对容器类网页元素设置（如图像周围的 Div 标签）。

（2）添加并设置"遮帘"行为效果

"遮帘"效果与"滑动"效果的过程在视觉呈现上非常相似，但"遮帘"是通过遮罩的滑动来实现目标元素的折叠或展开的。与"滑动"效果最大的不同在于滑动的元素本身并不会发生位置变换，而是通过位于图像上方的遮罩层移动来实现的。添加"遮帘"行为效果的方法与添加"滑动"行为效果的方法非常相似，这里不再赘述。下面将介绍在添加时打开的"遮帘"对话框中各参数的作用。

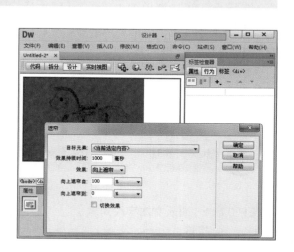

🔑 "效果"下拉列表框：主要用于设置滑动变换的方式，其参数包括"向上遮帘"和"向下遮帘"两种方式。

🔑 "向上遮帘自（向下遮帘自）"设置：主要用于确定过渡效果执行前目标元素可见部分的高度，用当前元素的显示部分高度与元素的实际高度之比来表示。

🔑 "向上遮帘自（向下遮帘自）"设置：用于确定效果执行后目标元素可见部分的最终高度。

5. "高亮颜色"行为效果

"高亮颜色"行为效果可实现网页元素背景颜色的变换，其设置方法与前面几种效果稍有不同，需要设置"起始颜色"、"结束颜色"和"应用效果后的颜色"3种状态颜色。其方法与其他行为效果的添加方法相似，这里就不再介绍其添加方法，下面将介绍其添加时打开的"高亮颜色"对话框中各参数的作用。

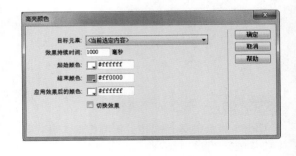

🔑 "起始颜色"文本框：主要用于设置目标网页元素以哪种颜色开始高亮显示。

🔑 "结束颜色"文本框：主要用于设置目标网页元素以哪种颜色结束高亮显示。

🔑 "应用效果后的颜色"文本框：主要设置在完成高亮显示效果切换之后的颜色（高亮显示效果状态所持续的时间为"效果持续时间"设置中定义的时长）。

上机 1 小时 ▶ 制作随机验证码的文本域

🔍 进一步掌握行为的添加和设置方法。　　🔍 进一步掌握行为组合运用。

🔍 进一步熟悉行为对应事件的设置方法。

本例将在"login.html"页面中设置文本域文字行为，并与简单的 JavaScript 脚本语句相结合，制作一个生成随机验证码的页面，完成后的效果如右图所示。

资源文件
素材 \ 第 10 章 \login\
效果 \ 第 10 章 \login\login.html
实例演示 \ 第 10 章 \制作随机验证码的文本域

STEP 01： 插入文本字段对象

1. 打开"login.html"网页，将插入点定位到"看不清楚，请换一张"文本之前。
2. 在"插入"浮动面板的"表单"选项卡下，单击"文本字段"按钮，打开"输入标签辅助功能属性"对话框。

STEP 02： 设置输入标签辅助功能属性

1. 在打开的对话框中设置 ID 为 "random"。
2. 单击 确定 按钮，完成输入标签辅助功能属性设置的操作。

读书笔记

STEP 03： 设置文本字段的属性和背景

1. 选择刚插入的文本字段对象。
2. 在其属性面板上将"字符宽度"设置为"5"。
3. 切换到"拆分"视图中，在所选择的文本字段中输入代码 style="background-color:#CCC" 即设置背景颜色为灰色。

261
72 ☑
Hours

62
Hours

52
Hours

42
Hours

32
Hours

22
Hours

12
Hours

STEP 04： 准备添加行为

1. 在标签栏中选择 <body>，即选择整个网页中的内容。
2. 在"行为"选项卡中单击"添加行为"按钮 +。
3. 在弹出的菜单中选择【设置文本】/【设置文本域文字】命令，打开"设置文本域文字"对话框。

STEP 05： 设置文本域文字

1. 在打开对话框的"文本域"下拉列表框中选择"input"random""选项。
2. 在"新建文本"文本框中输入"{Math.random().toString().slice(-4)}"。
3. 单击 确定 按钮，完成设置文本域文字的操作。

STEP 06： 为标签添加行为

1. 选择网页编辑区中的"看不清,请换一张"文本。
2. 在"行为"选项卡中单击"添加行为"按钮 +。
3. 在弹出的菜单中选择【设置文本】/【设置文本域文字】命令,打开"设置文本域文字"对话框。

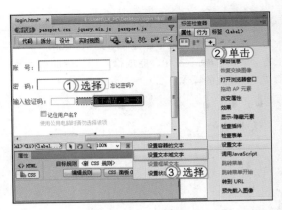

STEP 07： 设置文本域文字

1. 在打开对话框的"文本域"下拉列表框中选择"input"random""选项。
2. 在"新建文本"文本框中输入"{Math.random().toString().slice(-4)}"。
3. 单击 确定 按钮,完成设置文本域文字操作。

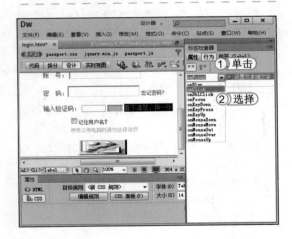

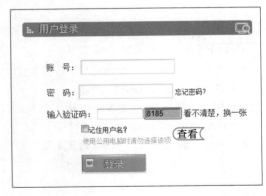

STEP 08： 修改事件

1. 在"行为"选项卡的"事件"列中单击刚添加的行为并单击其后的下拉按钮 。
2. 在弹出的菜单中选择"onClick"命令,完成修改事件的操作。

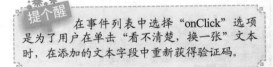

> **提个醒** 在事件列表中选择"onClick"选项是为了用户在单击"看不清楚,换一张"文本时,在添加的文本字段中重新获得验证码。

STEP 09： 预览效果

保存所制作的网页,在浏览器中加载网页时则会在文本字段对象中产生一组验证码,用户可单击"看不清楚,换一张"文本时,则会产生另一组验证码。

读书笔记

10.2 使用 Spry 面板

在 Dreamweaver CS6 中除了可使用行为为网页制作一些特效外，同样也可以使用 Spry 面板制作出一些选项卡、折叠式面板等效果为网页增色，下面将对 Spry 面板中的选项卡式面板、可折叠面板以及折叠式面板进行介绍。

学习 1 小时 ▶ - - - - -

- 🔍 了解 Spry 各种面板相关知识。
- 🔍 熟悉插入 Spry 面板的操作方法。
- 🔍 掌握 Spry 面板属性设置的操作方法。

10.2.1 认识 Spry 面板

在 Dreamweaver CS6 中包括 Spry 选项卡式面板、Spry 可折叠面板以及 Spry 折叠式面板 3 种面板类型，下面将分别介绍各种面板。

- 🔑 Spry 选项卡式面板：Spry 选项卡式面板构件是一组面板，用来将内容存储到紧凑空间中。
- 🔑 Spry 可折叠面板：Spry 可折叠面板的好处是可节省宝贵的页面空间，同时给访问者更佳的用户体验。
- 🔑 Spry 折叠式面板：折叠构件是类似于 QQ 面板的一组可折叠的面板，可将大量内容存储在一个紧凑空间中，访问者通过单击该面板的选项卡来隐藏或显示折叠构件中的内容。

10.2.2 插入并设置 Spry 面板

在 Dreamweaver CS6 中对于不同的 Spry 面板的插入方法都基本相同，都可通过两种方法进行插入，一种是通过菜单命令；另一种则是通过"插入"浮动面板，下面将分别对 3 种 Spry 面板的插入和设置方法进行具体的介绍。

1. 插入并设置 Spry 选项卡式面板

在 Dreamweaver CS6 中插入 Spry 选项卡面板后，访问者可通过单击选项卡来切换存储在选项卡式面板中的不同内容，单击某个选项卡时，对应的构件面板会打开。而插入 Spry 选项卡式面板的方法为：在"插入"浮动面板的"Spry"分类列表中单击"Spry 选项卡式面板"按钮📖或选择【插入】/【Spry】/【Spry 选项卡式面板】命令。

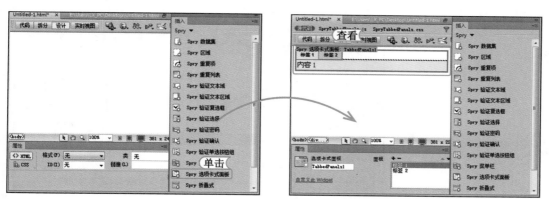

263

72 ☒
Hours

62
Hours
▲

52
Hours
▲

42
Hours
▲

32
Hours
▲

22
Hours
▲

12
Hours

在网页文档中需要插入 Spry 中的各种面板时，必须先对网页文档进行保存，否则在插入 Spry 面板时，则会弹出提示对话框提示是否保存网页文档。

在 Dreamweaver 中插入了 Spry 选项卡式面板后，则会激活相应的属性面板，在该面板中包括"选项卡式面板名称"、"面板"列表及面板添加、删除按钮和面板顺序调整按钮，以及"默认面板"下拉列表框。选中"面板"列表中面板名称，可使网页编辑区中对应面板进入编辑状态，在网页编辑区对该面板中的内容进行编辑即可。

下面将对属性面板中的各参数设置进行介绍。

🔑 "选项卡式面板"文本框：主要是用于设置插入面板的名称，默认情况下会以"TabledPanels1、TabledPanels2......"进行命名。

🔑 "面板"列表：该列表中显示了所选 Spry 选项卡式面板的各个标签选项，单击其上方的➕和➖按钮可以添加或删除列表中的标签选项，单击▲和▼按钮则可以调整列表中标签的顺序。

🔑 "默认面板"下拉列表框：在该下拉列表框中列出了 Spry 选项卡式面板中所有的标签面板，并且所选择的标签面板会在编辑区中显示。

可以分别对选项卡式面板的选项卡文本及正文内容进行 CSS 样式设置，另外，正文部分除了可以插入文本外，还可以插入其他常用网页元素，如图片、视频以及 Div 等。

2. 插入并设置 Spry 折叠式面板

在 Dreamweaver CS6 中插入 Spry 折叠式面板后，可通过单击 Spry 折叠式面板的选项卡来隐藏或显示折叠构件中的内容。当访问者单击不同的选项卡时，折叠式构件的面板会相应地展开或收缩。在折叠式构件中，每次只能有一个内容面板处于打开且可见的状态，其效果类似 QQ 软件面板。插入 Spry 折叠式面板的方法为：在"插入"浮动面板的"Spry"分类列表中单击"Spry 折叠式"按钮▦或选择【插入】/【Spry】/【Spry 折叠式】命令即可。

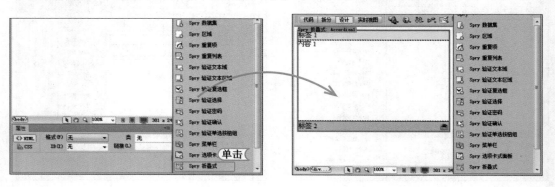

插入 Spry 折叠式面板后，将鼠标光标移至折叠式面板的标签右侧，则会显示按钮，单击该按钮后，则会将该按钮所在的标签行进行折叠或展开。

同样在网页文档中插入 Spry 折叠式面板后，则会激活相应的属性面板，在该面板中用户可对 Spry 折叠式面板进行相应的属性设置，与 Spry 选项卡式面板的属性面板相比其参数设置的功能都是相同的，这里不再赘述。

3. 插入并设置 Spry 可折叠面板

在 Dreamweaver CS6 中插入 Spry 可折叠面板的方法与前两者基本相同，同样是在"插入"浮动面板的"Spry"分类列表中单击"Spry 可折叠面板"按钮或选择【插入】/【Spry】/【Spry 可折叠面板】命令即可。

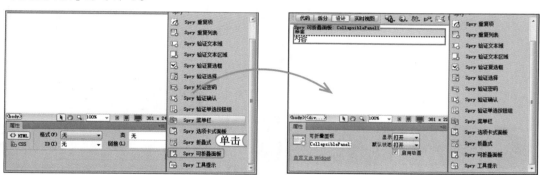

可折叠面板属性与 Spry 选项卡式面板和 Spry 折叠式面板的属性不一样，除了相同的面板名称属性外，可折叠面板并没有增加、删除等按钮，在可折叠属性面板中包括了显示下拉列表框、默认状态下拉列表框以及 启用动画复选框，下面将分别介绍其作用。

🔑 "显示"下拉列表框：主要用于切换该折叠面板是否展开。

🔑 "默认状态"下拉列表框：主要是设置当文档被打开时该可折叠面板是否折叠。

🔑 ☑ 启用动画复选框：主要用于设置该控件的选项卡在打开或关闭时，是否有动画过渡。

读书笔记

265

72 🔲
Hours

62
Hours
▲

52
Hours
▲

42
Hours
▲

32
Hours
▲

22
Hours
▲

12
Hours
▲

上机 1 小时 ▶ 制作 QQ 软件面板

🔍 进一步巩固 Spry 面板的插入和设置方法。

🔍 进一步掌握将各种 Spry 面板组合应用的技巧。

本例将利用 Spry 选项卡式面板和 Spry 折叠式复合构件，模拟一个 QQ 聊天软件的面板，完成后的效果如右图所示。

资源
文件　素材 \ 第 10 章 \QQ\
　　　效果 \ 第 10 章 \QQ\QQ_panel.html
　　　实例演示 \ 第 10 章 \ 制作 QQ 软件面板

STEP 01： 添加 Spry 选项卡面板

1. 打开"QQ_panel.html"网页，将插入点定位在中间空白部分。

2. 在"插入"浮动面板的"Spry"分类列表中单击"Spry 选项卡式面板"按钮 ▣。

提个醒　在插入 Spry 标签元素或面板后，保存文档都会有复制相关文件的操作过程，该过程中将会把这些用于支撑 Spry 验证运行的 Js 及 CSS 文件复制到文档所在目录。

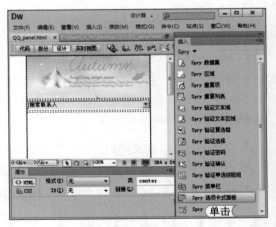

读书笔记

STEP 02：   添加标签面板

1. 选中刚插入的"Spry 选项卡式面板"。
2. 在其属性面板的"面板"列表中单击"添加面板"按钮➕，添加两个标签面板。
3. 在"面板"列表中即可查看添加的两个标签面板。

> 提个醒　　在添加标签面板时，在"面板"列表中默认选择哪个标签面板，添加的标签面板，则会依次排列在其后。

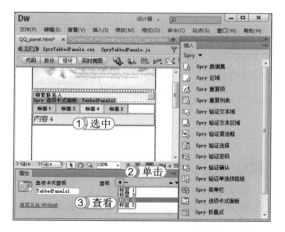

STEP 03：   修改标签名并设置默认面板

1. 在 Spry 选项卡式面板中依次选择各标签面板，分别修改为"联系人"、"讨论组"、"动态"和"微博"。
2. 选择 Spry 选项卡式面板，在其属性面板的"默认面板"下拉列表中选择"联系人"选项。

STEP 04：   添加 Spry 折叠式面板

1. 在 Spry 选项卡式面板中，将"联系人"下方的文本"内容 1"删除。
2. 在"插入"浮动面板的"Spry"分类列表中单击"Spry 折叠式"按钮。

读书笔记

STEP 05：   添加 Spry 折叠式的标签面板

1. 选中插入的 Spry 折叠式面板。
2. 在其属性面板的"面板"列表上方单击"添加面板"按钮➕，添加两个标签面板。

62
Hours

52
Hours

42
Hours

32
Hours

22
Hours

12
Hours

STEP 06： 修改 Spry 折叠式标签名

在 Spry 折叠式面板上依次将标签面板的名称修改为"我的好友"、"同事"、"陌生人"和"家人"。

STEP 07： 添加我的好友名称

1. 选中插入的 Spry 折叠式面板。
2. 在其属性面板的"面板"列表中选择"我的好友"选项。
3. 在 Spry 折叠式面板中选择"内容 1"文本，并将其删除，依次输入好友名称。

提个醒　在输入好友名称时，可按 Ctrl+Enter 组合键进行换行。

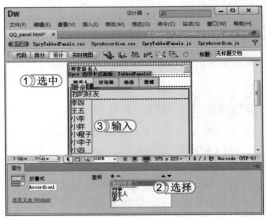

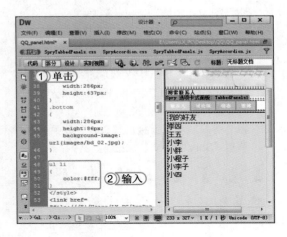

STEP 08： 为 Spry 选项卡式面板添加 CSS

1. 单击 拆分 按钮，切换到"拆分"视图中。
2. 在 <style></style> 标签中输入代码"ul li {color:#fff;}"，将 Spry 选项卡上的标签文本设置为白色。

读书笔记

STEP 09： 为 Spry 折叠式面板添加 CSS

1. 在 <style></style> 标签中输入代码，将折叠式面板的内容颜色设置为"#f4faeb"，其字体设置为"方正楷体简体"，其字号设置为"16px"。
2. 其标签面板的字体设置为"汉仪醒示体简"，字号设置为"14px"，背景颜色设置为"#ccc"。

STEP 10： 设置 Spry 折叠式面板的高度

1. 在"拆分"视图的设计窗口中选择我的好友标签和内容。
2. 在"拆分"视图的代码窗口中输入代码"style="height:340px;"",设置标签面板的背景高度为 340 像素,保存整个网页,完成操作。

10.3 练习 2 小时

本章主要介绍行为和 Spry 面板的相关知识和相应的操作,并且也通过使用行为和 Spry 面板制作了一些简单的网页,让读者更能理解和明白行为和 Spry 面板在 Dreamweaver CS6 中的一些应用,但要熟练地应用行为和 Spry 面板,还需要巩固练习,下面将制作"DIY 模块式"首页和"HTML 在线编辑器"页面,达到熟练的目的。

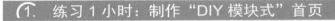

1. 练习 1 小时:制作"DIY 模块式"首页

本例通过为浮动式 AP Div 添加"拖动 AP 元素"行为,实现可允许用户自主调整页面版块布局的 DIY 模块式首页,同时利用其他效果行为,实现丰富的页面交互特效。其最终效果如下图所示。

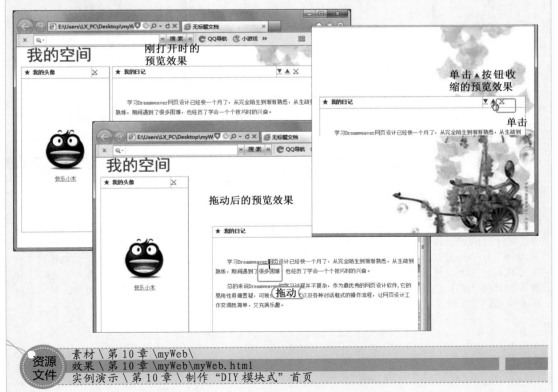

资源文件
素材 \ 第 10 章 \myWeb\
效果 \ 第 10 章 \myWeb\myWeb.html
实例演示 \ 第 10 章 \ 制作"DIY 模块式"首页

269
72 ⌚ Hours
62 Hours
52 Hours
42 Hours
32 Hours
22 Hours
12 Hours

提个醒

　　在制作 DIY 模块式首页时，其提示步骤分别为：第一步：用标签选择器选中 body 标签，分别添加针对 Layer1 和 Layer2 的"拖动 AP 元素"行为；第二步：分别在 Layer1 和 Layer2 中的×符号上添加针对 Layer1 和 Layer2 的"挤压"行为；第三步：为 Layer2 中的▲符号添加针对 Layer2 "向上遮帘"的"遮帘"效果，设置"向上遮帘自"为"380"，"向上遮帘到"为"25"像素；第四步：为 Layer2 中的▼符号添加针对 Layer2 "向下遮帘"的"遮帘"效果，设置"向下遮帘自"为"25"，"向下遮帘到"为"380"像素。

② 练习 1 小时：制作 HTML 在线编辑器页面

　　本例将综合应用各种设置文本行为，实现一个具有简单功能的 HTML 在线编辑器，通过在上方输入 HTML 代码，可在线显示 HTML 代码展示效果，双击展示区还可以通过弹出信息对话框来查看实际的源代码。其最终效果如下图所示。

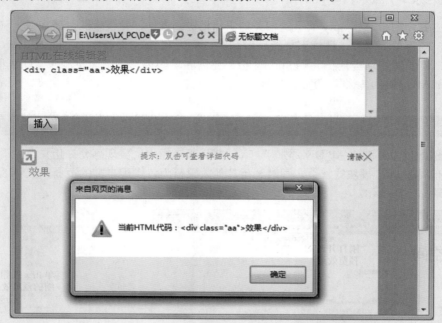

资源
文件

素材 \ 第 10 章 \jsFunc\
效果 \ 第 10 章 \jsFunc\jsFunc.html
实例演示 \ 第 10 章 \ 制作 HTML 在线编辑器页面

提个醒

　　在制作 HTML 在线编辑器页面时，其提示步骤分别为：第一步：为 插入 按钮添加针对"HTML1" Div 的"设置容器文本"行为，内容为 JavaScript 代码：{htmEdit.value}（文本区域中的内容）；第二步：为"main" Div 添加"弹出提示"行为，提示内容为"{HTML1.innerHTML}"（"HTML1" Div 中的代码内容），对应事件为"onDlbClick"（双击）；第三步：为"main" Div 右上角的"清除"按钮添加针对"HTML1" Div 的"设置容器文本"行为，内容为空，用于清除当前展示区内容；第四步：保存文档，完成制作。

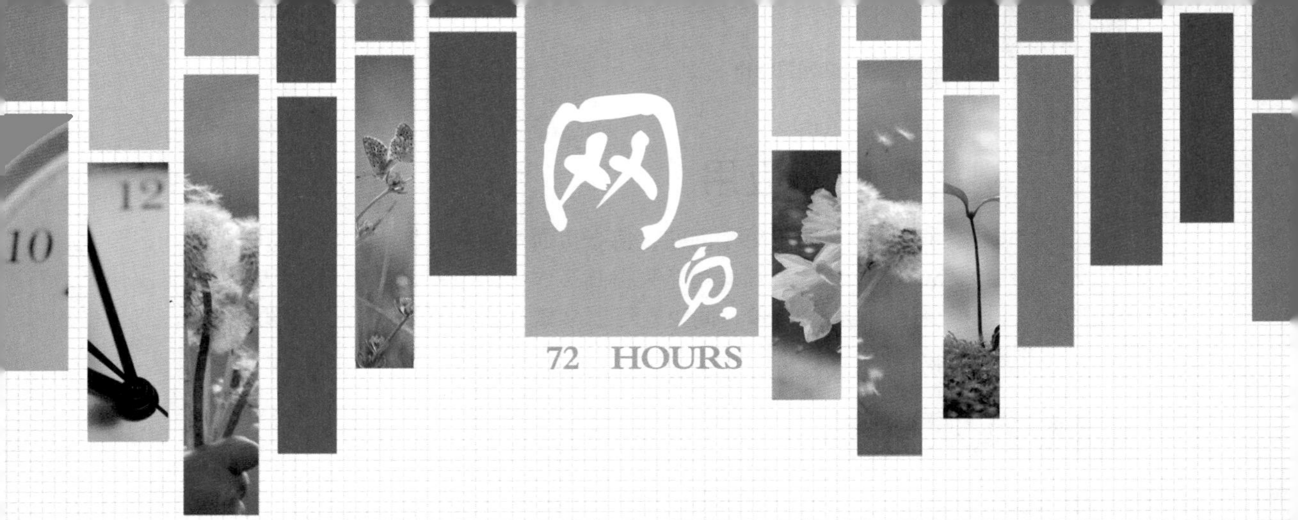

第11章 提高网页制作效率

学习 2小时

制作网站时，如果每个网站、每张页面都独立来制作，则会浪费很多时间，这时，可使用网页模板，将网页设计工作变得相对简单。本章将介绍网页模板的作用、创建网页模板、更新库项目和 Dreamweaver CS6 扩展管理等知识，通过学习，提高网页的制作效率。

- 网页模板的应用
- 库元素和扩展管理的应用

上机 4小时

11.1 网页模板的应用

在制作网站的过程中，如果每个网站、每张页面都独立来制作，会浪费很多时间，因此必须充分利用 Dreamweaver CS6 的辅助功能来提高工作者的效率，如使用网页模板，可以使大量繁琐的网页设计工作变得相对简单，同时也可以从繁杂的网页制作工作中解放出来，将更多的精力投入到网页创意和设计中。

学习 1 小时

- 🔍 了解网页模板的作用和使用方法。
- 🔍 掌握创建和编辑网页的模板。
- 🔍 掌握网页模板的维护与更新。
- 🔍 掌握应用和分离模板的方法。

11.1.1 网页模板的作用和使用方法

模板是 Dreamweaver CS6 中的重要工具。模板的创建者可在模板中设计固定的页面布局，然后在模板中创建可编辑区域，方便修改。没有定义为可编辑区域的部分就无法编辑其中的内容，这样，不可编辑区域就可以固定下来供多个文档共享，下面将详细介绍模板的作用和使用方法。

1. 网页模板的作用

"模板"对包含大量具有相同布局的页面的站点来说，无疑是最高效的设计工具。"模板"文件与常规网页文档有很大区别，它使用专门的".dwt"格式，而非传统的".html"格式，并且对于含有多个网页文档的站点，其网站 LOGO、页眉、导航栏以及页脚信息部分通常都是相同的，因此，可制作一个通用页面，在页面中把这些固定不变的部分锁定，而只将其他不固定的区域（如正文部分）定义为可编辑部分。这样就可以在这个通用页面的基础上进行修改，从而制作出各个具有不同正文内容的子页面，这样不仅统一了整个网站的风格，同时也大大提高了工作效率。

经验一箩筐——模板的功能

模板的功能中最重要的一项是它可以一次更新多个页面，基于模板的文档与该模板仍然保持关联，对该模板的任何修改都会导致在基于该模板的页面随着一起被更改，如果用户要将已存在的网页保存为模板，则可选择【文件】/【另存为模板】命令，在打开的对话框中对其命名，单击 确定 按钮。

2. 模板的使用方法

模板的使用主要包括创建基于模板的网页文档和在模板可编辑区域插入内容两部分，在保存基于模板的网页文档时与保存其他常规网页文档没有任何区别。而且在 Dreamweaver CS6 中应用模板以及在可编辑区域中插入内容的方法也相当简单，下面将分别对其操作方法进行介绍。

🔑 创建基于模板的网页文档：选择【文件】/【新建】命令，打开"新建文档"对话框，选择"模板中的页"选项卡，选择模板所在站点，选择要套用的模板名称，单击 创建(R) 按钮，即可实现基于模板的网页文档的创建。

🔑 在可编辑区域插入内容：创建了基于模板的网页文档后，在 Dreamweaver CS6 的文档窗口中找到可编辑区域（具有可编辑区域的蓝色标签和蓝色边框的部分），插入需要编辑的内容，并保存为相应的网页文档格式即可。

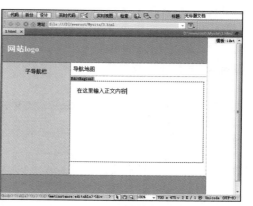

▌经验一箩筐——"模板"网页文档与普通网页文档的区别

在基于"模板"的网页文档中进行页面设计和内容编辑与在普通的非基于"模板"的网页文档中并无明显区别，唯一的不同是，在基于"模板"的网页文档中，不是所有的区域都能进行编辑。另外在"可编辑区域"进行页面设计和内容编辑时，还需要考虑增加的部分是否会出现与整个"模板"风格不一致，而导致与模板整体风格出现较大冲突的问题。

问题小贴士

问：什么是可编辑区域？

答：Dreamweaver CS6 为模板中的区域定义了 4 种主要的区域，而"可编辑区域"只是其中之一，下面将分别对 4 种区域的定义进行介绍。

🔑 可编辑区域：该区域是基于"模板"文档中未锁定的区域，它是"模板"用户可以编辑的部分。要使"模板"生效，至少应包含一个"可编辑区域"。

🔑 重复区域：该区域是文档中设置为重复的布局部分，如可设置重复一个表格行。重复部分通常是可编辑的。"重复区域"分为两类：重复区域和重复表格。

🔑 可选区域：该区域是"模板"中可选的部分，用于保存可能在基于"模板"的文档中出现的内容，可设置判断条件来使可选区域中的内容根据条件显示或隐藏。

🔑 可编辑的可选属性：该区域是可编辑区域与可选区域相结合的产物。

11.1.2 创建和编辑网页模板

在 Dreamweaver CS6 中要用模板来创建网页文档，首先要创建和编辑网页模板，下面将介绍如何在 Dreamweaver CS6 中创建和编辑网页模板。

1. 创建网页模板

在 Dreamweaver CS6 中有多种创建网页模板的方法，可根据实际情况和使用习惯选择适合自己的创建方式，下面对各创建方法进行介绍。

🔑 使用"新建文档"对话框创建：在 Dreamweaver CS6 中，选择【文件】/【新建】命令，打开"新建文档"对话框，在其中选择"空模板"选项卡，在"模板类型"列表框中选择"HTML 模板"选项，在"布局"列表框中选择一种布局样式，单击 创建(R) 按钮，完成创建。

🔑 使用"插入"浮动面板或菜单命令创建：新建或打开一个普通的 HTML 文档，然后在"插入"浮动面板的"常用"分类列表中单击"模板"按钮，在弹出的下拉列表中选择"创建模板"选项或选择【插入】/【模板对象】/【创建模板】命令。

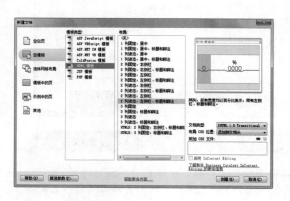

🔑 在"资源"浮动面板中创建：选择【窗口】/【资源】命令，打开"资源"浮动面板，单击其左侧的"模板"按钮切换到"模板"分类，再单击"新建模板"按钮，新建模板。

经验一箩筐——保存模板

将常规的网页保存为模板，其方法为：新建或打开一个普通的 HTML 文档，然后选择【文件】/【另存为模板】命令，在打开的对话框中选择保存路径，将文档保存为模板。但需要注意的是，如果尚未在 Dreamweaver CS6 中定义站点，则保存模板时将出现如下提示对话框。

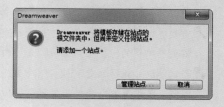

经验一箩筐——为何要定义站点

由于模板都是以站点为单位的，因此，保存模板前需新建站点定义或选择某个站点定义作为当前站点，如果没有选择一个有效的站点作为当前站点，则以上方法中，除第3种外（"资源"管理本身就是基于站点的操作），其余方法在保存文档时都会打开添加站点的提示对话框，需要对该"模板"的关联站点进行创建和设置。

2. 编辑网页模板

对于一个模板文档，其中至少应包含一个"可编辑区域"，否则将它套用到常规网页文档中将无法对任何区域进行编辑，使用模板也就变得没有任何意义。因此在模板中应该插入一个或一个以上的"可编辑区域"，对于其他几种"区域"可以根据设计需要进行添加，插入"可编辑区域"的方法主要有如下两种。

🔑 **通过菜单命令插入**：在"模板"中目标位置定位插入点（或选中目标元素），选择【插入】/【模板对象】/【可编辑区域】命令（或按 Ctrl+Alt+V 组合键），打开"新建可编辑区域"对话框，在"名称"文本框中为添加的可编辑区域命名，单击 确定 按钮即可完成插入"可编辑区域"的操作。

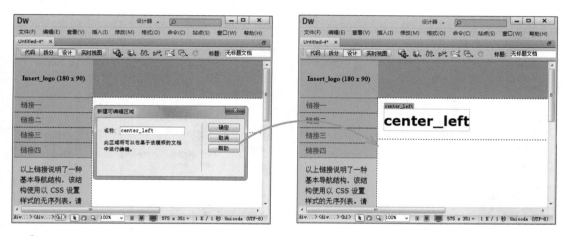

🔑 **通过"插入"浮动面板插入**：在"模板"中目标位置定位插入点（或选中目标元素），在"插入"浮动面板的"常用"分类列表中单击"模板"按钮📄，在弹出的下拉列表中选择"可编辑区域"选项，在打开的对话框中进行命名后，单击 确定 按钮，完成插入"可编辑区域"的操作。

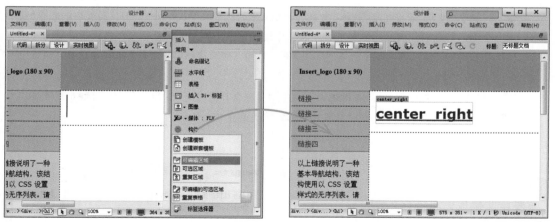

▎经验一箩筐——插入"可编辑区域"的注意事项

模板中需要插入可编辑的区域应根据站点中各个页面的特点来确定，因此应该在设计模板之前对整个网站中所需创建的各个页面进行统一规划，以避免设置不必要的可编辑区域。

275

72☒
Hours

62
Hours

52
Hours

42
Hours

32
Hours

22
Hours

12
Hours

11.1.3 网页模板的维护与更新

在一个网站中，当站点中各页面的公共部分（如导航栏按钮）需要调整时，如果没有模板，则需要逐个页面进行修改，若站点中的网页很多，则工作量将变得相当大，而模板的出现正好改变了这一局面，通过模板创建的大量的网页文档，在需要进行修改时，只需要对公共部分进行修改后，更新基于该模板的所有文档，就可轻松地实现所有页面的修改，从而大大提高了网站维护的工作效率。下面将对网页文档的更新操作进行介绍。

🔑 **更新当前文档**：在基于某个模板的网页文档中选择【修改】/【模板】/【更新当前页】命令，可对当前网页文档进行更新操作。

🔑 **更新所有文档**：选择【修改】/【模板】/【更新页面】命令，可打开"更新页面"对话框，在该对话框中可进行更新的参数设置，实现所有文档的更新。

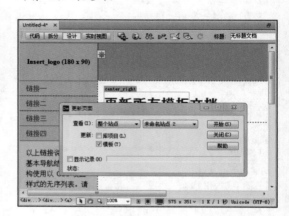

经验一箩筐——更新站点的参数设置

"更新站点"对话框中包含"查看"、"更新"和"显示记录"参数设置项，其作用分别如下。

🔑 **"查看"设置**：若按相应"模板"更新所选站点中的所有文件，在第一个下拉列表框中选择"整个站点"选项，然后从相邻下拉列表框中选择站点名称；若针对特定"模板"更新文件，则在第一个下拉列表框中选择"文件使用"选项，然后从相邻的下拉列表框中选择"模板"名称。

🔑 **"更新"复选框组**：选中☑库项目(L)复选框则对库项目同时更新，且必须选中☑模板(T)复选框。

🔑 **"显示记录"复选框**：选中该复选框后，可查看更新文件的记录。

用户在修改网页模板后，将其保存时，则会打开"更新模板文件"对话框，提示"要基于此模板更新所有文件吗？"。单击【更新(U)】按钮可更新通过该模板创建的所有网页，单击【不更新(D)】按钮则只是保存该模板而不更新通过该模板创建的网页。

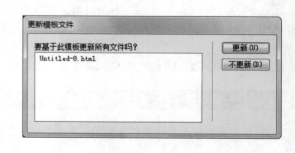

11.1.4　将模板应用到现有网页文档

　　设计制作"模板"的最终目的是将其应用到站点的网页文档中，或者说创建基于"模板"的站点文档。将"模板"应用到现有文档是"模板"应用中最常见的操作，其操作方法比较简单，新建或打开目标网页文档，直接套用即可，下面将对套用模板的操作方法进行介绍。

　🔑 通过菜单命令套用模板：新建或打开目标网页文档，选择【修改】/【模板】/【应用模板到页】命令，打开"选择模板"对话框，在"模板"列表框中选择需套用的模板，单击 选定 按钮即可在当前网页文档中套用所选模板。

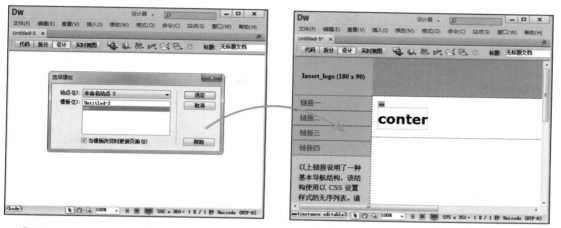

　🔑 通过"插入"浮动面板套用模板：新建或打开目标网页文档，选择【窗口】/【资源】命令，打开"资源"浮动面板，单击 按钮切换到"模板"分类，选中目标"模板"后，单击 应用 按钮，可将"模板"套用到当前网页文档。

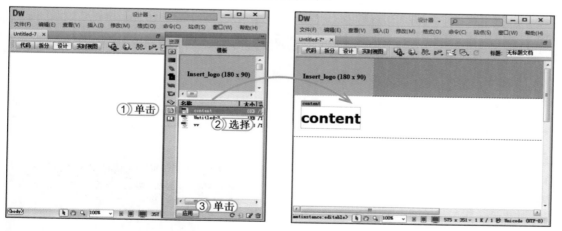

277

72
Hours

62
Hours

52
Hours

42
Hours

32
Hours

22
Hours

12
Hours

▌经验一箩筐——模板的应用对象

　　使用该功能的对象通常是空白的网页文档，如果网页文档中本来包含网页元素，并且与"模板"不一致，则在将"模板"应用到该网页文档时，将打开"不一致区域名称"对话框要求对不一致区域进行匹配，因此对于本身已经包含内容的网页文档执行此操作的情况较少。

11.1.5 从模板分离网页文档

对应用了模板的网页,可根据实际情况对套用了模板的网页文档执行从模板分离的操作。并且分离之后,网页文档的所有区域都将变成可编辑状态(如右图),不再受模板设置的任何限制,同时,"模板"更新功能对该页面也将不再有效。分离模板的方法为:打开需要分离的基于模板的网页文档,然后选择【修改】/【模板】/【从模板中分离】命令即可实现。文档从模板中分离后,该网页文档中的所有模板代码将被删除。

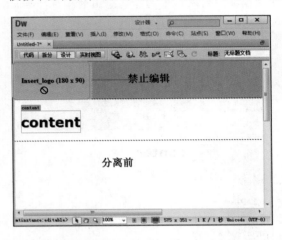

经验一箩筐——如何识别是否是基于模板的网页

与独立网页相比,基于模板的网页文档的页面右上角将显示所套用的模板名称,通过这个标识就可区别当前网页是否为基于模板的网页。

上机1小时 ▶ 创建基于模板的网页

🔍 进一步掌握创建基于模板的网页文档的操作。
🔍 进一步熟悉可编辑区域插入和编辑内容。

本例使用已经提供的网页存为网页模板,并且将在创建的模板基础上新建基于模板的网页,然后在该页的可编辑区域中插入指定的内容,完成后的效果如右图所示。

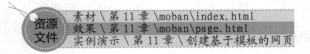
资源文件
素材 \ 第 11 章 \moban\index.html
效果 \ 第 11 章 \moban\page.html
实例演示 \ 第 11 章 \ 创建基于模板的网页

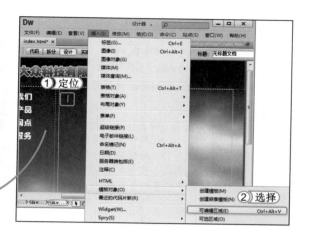

STEP 01： 准备添加可编辑区域

1. 打开"index.html"网页，将插入点定位到右侧的 Div 标签中。
2. 选择【模板对象】/【可编辑区域】命令。
3. 在弹出的提示信息中单击 确定 按钮。

STEP 02： 命名可编辑区域

1. 在打开对话框的"名称"文本框中输入可编辑区域的名称"Content_eidt"。
2. 单击 确定 按钮，完成可编辑区域命名的操作。

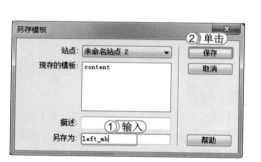

STEP 03： 另存为模板

1. 选择【文件】/【另存模板】命令，打开"另存模板"对话框，在"另存为"文本框中输入模板名称"left_mb"。
2. 单击 保存 按钮，在弹出的提示对话框中单击 是(Y) 按钮，完成另存为模板的操作。

STEP 04： 新建基于网页的模板

1. 按 Ctrl+N 组合键，打开"新建文档"对话框，选择"模板中的网页"选项卡。
2. 在"站点的模板"列表框中选择刚创建的网页模板"left_mb"选项。
3. 单击 创建(R) 按钮，完成新建基于网页的模板操作。

提个醒 在"新建文档"对话框中，如果在"站点"列表框中有多个站点，则需要选择网页模板所在的站点。

279
72⊠
Hours

62 Hours
52 Hours
42 Hours
32 Hours
22 Hours
12 Hours

STEP 05： 添加文本

在网页编辑区中选择"Content_eidt"文本，将其删除，将提供的"content.txt"文本文件中的文字复制到网页编辑区中的可编辑区域中。

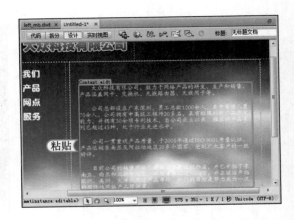

提个醒 可编辑区域不但支持插入文本，同时也支持图像、Flash、视频和表格等网页元素，另外还可以使用 Div 对可编辑区域进行布局，可编辑区域的大小仅受到其父元素的限制，与可编辑区域标签本身无关。

STEP 06： 保存网页

1. 按 Ctrl+S 组合键，在打开对话框的"文件名"下拉列表框中输入"page.html"。
2. 单击 保存(S) 按钮，完成保存网页操作。

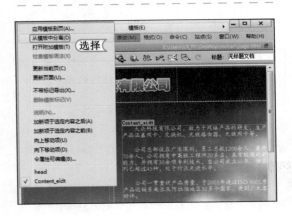

读书笔记

STEP 07： 分离模板

选择【修改】/【模板】/【从模板中分离】命令，将网页从模板中分离出来，按 Ctrl+S 组合键保存，完成整个例子的制作。

提个醒 执行从模板分离文档的操作后，文档中的模板标记将被全部删除，但这并不意味着所有内容都被删除，除模板的各种标记外，其原有的网页素材将完全不受影响。

STEP 08： 预览效果

按 F12 键，在浏览器中预览其效果。

读书笔记

11.2　库项目和扩展管理的应用

在网站制作中，使用网页模板能快速创建新网页，而使用库项目和扩展管理辅助功能不仅能对网站中大量的素材进行有效的收纳，还可以将复杂的操作使用参数将其简单化，下面将对库项目和扩展管理的应用进行介绍。

学习1小时

🔍 认识什么是库和库项目。 　　🔍 熟悉创建、插入和修改库项目的操作方法。

🔍 掌握更新库项目的操作方法。 　　🔍 熟悉 Dreamweaver CS6 的扩展管理功能。

11.2.1　什么是库和库项目

Dreamweaver CS6 中的"库"是存储在整个站点中经常使用或修改的网页元素的技术。被添加到"库"中的网页元素被称为库或者库项目。"库"的使用提高了对站点中各种公用对象的管理能力，修改这些公用对象也变得更加轻松。下面将对库项目所在面板及库项目的转换进行介绍。

1. 认识"库"面板

在 Dreamweaver CS6 中，可在"资源"浮动面板中单击"库"按钮🔲，切换到"库"分类中。在"库"分类中包括库项目预览窗格、库项目列表窗格以及对库项目进行相应操作的按钮。下面将分别对"库"分类中的各组成部分进行介绍。

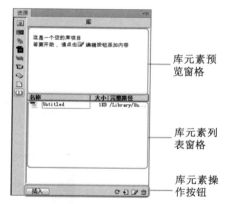

库元素预览窗格

库元素列表窗格

库元素操作按钮

🔑 **库项目预览窗格**：预览当前选中的库项目。

🔑 **库项目列表窗格**：显示当前有效的库项目，单击任意一行可将其选中（双击还可以为所选库项目进行重命名操作）。

🔑 **库项目操作按钮**：包括 插入 按钮、"刷新站点列表"按钮🅲、"新建库项目"按钮🔁、"编辑"按钮📝 和"删除"按钮🗑 等，其中 插入 按钮的作用是将所选库项目应用到当前网页文档中；"刷新站点列表"按钮🅲的作用是刷新库项目列表窗口中的库项目；"新建库项目"按钮🔁的作用是新建一个空库项目；"编辑"按钮📝，单击该按钮，则会在打开所选库项目，用户可将插入点定位到该库项目中进行编辑；"删除"按钮🗑，单击该按钮，则可删除所选的库项目。

2. 能转换为库项目的网页元素

在"库"中可以加入网页文档（包括网页主体 \<body\> 标签）中的任何网页元素，如文本、图像、表格、表单、Javascript 脚本程序、插件和 ActiveX 对象等。Dreamweaver CS6 保存在"库"

62
Hours

52
Hours

42
Hours

32
Hours

22
Hours

12
Hours

中的只是对实际元素项目（如图像文件）的引用。对于以文件实体形式存在的库项目，其原始文件必须被保留在指定的位置，否则无法被正确引用，这个指定位置通常是在每个站点的本地根路径下的"Library"文件夹中。

> ▌ 经验一箩筐——还有哪些网页元素能转换为库项目
>
> 在 Dreamweaver CS6 中除了上述所列出网页元素能转换为库元素外，网页中定义的"行为"也可以转换为库项目，不过在库项目中编辑"行为"有一些特殊的要求。"库"项目不能包含时间轴或样式表，因为这些元素的代码是在网页头（head 标签）中，而不能作为网页体（body 标签）的一部分。

11.2.2 创建库项目

在 Dreamweaver CS6 中库文件的作用就是将网页中经常使用到的网页对象转化为库项目，然后再将库项目作为一个元素插入到网页文档中，这样就可以通过添加库文件制作网页文档，库项目与模板的区别则在于模板是使用整个网页，而库项目只是网页文档中的一个局部内容。下面将介绍创建库项目的方法。

🔑 通过右击菜单创建库项目：在"资源"浮动面板中单击"库"按钮🔲，切换到"库"分类中，在库元素列表窗格中单击鼠标右键，在弹出的快捷菜单中选择"新建库项"命令，便可创建空白的库项目。

🔑 通过🔳按钮创建库项目：在"资源"浮动面板中单击"库"按钮🔲，切换到"库"分类中，单击"新建库项目"按钮🔳，便可创建空白的库项目。

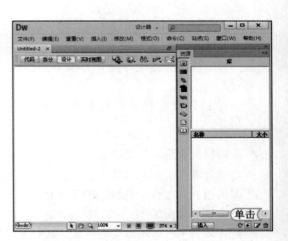

> ▌ 经验一箩筐——网页元素转换为库项目的方法
>
> 在一个完整的网页文档中，也可以将网页文档中的某个区域的内容转换为库项目，方便在其他网页中使用，其方法为：选中需要转换为库项目的内容，选择【修改】/【库】/【增加对象到库】命令，即可将所选网页内容转换为库项目。

下面将在"资源"浮动面板中的"库"面板中创建"login.lbi"库项目。

资源文件
素材 \ 第 11 章 \login\login_css.css
效果 \ 第 11 章 \login\login.lbi
实例演示 \ 第 11 章 \ 创建库项目

STEP 01： 新建空白库项目并命名

1. 选择【窗口】/【资源】命令，打开"资源"浮动面板，单击"库"按钮，切换到"库"分类列表中。
2. 单击"新建库项目"按钮，完成新建空白库项目的操作。
3. 将新建的空白库项目重新命名为"login"，按 Enter 键，结束命名编辑，完成库项目的重命名操作。

STEP 02： 在库项目中插入 Div 标签

1. 在库项目列表窗口中双击刚创建的库项目，打开"插入 Div 标签"对话框。
2. 将插入点定位到"类"的文本框中，输入"login"。

提个醒 在库项目中插入网页中的各元素的操作与在网页文档中插入网页元素的操作方法相同。

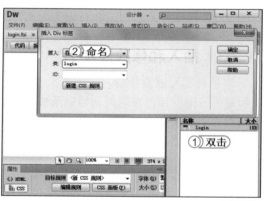

STEP 03： 链接 CSS 样式

1. 选择插入的 Div 标签，在"CSS 样式"浮动面板中单击"附加样式表"按钮。
2. 在打开对话框的"文件/URL"文本框中输入 CSS 样式表文件"login_css.css"。
3. 单击 确定 按钮，完成链接 CSS 样式操作。

提个醒 为了保证链接的正确性，需要将链接的 CSS 样式文件复制到 Library 文件夹中，辅助库项目的制作。

283

72 ⊠
Hours

62
Hours

52
Hours

42
Hours

32
Hours

22
Hours

12
Hours

STEP 04： 添加表单标签和表单元素

将插入点定位到插入的 **Div** 标签中，将其中的文本删除，插入表单标签，并在表单标签中插入文本域、复选框和按钮对象。完成整个例子的制作。

STEP 05： 保存并预览

按 **Ctrl+S** 组合键保存编辑的库项目文件，即可在"库"分类列表的"库项目预览窗口"中查看其效果。

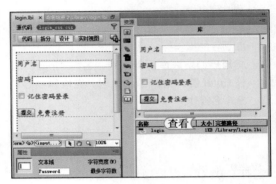

11.2.3 插入和修改库项目

库项目都可以直接插入到网页文档中进行使用，但实际上插入到网页中的库项目只是该库项目的一个引用，在网页文档中无法对这个插入的库项目进行编辑。另外，在库中对库项目的编辑，将直接影响到该库项目在网页文档中的引用。下面将对插入库项目和修改库项目的操作方法进行介绍。

1. 插入库项目

在 Dreamweaver CS6 中插入库项目的方法比较简单，首先在需要插入库项目的网页文档目标位置定位插入点，然后在"资源"浮动面板中切换到"库"分类列表中，在库项目列表窗口中选中需要插入的库项目，单击 插入 按钮即可。

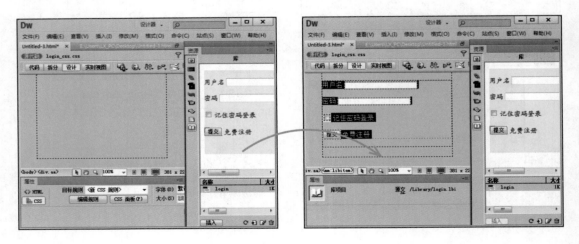

在网页文档中插入的库项目后，其背景会显示为淡黄色，而且是不可编辑的状态，在预览页面时，背景色则会按照实际设置的样式进行显示。

在插入库项目后，则可在该库项目所对应的属性面板中进行引用设置，如 打开 按钮、从源文件中分离 按钮和 重新创建 按钮。

下面将对该属性面板中的各设置进行介绍。

- 打开 按钮：单击该按钮，可打开库项目的源文件进行编辑，对库项目的编辑操作方法与普通网页元素没有区别。
- 从源文件中分离 按钮：单击该按钮，将断开所选库项目与其源文件之间的链接。分离后即可在文档中独立编辑这些已分离的对象。同时，由于该对象已不再是库项目的引用，因此再次更改源文件时将不会再对其进行更新。
- 重新创建 按钮：单击该按钮，将用当前选定内容覆盖原始库项目。使用此选项可以在丢失或意外删除原始库项目时重新创建。

2. 修改库项目

在 Dreamweaver CS6 中允许对库项目的内容进行修改，修改前首先要打开需要修改的库项目。打开库项目的方式主要有两种，一种是选中文档中需要修改的库项目后，单击"库项目"属性面板的 打开 按钮；另一种是选中需要修改的库项目后，在"资源"浮动面板中切换到"库"分类列表中，在"库项目列表窗口"中选择需要修改的库项目，单击 按钮，即可进行修改。

11.2.4 更新库项目

当对库项目进行修改操作后，可选择【修改】/【模板】/【更新页面】命令，打开"更新页面"对话框，设置更新的库项目，设置完成后，单击 开始(S) 按钮开始更新，更新完成后，单击 关闭(C) 按钮，关闭对话框。

"更新库项目"与"模板"中"更新页面"的操作都是在"更新页面"对话框中完成的，唯一不同的是库项目的更新必须选中☑ 库项目(L)复选框。

11.2.5 Dreamweaver CS6 扩展管理

扩展的应用简化了 Dreamweaver CS6 的操作，将实现特定效果的制作过程称为扩展，提

285

72☑
Hours

62
Hours

52
Hours

42
Hours

32
Hours

22
Hours

12
Hours

高了网站开发的效率。下面将对扩展管理的概念和"扩展管理器"界面进行介绍。

1. 扩展管理的概念

扩展管理又被称作插件，可以将某种特定页面功能或某种特效的复杂操作过程集成起来，制作成插件。当用户安装插件后，只需要按照该插件中简单的设置步骤进行操作，就可以实现特定的页面功能或某种特效，并且其扩展文件通常都采用".mxp"的文件格式，可通过互联网扩展库获取这些扩展文件。

2. "扩展管理器"界面

在 Dreamweaver CS6 中可通过选择【命令】/【扩展管理】或【帮助】/【扩展管理】命令打开扩展管理器的界面，并且还可通过在该界面中单击 按钮安装下载的扩展插件。

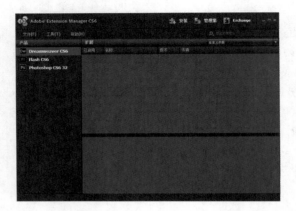

> **▌经验一箩筐——关于扩展管理**
>
> "扩展管理器"是 Adobe 系列设计软件所共用的，因此它不仅可以管理 Dreamweaver CS6 的扩展，还可以管理其他软件的扩展。如果在计算机中安装了多个支持扩展功能的软件，则应在"扩展管理器"左侧的"产品"列表中选择需要安装扩展的软件名，如 Dreamweaver CS6。

上机 1 小时 ▶ 库项目的管理和使用

🔍 进一步掌握库项目的创建操作。
🔍 进一步熟悉库项目的管理和使用。

本例将把提供的网页文档中的导航链接转换成库项目，并对转换后的库项目进行应用和修改，最后对修改后的库项目进行更新并保存。达到巩固库项目相关知识的目的，最终完成的效果如下图所示。

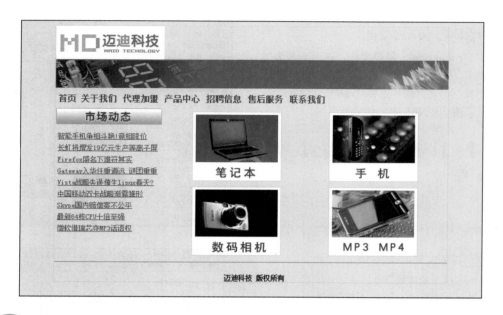

資源
文件

素材 \ 第 11 章 \ku\
效果 \ 第 11 章 \ku\indexTech.html1
实例演示 \ 第 11 章 \ 库项目的管理和使用

STEP 01： 新建库项目

1. 打开 "indexTech.html" 网页文档，选中导航
   栏中的所有超级链接文本。
2. 在 "资源" 面板中单击 "库" 按钮，切换到 "库"
   分类列表中。
3. 单击 "新建库项目" 按钮。
4. 在打开的提示对话框中单击 确定 按钮。

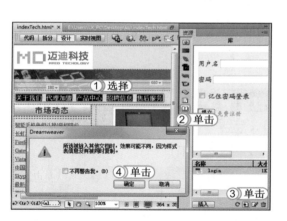

STEP 02： 更新库项目

1. 在 "库" 分类列表的库项目列表窗格中将当
   前库项目修改为 "nav"，按 Enter 键确认。
2. 在打开的 "更新文件" 对话框中单击 更新(U)
   按钮完成对库项目的更新。

读书笔记

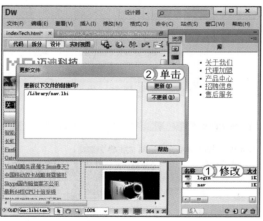

62
Hours

52
Hours

42
Hours

32
Hours

22
Hours

12
Hours

STEP 03： 插入库项目

1. 打开"page.html"网页文档，在页头图像下方的第一行定位插入点。
2. 在"库"分类列表中选择"nav"库项目。
3. 单击 插入 按钮，插入库项目引用。

STEP 04： 打开库项目

1. 选中刚插入的库项目。
2. 在其属性面板中，单击 打开 按钮。

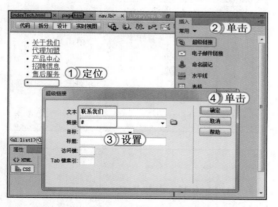

STEP 05： 编辑库项目并保存

1. 在库项目文件中最后一个列表项后定位插入点，按 Enter 键创建新的列表项。
2. 在"插入"浮动面板的"常用"分类列表中单击"超级链接"按钮。
3. 在打开对话框的"文本"文本框中输入"联系我们"，"链接"文本框中输入"#"。
4. 单击 确定 按钮，按 Ctrl+S 组合键保存编辑的库项目。

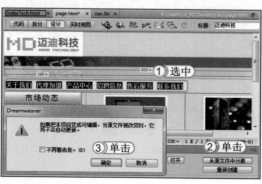

STEP 06： 分离库项目

1. 切换到文档"page.html"网页文档的编辑区，选中其中的库项目引用。
2. 在其属性面板中，单击 从源文件中分离 按钮，将该库项目引用从库项目文件中分离出来。
3. 在打开的提示对话框中单击 确定 按钮。

STEP 07： 保存文档

1. 将插入点定位到"关于我们"文本前，按 Enter 键新建列表项，输入文本"首页"。
2. 在属性面板中单击 <> HTML 按钮，切换到 HTML 属性面板中。
3. 在"链接"文本框中输入"indexTech.html"，保存所有网页，完成整个例子的制作。

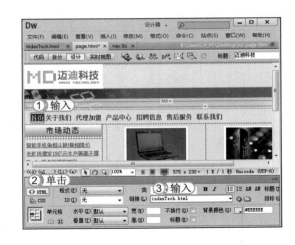

提个醒 由于库项目的相关操作过程较复杂且涉及的文档也比较多，因此为了保证所有修改结果都能正确被保存，最好在操作完成后选择"保存全部"命令对所有打开的文档进行保存。

11.3 练习 2 小时

本章主要对 Dreamweaver CS6 中的网页模板、库和扩展的辅助功能进行了详细的介绍，让读者对 Dreamweaver CS6 中的模板、库和扩展辅助功能的相关知识及相应的操作有了一定的了解，但要熟练地使用各种辅助功能，还需要进一步进行练习，下面就以练习"prod.html"网页和"usePlug.html"网页为例，对所学知识及操作进行巩固练习。

1. 练习 1 小时：利用模板和库提高网页设计效率

本例将结合模板和库的相关应用技巧，制作出如下图所示的网页，首先打开"product.html"文档，将上方左侧的文本添加为库项目，命名为"link"，再将上方库项目选中

转换为可编辑区域，然后在下方白色正文部分插入 3 个可编辑区域，分别用于放置产品图片、名称和简介文本，然后分别新建"prod1.html"和"prod2.html"模板网页，并插入相应内容，最后打开库项目"link"，分别为"黑色经典 S2.1M"和"时尚 X3"添加超级链接"prod1.html"和"prod2.html"更新库和模板。

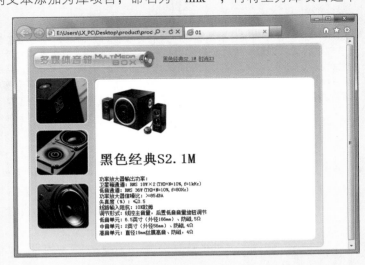

资源文件 素材 \ 第 11 章 \product\
效果 \ 第 11 章 \product\prod1.htm
实例演示 \ 第 11 章 \ 利用模板和库提高网页设计效率

62 Hours
52 Hours
42 Hours
32 Hours
22 Hours
12 Hours

2. 练习1小时：常用扩展的安装和使用

　　本例将通过安装和使用 Dreamweaver CS6 的一个添加日历对象的扩展，掌握 Dreamweaver CS6 扩展的安装和使用方法，同时注意对比使用扩展和不使用扩展，在创建相同网页元素时的区别，最终效果如下图所示。

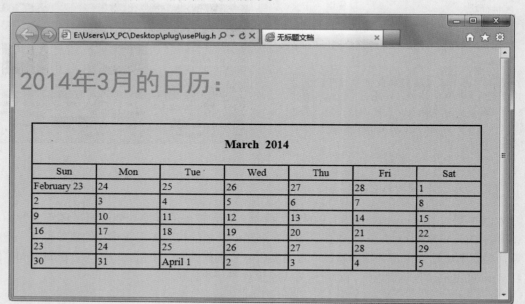

资源 文件	素材 \ 第 11 章 \plug\ 效果 \ 第 11 章 \plug\usePlug.html 实例演示 \ 第 11 章 \ 常用扩展的安装和使用

提个醒

　　在制作该网页时需要按以下操作步骤进行：第一步：选择【命令】/【扩展管理】命令打开扩展管理器，单击 按钮，安装素材插件 calendar.mxp；第二步：打开 "usePlug.htm" 文档，在文本下方定位插入点，在 "插入" 浮动面板中选择 "calendar" 选项卡，单击 按钮插入日历；第三步：在 "calendar" 对话框中设 Month 为当前月份、year 为当前年份，并选中 ⊙ Previous/Following 单选按钮，其他设置保持默认，单击 确定 按钮插入日历并删除多余的项，保存网页即可。

读书笔记

72 HOURS

动态网站基础

第 **12** 章

学习 **2** 小时

- 动态网页的基本操作
- 制作动态网页

制作动态网站的常用方式有 ASP 和 PHP 两种。其中，ASP 是一种动态网页，是在服务器端进行编译的，它可以实现与数据库和其他程序的交互，且简单易学。本章将介绍 ASP 动态网站的开发流程、数据库的应用和动态网页的制作等知识。

上机 **4** 小时

12.1 动态网页的基本操作

网站一般都是使用动态网站的技术进行开发的。动态网站的开发与静态网站有很大不同，在常规的设计环境下是无法完成动态网站开发工作的，因此需要对开发环境进行必要的配置。另外，在开发动态网站之前，还需要对什么是动态网站以及动态网站中应用到的一些技术（如数据库技术等）进行一定的了解。

学习 1 小时

- 🔍 了解什么是动态网站。
- 🔍 了解动态网站的开发流程。
- 🔍 掌握配置 IIS 管理器的应用。

- 🔍 掌握配置服务器站点的操作方法。
- 🔍 掌握数据库的应用。

12.1.1 什么是动态网站

动态网站是网站开发技术的重要组成部分，又被称作 Web 应用程序，其主要作用是实现网站的动态数据调用以及网站与访问者的交互（如数据查询、用户注册等），但是动态网站需要专门的开发语言来实现，常见的动态网站开发语言包括 ASP、PHP、.net 和 JSP 等，其中以 ASP 最为简单易学，比较适合初学者学习。

由于 ASP 动态网页是在服务器端进行编译的，因此必须有服务器端运行环境的支持，所谓服务器端环境支持就是指服务器上需安装用于 ASP 程序文件运行的服务器软件，如 Windows 中的 IIS 服务器。

▌经验一箩筐——什么是 ASP

ASP 是 Active Server Page 的缩写，意为"动态服务器页面"，其文件名后缀为".asp"。它是微软开发的一种应用于动态网站领域的技术，可以实现与数据库和其他程序的交互，是一种简便的编程开发平台。ASP 采用 VBScript 或 JavaScript 作为脚本语言，语法简单、易于掌握。

12.1.2 动态网站的开发流程

对于静态网站而言，动态网站的开发流程相对较为复杂，因为动态网站的开发无论是在技术难度还是在涉及专业领域上，都比静态网站复杂，其开发流程更加细化、分工更加明确。简单归纳起来，大概流程如下图所示。

需求分析 → 功能模块设计 → 数据库设计 → 后台程序开发 → 前台程序开发 → 网站的页面设计 → 程序与页面的整合 → 网站的发布和测试

▌经验一箩筐——动态网站与静态网站的区别

从功能方面，静态网站主要实现的是信息展示的功能；而动态网站则兼顾信息查询、信息展示和用户信息交互等多种功能。在开发涉及技术方面，静态网站主要涉及的是网页制作技术，重在美工设计和 HTML 网页制作；而动态网站则涉及网页设计和制作、动态网页程序编写和数据库操作等多项技术。

12.1.3　配置 IIS 和服务器站点

在制作 ASP 动态网站时，为了能让其正常运行，需要在服务器端安装支持 ASP 程序编译的服务器软件并进行必要的配置。另外，在本地电脑上进行 ASP 编程开发时，也需要构建 ASP 的服务器运行测试环境，以便在开发过程中随时进行程序调试。最常见的方式是在本地电脑中安装 IIS 服务器。此外，为了在 Dreamweaver CS6 中方便地调试 ASP 程序，还需要对站点定义的"服务器"分类中的属性参数进行相应设置。下面将分别介绍配置 IIS 服务器和站点定义的操作方法。

1. 配置 IIS 服务器

在 Windows 7 操作系统中默认安装了 IIS，如果发现没有安装，可在"程序和功能"窗口中单击"打开或关闭 Windows 功能"超级链接，在打开的对话框中选中"Internet 信息服务"功能组件前的复选框，单击 确定 按钮即可。安装后，可在浏览器的地址栏中输入"http://localhost"测试是否安装成功，如果成功则如右图所示。

对于安装后的 IIS，则可进行相应的配置，进行动态网站的测试。下面将在 Windows 7 操作系统中配置 IIS 服务器。其具体操作如下：

资源文件　实例演示\第12章\配置 IIS 服务器

STEP 01：　准备配置 IIS 服务器

1. 在"控制面板"窗口中的"大图标"查看方式下，单击"管理工具"超级链接。
2. 在打开的窗口中双击"Internet 信息服务（IIS）管理器"快捷方式。

62 Hours
52 Hours
42 Hours
32 Hours
22 Hours
12 Hours

STEP 02: 打开 "高级设置" 对话框

1. 在打开的窗口左侧展开所有列表，并选择 "Default Web Site" 选项。
2. 在 "Default Web Site 主页" 窗格中选择 "ASP" 选项。
3. 在 "操作" 窗格中单击 "高级设置" 超级链接，打开 "高级设置" 对话框。

STEP 03: 高级设置

1. 将 "物理路径" 设置为站点所在的位置，其他保持默认设置。
2. 单击 确定 按钮，完成 IIS 配置。

> **提个醒**　除了在 "操作" 窗格中单击 "高级设置" 超级链接打开 "高级设置" 对话框进行参数设置外，也可以选择 "Default Web Site" 选项，单击鼠标右键，在弹出的快捷菜单中选择【网站管理】/【高级设置】命令，在打开的对话框中进行参数设置。

2. 配置服务器站点

为了能方便地实现在 Dreamweaver CS6 中及时测试动态网页，需要对当前站点定义进行相应的修改，使其支持动态网页的编译和运行。

下面将在 "login_asp" 站点中配置服务器站点，介绍配置服务器站点的方法。其具体操作如下：

资源文件　实例演示 \ 第 12 章 \ 配置服务器站点

STEP 01: 打开相应站点参数设置对话框

1. 在 Dreamweaver CS6 中的 "管理站点" 对话框中，选择需要配置站点服务器的站点 "login_asp"。
2. 单击 ✎ 按钮，打开该站点的参数设置对话框。

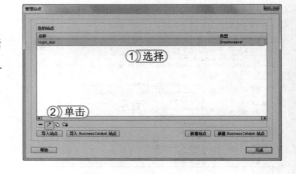

STEP 02： 添加新服务器

1. 在打开的对话框中选择"服务器"选项卡。
2. 在右侧窗格中的列表框下方，单击"添加新服务器"按钮 ＋。

读书笔记

STEP 03： 站点服务器的基本设置

1. 在打开对话框的"基本"选项卡中将"服务器名称"设置为"ASP"。
2. 将"连接方法"、"URL"和"Web URL"分别设置为"WebDAV"、"http://127.0.0.1"和"http://127.0.0.1"。

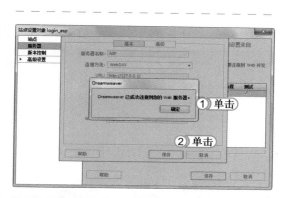

STEP 04： 测试站点配置服务器

1. 设置完成后，单击 测试 按钮，对配置的站点服务器进行测试，如果测试成功，则会弹出提示成功的对话框，单击 确定 按钮。
2. 测试成功后，单击 保存 按钮，完成站点服务器的基本设置。

经验一箩筐——站点服务器的高级设置

在"添加新服务器"对话框中选择"高级"选项卡，可在其中设置测试服务器模型的语言，一般情况下选择 ASP JavaScript。

12.1.4 数据库的应用

　　数据库主要用于存放动态网站中的各种数据信息，要在动态网站中使用数据库，首先需要对数据库的结构进行设计并创建数据库表，以符合动态网站的需求。其次还需要进行数据源设置，以便动态网站能够成功调用数据库。目前能创建数据库的软件较多，如 Access、SQL Server、MySQL 和 Oracle。企业可根据数据信息存储量，选择合适的软件作为动态网站的数据存储容器。这里就以 Access 软件为例，介绍数据库的结构设计及站点链接数据。

问题小贴士

问：如何选择合适的软件创建数据库？

答：在不同的企业中会根据公司的大小而选择合适的软件来管理数据库中的所有信息。如 Access 是 Office 办公组件中的一种，是一种入门级的数据库管理系统，它简单易用，也是支持 SQL 命令最齐全、消耗资源较少的，可用于小型网站中；SQL Server 则是一种大中型数据库管理和开发软件，使用起来也比较方便，具有良好的扩展性，也支持便携式和在内的各种多处理器系统；MySQL 则是一个多用户、多线程的 SQL 数据库服务器，具有快速、易用等特点，更支持文件和图像的快速存储和提取，一般与 PHP 和 Apache 结合使用；Oracle 是大型关系型数据库，具有支持多平台、无范式要求。采用标准的 SQL 结构化查询语言、支持大至 2GB 的二进制数据和分布优化多线索查询等优点。用户可根据建立网站的特点和需求，选择合适的数据库软件。

1. 数据库结构设计

在 Access 软件中，提供了专门用于数据库结构设计的工具，相对于其他专业的数据库软件而言，Access 操作更加简便。下面将对数据库文件的创建和数据结构的设计操作进行介绍。

🔑 新建数据库文件：在 Access 2010 工作界面中选择【文件】/【新建】命令，在"可用模板"窗格中选择"空数据库"选项，在"空数据库"窗格的"文件名"文本框输入新建数据库文件的名称，单击□按钮创建数据库文件。

🔑 数据库结构设计：新建数据库后可选择【字段】/【视图】组，单击"视图"按钮🔳，在弹出的下拉列表中选择"设计视图"选项，切换到设计视图中即可对其结构进行设计。

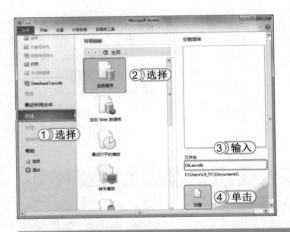

▌经验一箩筐——Access 数据库的构成

一个完整的 Access 数据库通常由库文件和库文件中的若干数据表构成。在数据表中包含了若干行数据记录，每行数据记录由若干数据字段组成，每个数据字段由字段名称和数据类型两个属性进行定义。在每个数据表中通常都需要定义一个字段作为主键。

2. 数据源设置

网站在与数据库进行数据传输时，必须先建立链接，即链接数据库。在 Dreamweaver CS6 中与数据库建立链接时，可使用两种方法，一种是通过建立数据源进行链接，这种方式简单、方便；另一种则是直接以带参数的字符串方式链接到数据库，这种方式相对复杂。

下面将以 Access 为例，介绍设置数据源的操作。其具体操作如下：

资源文件 实例演示 \ 第 12 章 \ 数据源设置

STEP 01： 新建数据源

1. 在"控制面板"窗口中单击"管理工具"超级链接，在打开的窗口中双击"数据源（ODBC）"快捷方式，打开"ODBC 数据源管理器"对话框。
2. 在打开的对话框中选择"系统 DNS"选项卡。
3. 单击 添加(D)... 按钮，打开"创建新数据源"对话框。

> **提个醒**　ODBC 为众多类型的数据库提供了不同的数据源设置，如 mdb 数据库就是 Access 的专用数据库格式，通过 ODBC 数据源设置还可调用 Excel 等表格数据。

STEP 02： 选择数据源的驱动程序

1. 选择需要的驱动程序，这里选择"Microsoft Access Driver（*.mdb，.*accdb）"选项。
2. 单击 完成 按钮。

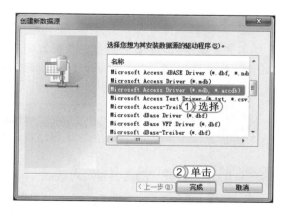

读书笔记

STEP 03： 设置数据源的相关属性

1. 在打开的对话框中设置"数据源名"为"cn"，"说明"为"测试"。
2. 单击 选择(S)... 按钮，打开"选择数据库"对话框。

> **提个醒**　如果设置数据源时，没有在 Access 中创建数据库，可单击 创建(C)... 按钮，在打开对话框的"数据库名"文本框中输入创建的数据库名称，单击 确定 按钮即可。

62
Hours

52
Hours

42
Hours

32
Hours

22
Hours

12
Hours

STEP 04： 选择数据源文件

1. 在"选择数据库"对话框中选择数据库文件所在路径，在左侧窗格选择"Db.accdb"选项。
2. 依次单击 确定 按钮。

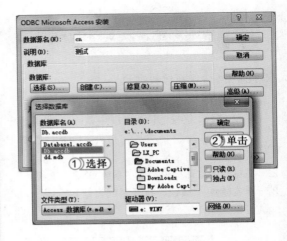

上机 1 小时 ▶ 动态网站服务器环境配置

🔍 进一步掌握 IIS 服务器主要参数的配置方法。

🔍 进一步熟悉在 Dreamweaver CS6 中配置测试服务器的方法。

🔍 进一步巩固数据源的设置方法。

　　本例主要是练习为动态网站开发配置相应的测试环境，包括安装和配置 IIS 服务器、数据库结构设计和数据源设置，为下一步学习动态网站的开发创造必要的条件。

　　资源
　　文件　　实例演示 \ 第 12 章 \ 动态网站服务器环境配置

STEP 01： 打开"高级设置"对话框

1. 在"管理工具"窗口中，双击"Internet 信息服务（IIS）管理器"快捷方式。
2. 在打开的对话框中，单击左侧"网站"前的 按钮展开所有列表，在"Default Web Site"上单击鼠标右键，在弹出的快捷菜单中选择【管理网站】/【高级设置】命令，打开"高级设置"对话框。

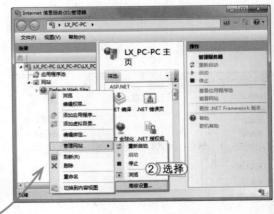

STEP 02： 设置物理路径

1. 通过 Windows 资源管理器在 H 盘创建一个名为 "asp" 的空白文件夹，在打开的 "高级设置" 对话框中单击 "物理路径" 的值列，将路径参数设置为 "H:\asp"。
2. 单击 [确定] 按钮，完成配置。

提个醒 对 IIS 服务器最主要的配置是其默认路径的设置，由于需要在其默认路径下保存大量动态网站程序，因此最好不要将该路径设置在系统盘，以免因系统损坏造成文件丢失。

STEP 03： 新建站点

1. 启动 Dreamweaver CS6，选择【站点】/【新建站点】命令，新建站点。
2. 在打开对话框中将 "站点名称" 设置为 "Asp Web"，将 "本地站点文件夹" 设为与 IIS 服务器默认路径一致的 "H:\asp"。

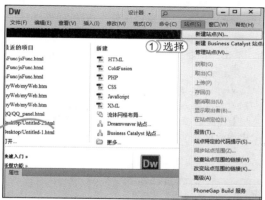

299

72
Hours

62
Hours

52
Hours

42
Hours

32
Hours

22
Hours

12
Hours

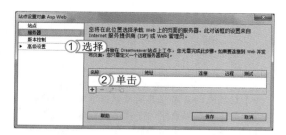

STEP 04： 新建服务器参数设置项

1. 在左侧分类列表框中选择 "服务器" 选项卡，将主窗格切换到 "服务器" 对话框中。
2. 在右侧服务器配置窗格中单击 "添加新服务器" 按钮，新建一个服务器参数设置项。

STEP 05： 设置服务器属性参数

1. 设置 "服务器名称" 为 "asp"、"连接方法" 为 "WebDAV"、"URL" 为 "http://127.0.0.1"（WebURL 与其相同）。
2. 单击 [保存] 按钮。

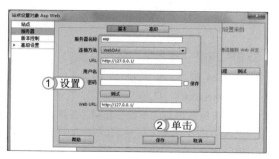

STEP 06： 保存站点

1. 返回"站点设置对象 Asp Web"对话框中，在右侧服务器列表中选中"测试"列的复选框。
2. 单击 保存 按钮，完成动态站点的配置。

> **提个醒**　默认情况下 Dreamweaver CS6 的站点定义中，"服务器"设置并不一定在本机调试动态网站，"测试"复选框是不被选中的，如果要在本机调试 ASP 动态程序，则需手动将其选中，以开启动态网站测试功能。

STEP 07： 新建数据库文件

1. 启动 Access 2010 软件，选择【文件】/【新建】/【空数据库】命令。
2. 在"空数据库"窗格中设置文件名为"db_user.accdb"，其路径设置为与站点路径相同，即"H:\asp\"。
3. 单击"创建"按钮 📄，创建数据库文件。

> **提个醒**　如果要设置数据库的默认保存路径，则需要在 Access 2010 的界面选择【文件】/【选项】命令，在打开对话框的"创建数据库"栏中进行设置。

STEP 08： 切换到设计视图

1. 选择【字段】/【视图】组，单击"视图"按钮 📊，在弹出的下拉列表中选择"设计视图"选项。
2. 在打开的"另存为"对话框中输入表名称"tb_user"。
3. 单击 确定 按钮保存数据表。

> **提个醒**　一个数据库可以包含多个数据表，每个数据表的命名在其所属数据库中都必须是唯一的。各数据表中的字段名称在表与表之间可以重名，并可建立关联，但在单个数据表中各字段则不允许重名。

STEP 09： 添加字段定义并保存

1. 在"字段名称"列的 ID 行下方输入"username"。
2. 单击右侧数据列的下拉按钮 ▾，在弹出的下拉列表中选择"文本"选项，按 Ctrl+S 组合键进行保存。

STEP 10： 创建数据源并选择源类型

1. 启动 ODBC 数据源管理工具。在打开的对话框中选择"系统 DSN"选项卡。
2. 单击 添加(D)... 按钮。
3. 在打开的对话框中选择"Microsoft Access Driver（*.mdb,*.accdb）"选项，为其安装源数据的驱动程序。
4. 单击 完成 按钮，创建数据源。

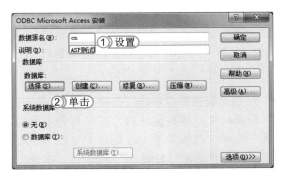

STEP 11： 设置数据源相关属性

1. 在打开的对话框中设置"数据源名"为"cn"，"说明"为"ASP 测试"。
2. 单击 选择(S)... 按钮，打开"选择数据库"对话框。

读书笔记

301

72⊠
Hours

62
Hours

52
Hours

42
Hours

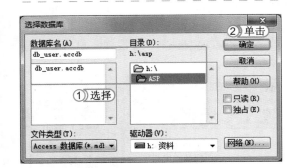

STEP 12： 完成数据源设置

1. 在"驱动器"下拉列表框中选择路径"H:\asp"，在左侧选择"db_user.accdb"选项。
2. 依次单击 确定 按钮，完成数据源的设置。

▌经验一箩筐——建立动态网站基础时的注意事项

本例是制作动态网站的最基本配置，如果没有对 IIS 进行物理路径设置，并且在站点服务器新建站点时设置的路径不相同，在测试动态网站时，也不会测试成功。此外，要在动态网页中进行数据传输，必须连接数据库，而在连接数据库前必须设置数据源，因此本例所有的操作都是在为建立动态网站做准备。

12.2 制作动态网页

在完成了一系列准备工作后，便可进行动态网页的制作。在 Dreamweaver CS6 中编辑 ASP 网页非常简单，因为 Dreamweaver CS6 集成了广泛的 ASP 程序生成功能，只需要通过简单的界面操作就可以实现 ASP 对数据库的调用。下面将讲解数据源的绑定和记录集定义，并且介绍如何使用记录集在页面进行分页和使用 Spry 显示数据。

学习 1 小时

- 掌握数据源的绑定及定义记录集的操作方法。
- 熟悉创建动态文本及数据的显示区域的操作方法。
- 掌握使用记录集进行分页以及使用 Spry 显示数据的操作方法。

12.2.1　连接数据库

在 Dreamweaver CS6 中要将数据库与网页进行连接有两种方法，一种是根据设置的数据源进行连接；另一种则是通过字符串进行连接。但不管是哪种方法，都需要用 Dreamweaver CS6 新建一个 ASP 动态网页，按 Shift+Ctrl+F10 组合键，打开"数据库"浮动面板进行操作。下面将分别介绍其操作方法。

🔑 **根据设置的数据源进行连接**：在"数据库"浮动面板中，单击 ➕ 按钮，在弹出的下拉列表中选择"数据源名称（DNS）"选项，打开"数据源名称（DNS）"对话框，在该对话框中设置连接名称、数据源名称（DNS），并且选中 ⦿ 使用本地 DSN 单选按钮后，单击 确定 按钮即可。

🔑 **通过字符串进行连接**：在"数据库"浮动面板中，单击 ➕ 按钮，在弹出的下拉列表中选择"自定义连接字符串"选项，打开"自定义连接字符串"对话框，设置"连接名称"，并在"连接字符串"文本框中输入"driver={Microsoft access driver (*.mdb)}; dbq=" & server.mappath(数据库路径)"，然后选中 ⦿ 使用此计算机上的驱动程序 单选按钮，单击 确定 按钮即可。

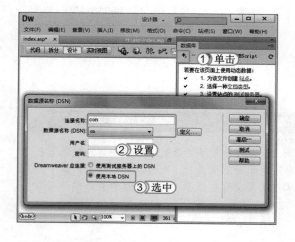

经验一箩筐——创建 ASP 动态网页

在"新建文档"对话框中选择"空白页"/"ASP JavaScript"选项，单击 创建(R) 按钮，创建一个 ASP 网页。

12.2.2　定义记录集

要实现读取数据库记录和对数据库进行各种操作，除建立与数据源的连接外，还应创建一个符合要求的记录集。记录集本身是从指定数据库中检索到的数据集合，该集合可包括完整的数据库表，也可以包括表的行和列的子集，这些行和列通过在记录集中定义的数据库查询进行检索。

定义记录集的方法为：在 ASP 动态网页中按 Ctrl+F10 组合键，打开"绑定"浮动面板，在该面板中单击 ➕ 按钮，在弹出的下拉列表中选择"记录集（查询）"选项，打开"记录集"对话框，在该对话框中设置记录集的名称、数据库连接的名称以及表格名称，设置完成后，单击 确定 按钮，完成记录集的定义。

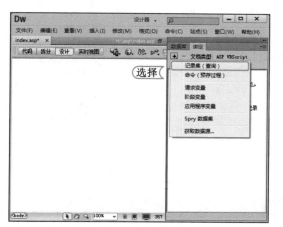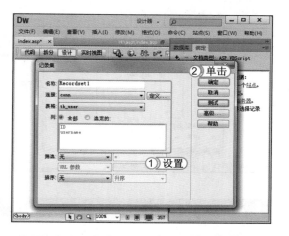

303

72☒
Hours

62
Hours

52
Hours

42
Hours

32
Hours

22
Hours

12
Hours

经验一箩筐——测试记录集定义

在"记录集"对话框中对记录集进行定义时，如果用户想测试是否定义成功，则可在"记录集"对话框中单击 测试 按钮，如果定义成功，则会在打开的对话框中根据设置的记录集显示数据库中的记录；否则，弹出错误提示对话框。

12.2.3　创建动态表格

创建动态表格后，则会从数据库中读取数据库表中的数据记录，并将其显示在表格中，修改数据库的数据时，动态表格中的数据也会随之改变。创建动态表格的方法为：将插入点定位在 ASP 网页中，在"插入"浮动面板的"数据"分类列表中单击"动态数据"按钮 旁边的下拉按钮 ，在弹出的下拉列表中选择"动态表格"选项，打开"动态表格"对话框，在该对话框中设置显示的记录数及表格的外观，设置完成后，单击 确定 按钮，完成动态表格的设置。

12.2.4 创建动态文本

在动态网页中使用动态表格读取数据虽然方便、快捷，但会将记录集中每个字段都显示出来，如果用户不想显示所有记录，则需要手动创建动态文本。其方法为：在"插入"浮动面板的"数据"分类列表中单击"动态数据"按钮 旁边的下拉按钮 ，在弹出的下拉列表中选择"动态文本"选项，打开"动态文本"对话框，在"域"列表框中选择需要显示的字段，在"格式"下拉列表框中选择要使用的格式，设置完成后，单击 确定 按钮，完成动态文本的创建。

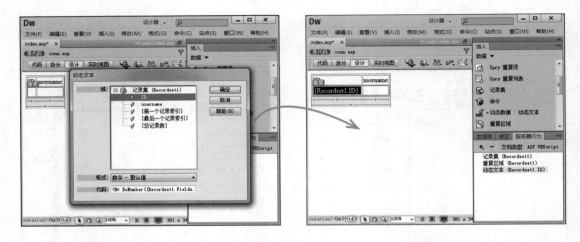

> ▌ 经验一箩筐——使用服务器行为创建动态文本
>
> 在 Dreamweaver CS6 中除了上述所介绍的创建动态文本的方法外，还可以直接在"绑定"浮动面板中选择需要插入的记录字段后，在面板的右下角单击 插入 按钮，插入字段，在"服务器行为"浮动面板中，单击 ➕ 按钮，在弹出的下拉列表中选择"动态文本"选项。

12.2.5 添加显示区域和重复区域

在 Dreamweaver CS6 中还可以通过添加显示区域和重复区域的方式，对记录集中要显示的数据记录进行相应的设置，下面将分别对其进行介绍。

1. 添加显示区域

在 Dreamweaver CS6 中可以通过判断记录集是否包含符合条件的记录来确定显示区域中返回的内容。如果记录集为空，则返回一条消息通知用户没有相关记录。利用"添加显示区域"功能就可实现显示区域设置，该功能可通过"服务器行为"面板实现。

添加显示区域的方法为：选中网页编辑区中一个或多个记录项，在"服务器行为"浮动面板中单击 ➕ 按钮，在弹出的下拉列表中选择"显示区域"选项，在弹出的子菜单中选择要显示区域的类型，然后在打开的对话框中选择记录集，单击 确定 按钮，则可完成添加显示区域的操作。

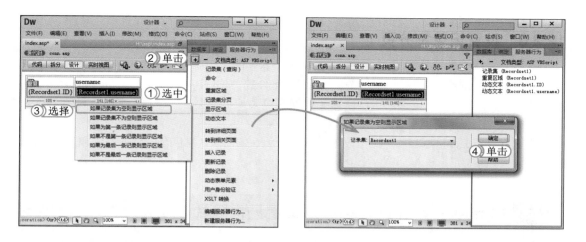

■ 经验一箩筐——使用其他显示区域的注意事项

在 Dreamweaver CS6 中若要使用其他的显示区域,如"如果为第一条记录则显示区域"、"如果不是第一条记录则显示区域"、"如果为最后一条记录则显示区域"和"如果不是最后一条记录则显示区域",则在添加时,必须先添加一个"移动到记录"服务器行为。

2. 添加重复区域

一个数据表中通常包含多条记录,这些记录都具有相同的字段定义,只是记录的具体数据不同。利用 Dreamweaver CS6 的"添加重复区域"功能便可将数据库表中的所有记录逐一显示出来,该操作返回的是全部记录列表或分页记录列表。

添加重复区域的方法为:在网页文档中选择一个或多个记录项,在"服务器行为"浮动面板中单击➕按钮,在弹出的下拉列表中选择"重复区域"选项,在打开的"重复区域"对话框中选择目标"记录集"名称以及每页显示记录条数,单击 确定 按钮即可插入一个重复区域。

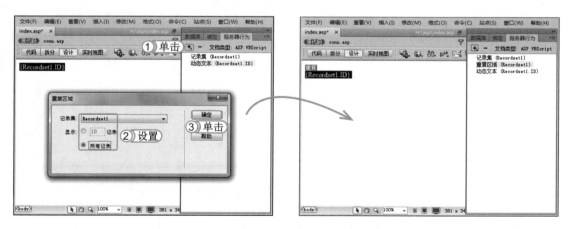

■ 经验一箩筐——添加重复区域的对象

在 Dreamweaver CS6 中,如果添加了动态表格,则不需要添加重复区域,因为在动态表格中自带了重复显示数据的功能,并且在添加动态表格时也可根据其实际情况设置显示数据记录的条数。

62
Hours
▲

52
Hours
▲

42
Hours
▲

32
Hours
▲

22
Hours
▲

12
Hours
▲

12.2.6　设置记录集分页

数据表中的大量记录同时在一页中显示，是不科学的。因此，需要对记录集进行分页，记录集分页和分页设置"每页显示记录条数"是密不可分的，如表中有 100 条记录，每页显示 10 条，则需要 10 页来显示全部记录。这样就需要在网页中添加上一页、下一页、第一条和最后一条记录链接。

下面将在 "datalink.asp" 网页中设置每页只显示 5 条记录，并且在表格下方添加分页链接，其具体操作如下：

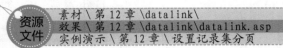

```
素材 \ 第 12 章 \datalink\
效果 \ 第 12 章 \datalink\datalink.asp
实例演示 \ 第 12 章 \ 设置记录集分页
```

STEP 01： 打开"记录集"对话框

1. 打开"datalink.asp"动态网页，在"服务器行为"浮动面板中，单击 按钮。
2. 在弹出的下拉列表中选择 "记录集（查询）" 选项，打开 "记录集" 对话框。

提个醒　　在使用提供的素材动态网页时，一定要在自己的电脑中配置 IIS 的物理路径，导入站点，并设置数据库的数据源，否则无法使用。

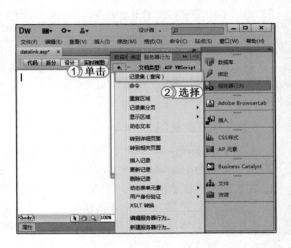

STEP 02： 插入数据集

1. 在打开对话框的 "连接" 下拉列表框中选择 "cn" 选项，作为数据库源的连接。
2. 其他选项保持默认设置，单击 确定 按钮，完成插入数据集的操作。

提个醒　　在 "记录集" 对话框的 "筛选" 下拉列表框中可设置显示的数据表。

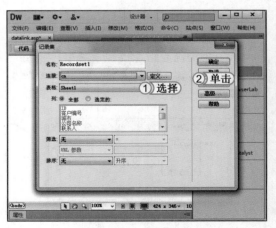

读书笔记

STEP 03： 插入动态表格

1. 在"插入"浮动面板的"数据"分类列表中单击"动态数据"按钮右侧的下拉按钮。
2. 在弹出的下拉列表中选择"动态表格"选项，打开"动态表格"对话框。

提个醒　　在"动态数据"下拉列表框中选择了某个选项后，在该按钮右侧即会显示所选择的选项。

STEP 04： 动态表格的设置

1. 在"显示"栏中选中第一个单选按钮，并在其文本框中输入"5"，设置显示数据为5条。
2. 单击 确定 按钮，完成设置。

提个醒　　在"动态表格"对话框的"显示"栏中选中了第一个单选按钮，则必须在其后的文本框中设置显示的数据记录条数。

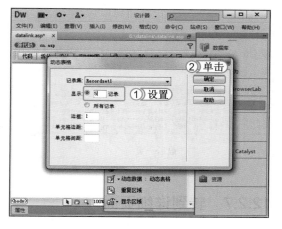

307

72
Hours

62
Hours

52
Hours

42
Hours

32
Hours

22
Hours

12
Hours

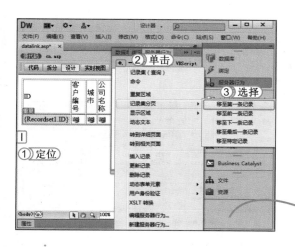

STEP 05： 添加分页链接

1. 将插入点定位在动态表格的下方。
2. 在"服务器行为"浮动面板中单击按钮。
3. 在弹出的下拉列表中选择【记录集分页】/【移至第一条记录】选项。
4. 打开"移至第一条记录"对话框，保持默认设置，单击 确定 按钮，即可在插入点的位置添加一个"第一页"链接文本。

提个醒　　单击按钮，在弹出的下拉列表中选择"记录集分页"选项后，在弹出的下一级列表中选择不同的选项还可添加其他分页链接。

STEP 06： 添加其他分页记录

使用相同的方法，在"第一页"文本后，添加其他分页记录链接。

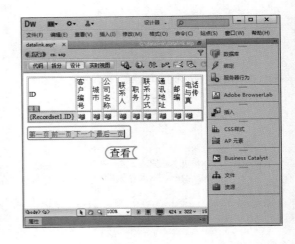

提个醒 除了添加默认的分页记录，如上一页、下一个外，还可以添加指定显示的记录，其方法与添加默认记录分页相同，只是在弹出的下拉列表中选择"移至到特定记录"选项，在打开的对话框中设置特定记录的ID号即可。

STEP 07： 预览效果

按 Ctrl+S 组合键保存动态网页，按 F12 键在 IE 浏览器中预览效果。

12.2.7 转到详细页面

通常情况下，记录的具体内容是比较复杂的，当需要对某个记录的具体内容进行显示时，可通过列表中设置的超级链接来打开详细页面，展示该记录的详细内容。其方法为：在网页编辑区中选择用于设置跳转链接的目标记录项，然后在"服务器行为"浮动面板中单击 按钮，在弹出的下拉列表中选择"转到详细页面"选项，打开"转到详细页面"对话框，在该对话框的"详细信息页"文本框中输入跳转的路径，其他保持默认设置，单击 确定 按钮即可。

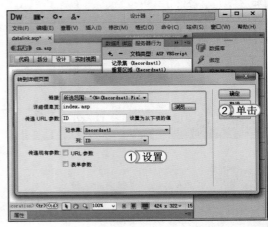

经验一箩筐——跳转到详细页面的原理

动态网站中并不是每条记录都需要对应一个详细页面的物理文档，所有记录其实是共享同一个详细页面文档，通过传递参数的方式，来实现不同记录内容的读取和返回的方式。也就是说，只需要建立一个公用的详细页面程序文档就可以实现所有同类记录的详细内容展示。

上机 1 小时 制作“员工名单”列表页面

- 进一步掌握创建记录集和插入记录集的方法。
- 进一步熟悉添加显示区域、重复区域和设置记录集分页的操作方法。

本例综合运用上述各种数据库操作知识，实现对一个员工名单数据库的读取和返回记录操作以及员工名单列表显示和分页等多项功能，在网页中单击“前一页”或“下一个”超级链接，则会以 5 条记录为一页进行显示。最终效果如下图所示。

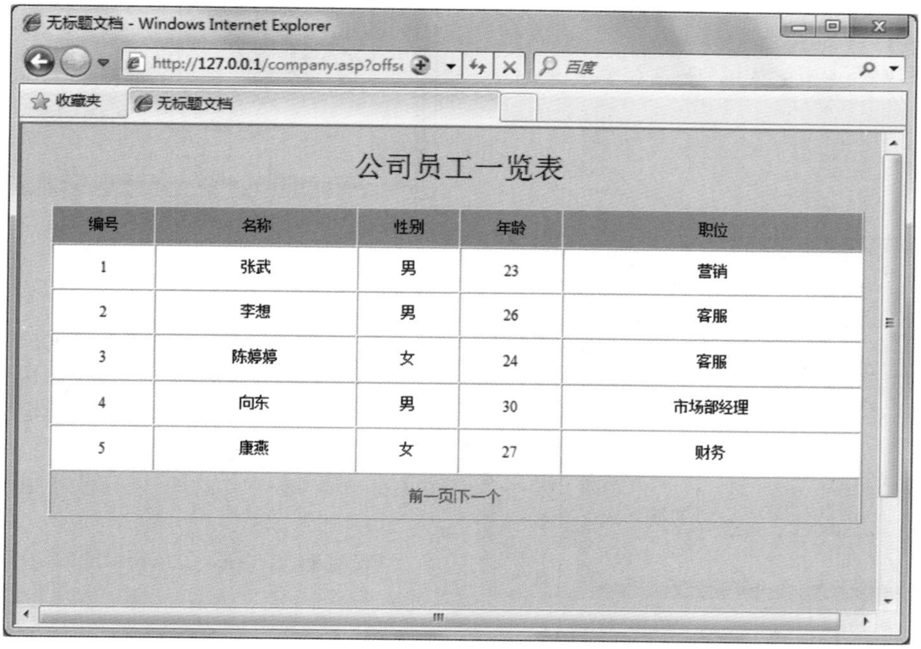

无标题文档 - Windows Internet Explorer
http://127.0.0.1/company.asp?offs
百度
收藏夹
无标题文档
公司员工一览表
编号
名称
性别
年龄
职位
1 张武 男 23 营销
2 李想 男 26 客服
3 陈婷婷 女 24 客服
4 向东 男 30 市场部经理
5 康燕 女 27 财务
前一页下一个

资源文件
素材 \ 第 12 章 \dataweb\
效果 \ 第 12 章 \dataweb\Company.asp
实例演示 \ 第 12 章 \ 制作“员工名单”列表页面

读书笔记

STEP 01: 新建数据库链接

1. 打开 "company.asp" 动态网页文档,在 "数据库" 浮动面板中单击 ➕ 按钮。
2. 在弹出的下拉列表中选择 "数据源名称 (DSN)" 选项,打开 "数据源名称 (DSN)" 对话框。

> **提个醒** 　　在进行数据库连接时,如果使用数据源名称 (DSN) 链接,则需在面板中设置数据源。

STEP 02: 设置数据源名称

1. 在 "连接名称" 文本框中输入 "conn",在 "数据源名称" 下拉列表框中选择 "cn" 选项,选中 ⊙ 使用本地 DSN 单选按钮。
2. 单击 确定 按钮,完成数据库连接。

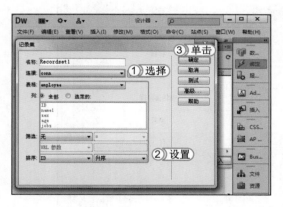

STEP 03: 创建记录集

1. 在 "绑定" 浮动面板中,单击 ➕ 按钮,在弹出的下拉列表中选择 "记录集(查询)" 选项。打开 "记录集" 对话框,在 "连接" 下拉列表框中选择 "conn" 选项。
2. 分别将 "表格" 和 "排序" 设置为 "employee" 和 "升序"。
3. 单击 确定 按钮,完成记录集的创建。

STEP 04: 插入各列对应的记录

1. 将插入点定位在表格的第 2 行第 1 列中。
2. 在 "绑定" 浮动面板的列表中展开记录集,选择 "ID" 选项。
3. 单击 插入 按钮,插入 ID 记录。

> **提个醒** 　　使用该方法插入的数据,默认为动态文本。

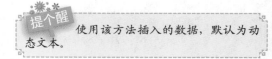

STEP 05： 添加其他数据记录

使用相同的方法，分别在其他单元格中插入"name1"、"sex"、"age"、"jobs"记录数据。

STEP 06： 打开"重复区域"对话框

1. 选中表格第2行。
2. 在"服务器行为"浮动面板中，单击➕按钮。
3. 在弹出的下拉列表中选择"重复区域"选项，打开"重复区域"对话框。

STEP 07： 设置重复区域

1. 在打开对话框的"显示"栏中，选中第一个单选按钮，并在其后的文本框中输入"5"。
2. 单击 确定 按钮完成重复区域的设置。

STEP 08： 添加记录分页链接

1. 将插入点定位到表格的第3行的"|"符号之前。
2. 在"服务器行为"浮动面板中，单击➕按钮。
3. 在弹出的下拉列表中选择"记录集分页"/"移至前一条记录"选项。
4. 在打开的对话框中保持默认设置，单击 确定 按钮，完成添加记录分页链接。

读书笔记

311

72☑
Hours

62
Hours

52
Hours

42
Hours

32
Hours

22
Hours

12
Hours

STEP 09： 设置重复区域

1. 将插入点定位到表格的第3行的"｜"符号之后。
2. 在"服务器行为"浮动面板中，单击 按钮。
3. 在弹出的下拉列表中选择"记录集分页"/"移至下一条记录"选项。
4. 在打开的对话框中保持默认设置，单击 确定 按钮，完成添加记录分页链接。

STEP 10： 预览效果

按Ctrl+S组合键保存网页，并按F12键，在IE浏览器中预览效果。

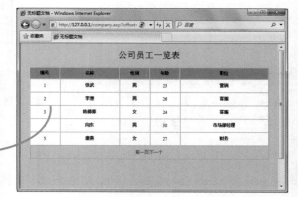

▌经验一箩筐——数据库的操作流程

在Dreamweaver CS6中，访问数据库并返回数据的操作流程主要包括创建数据源连接、创建记录集、选择插入字段、选中字段设置显示区域及通过重复区域和记录集分页设置来实现记录的分页显示。

12.3 练习2小时

　　本章主要对安装并配置服务器的相关知识进行了介绍及学习，也对数据库的相关知识进行了介绍，如创建数据库的方法、在Dreamweaver CS6中连接数据库、读取数据库表中的数据、对读取的数据进行分页显示等功能。读者要熟练地使用所学知识进行动态网站的创建及配置，还需进行练习，下面以制作"动态插入数据"和"查询数据"动态网页为例，对所学知识进行巩固练习。

读书笔记

1. 练习1小时：制作"动态插入数据"功能

　　本例将为前面案例中的"员工名单"中添加插入记录的功能，在制作时需要将提供的素材文件复制到计算机的任一磁盘中（不要复制到系统盘中），并配置 IIS 及服务器，并且还要连接数据库，最后在"insert.asp"动态网页中添加插入数据功能。其最终效果如下图所示。

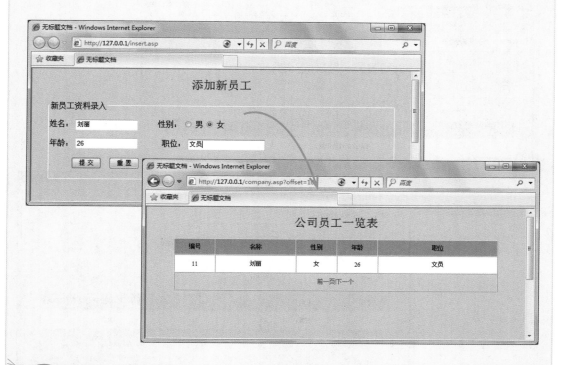

提个醒　　制作插入数据功能的主要步骤介绍如下。第一步：打开"insert.asp"动态网页文档，在"绑定"浮动面板中创建记录集；第二步：在"服务器行为"浮动面板中单击 ➕ 按钮，在弹出的下拉列表中选择"插入记录"选项；第三步：在"插入记录"对话框中设置"连接"为"conn"，表格为"employee"；第四步：设置"插入后，转到"为"company.asp"，单击 确定 按钮，保存网页文档，完成制作。

读书笔记

313

72
Hours

62
Hours

52
Hours

42
Hours

32
Hours

22
Hours

12
Hours

2. 练习1小时：制作"查询数据"功能

本例将在"员工名单"中添加查询记录功能，在制作时同样需要将提供的素材文件复制到计算机的任一磁盘中（不要复制到系统盘中），并配置IIS及服务器，并且连接数据库，最后在"search.asp"动态网页中添加查询功能。其最终效果如下图所示。

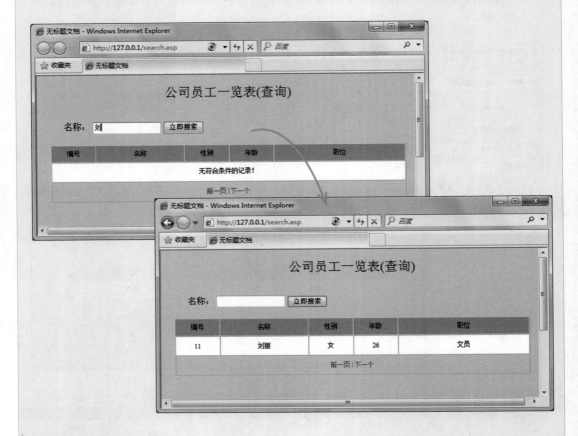

资源
文件
素材 \ 第 12 章 \searchweb\
效果 \ 第 12 章 \searchweb\search.asp
实例演示 \ 第 12 章 \ 制作"查询数据"功能

提个醒
制作查询数据功能的主要步骤介绍如下。第一步：打开"search.asp"动态网页文档，在"绑定"浮动面板中双击记录集；第二步：在"记录集"对话框中单击 简单… 按钮，切换到简单"记录集"对话框中；第三步：在"记录集"对话框中设置"筛选"的第1个下拉列表框为"name1"，第2个下拉列表框为"包含"，第3个下拉列表框为"表单变量"选项；第四步：在"筛选"文本框中输入"name1"，单击 确定 按钮；第五步：选中表格第2行，在"服务器行为"浮动面板中单击➕按钮，在弹出的下拉列表中选择"显示区域"/"如果记录为空则显示区域"选项，为查询添加提示信息；第六步：保存网页文档，完成制作。

网页

72 HOURS

综合实例演练

第13章

上机 *5*小时

● 制作美食网站
● 制作后台管理网页

通过前面对 Dreamweaver CS6 制作网页的学习，了解了制作网页的过程，包括创建网站的基本操作、网页的布局、CSS 样式的运用、模板的运用等。本章将通过制作美食网站和制作后台管理网页对所学知识进行巩固。

13.1 上机 2 小时：制作美食网站

民以食为天，本例所制作的网站是以美食为主，制作一个地道的川菜网。综合前面所学的知识，将在制作美食网站时体现的淋漓尽致，让读者把所学的知识巧妙地融合在制作的网站中。下面将介绍其制作过程。

13.1.1 实例目标

通过本例的制作，将全面巩固利用 Dreamweaver CS6 制作网页的过程，主要包括创建网站的基本操作、网页的布局、CSS 样式的运用和模板的运用等，最终效果如下图所示（网站的首页效果）。

13.1.2 制作思路

本例将制作一个美食网站，主要由 3 部分组成，第一部分是创建网站的站点；第二部分是制作网站首页，而制作网站首页包括对网页的布局以及对网页元素的添加及美化；第三部分是制作美食网站的子页面，同样在制作子页面时，也要对网页面进行布局并添加网页元素。

13.1.3 制作过程

下面详细讲解制作美食网站的过程。

资源
文件

素材 \ 第 13 章 \food\
效果 \ 第 13 章 \food\
实例演示 \ 第 13 章 \ 制作美食网站

1. 创建网站站点

在制作美食网站的各页面时，首先要将制作网站时需用到的素材放置在同一个文件夹中，并对所制作的网站创建一个站点。其具体操作如下：

STEP 01： 打开"站点设置对象"对话框

启动 Dreamweaver CS6 软件。在 Dreamweaver CS6 界面中选择【站点】/【新建站点】命令，打开"站点设置对象"对话框。

提个醒

在打开的对话框中，其对话框名是由"站点设置对象"加创建站点的名称，即在"站点名称"文本框中输入的站点名会显示在对话框的标题栏中。

STEP 02： 创建站点

1. 在"站点名称"文本框中输入"美食网"。
2. 在"本地站点文件夹"文本框中输入素材文件夹所在的位置"H:\food\"。
3. 单击 保存 按钮。完成站点的创建。

STEP 03： 新建文件夹和文件

1. 在"文件"浮动面板中，选择站点名称并单击鼠标右键。
2. 在弹出的快捷菜单中选择"新建文件夹"命令。将新建的文件夹重命名为"web"，选择"web"文件夹并单击鼠标右键。
3. 在弹出快捷菜单中选择"新建文件"命令。将新建的文件重命名为"index.html"，并双击"index.html"网页文件，打开该网页文档。

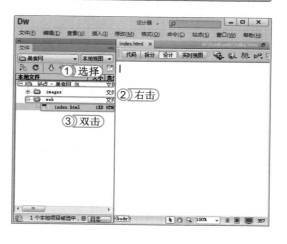

62
Hours

52
Hours

42
Hours

32
Hours

22
Hours

12
Hours

2. 制作网站首页

在创建网站站点后，便可在网站中制作网站页面，在制作首页时，将对其进行页面布局以及网页元素的添加和美化效果。

（1）网页布局

在对网页进行布局时，需使用到 Div+CSS 进行布局，其具体操作如下：

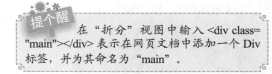

STEP 01： 添加 Div 标签

1. 单击 拆分 按钮，切换到"拆分"视图中。
2. 将插入点定位到 <body></body> 标记对之间，输入 Div 标签代码为 <div class="main"></div>。

> **提个醒** 在"拆分"视图中输入 <div class="main"></div> 表示在网页文档中添加一个 Div 标签，并为其命名为"main"。

STEP 02： 为添加的 Div 添加 CSS 样式

1. 在 <head></head> 标记对之间，添加代码 <style type="text/CSS"></style>，表示在该代码之间可添加 CSS 样式。
2. 在上述输入的代码之间为添加的 Div 标签添加 CSS 样式，设置其"位置"为"居中"，而"宽度"和"高度"分别为"1100"和"850"像素。

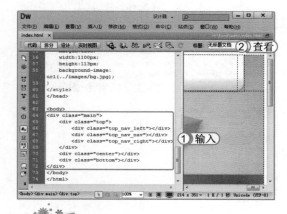

STEP 03： 添加其他 Div 并设置 CSS 样式

1. 使用相同的方法，在"拆分"视图的代码窗格中添加其他的 Div 标签，并分别将其命名为"top"、"center"和"bottom"。
2. 分别为各 Div 标签添加 CSS 样式，添加其背景图片。切换到设计视图中查看效果。

> **提个醒** 在为 Div 标签添加 CSS 样式时，主要设置其大小、背景图片及 Div 标签的位置。

STEP 04： 准备导出 CSS 样式表

1. 在"拆分"视图中，选择新建的 CSS 样式。
2. 在其左侧的工具栏中，单击"移动或转移 CSS"按钮 。
3. 在弹出的下拉列表中选择"移动 CSS 规则"选项。

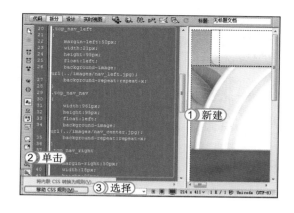

STEP 05： 设置导出 CSS 样式

1. 在打开的对话框中，选中 ● 新样式表 (N)... 单选按钮。
2. 单击 确定 按钮，打开"将样式表文件另存为"对话框。
3. 在"保存在"下拉列表中选择文件夹"food"选项。
4. 在"文件名"文本框中输入 CSS 新样式名为"main_css"。
5. 单击 保存(S) 按钮，完成导出 CSS 样式。

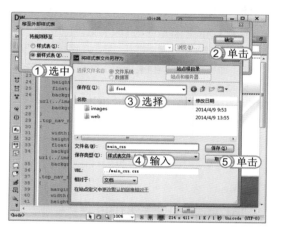

> **提个醒** 将所选择的 CSS 样式进行导出后，则会在原有的 CSS 样式的位置，添加一个链接 CSS 样式表的代码 <link href="../main_css.css" rel="stylesheet" type="text/css" />，将导出的 CSS 样式引用在该网页文档中。

（2）首页设置

对网站首页进行布局和相应的属性设置后，则可对其进行网页元素的添加，并在添加元素时添加相应的 Div 标签，然后添加 CSS 样式，其具体操作如下：

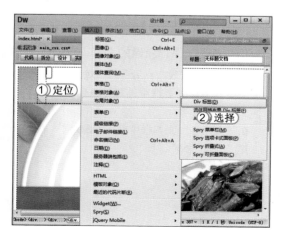

STEP 01： 为 Logo 图标添加 Div 标签

1. 将插入点定位到网页头部的空白位置处。
2. 选择【布局对象】/【Div 标签】命令。
3. 打开"插入 Div 标签"对话框，在"类"下拉列表框中输入"logo"。
4. 单击 确定 按钮，添加 Div 标签。

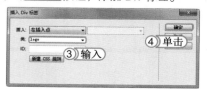

62
Hours
▲

52
Hours
▲

42
Hours
▲

32
Hours
▲

22
Hours
▲

12
Hours
▲

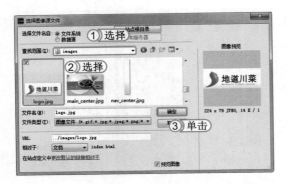

STEP 02： 在 Logo 标签中添加图像

1. 选择刚插入 Div 标签中的文本，按 Delete 键，将其删除。按 Ctrl+Alt+I 组合键，打开"选择图像源文件"对话框，在"查找范围"下拉列表框中选择站点所在的文件夹"images"选项。

2. 在下方的列表框中选择"logo.jpg"图像。

3. 依次单击 确定 按钮，添加图像。

STEP 03： 打开"新建 CSS 规则"对话框

1. 选择 Logo 图标所在的 Div 标签。

2. 按 Ctrl+F3 组合键，打开"属性"面板，在"属性"面板中单击 CSS 面板 按钮，打开"CSS 样式"浮动面板。

3. 在其浮动面板的右下角单击 按钮，打开"新建 CSS 规则"对话框。

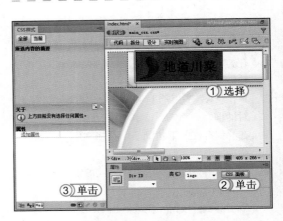

STEP 04： 设置新建 CSS 样式规则

1. 在打开对话框的"选择器类型"下拉列表框中选择"类（可应用于任何 HTML 元素）"选项。

2. 在"选择器名称"下拉列表框中输入 CSS 样式的名称"logo"。

3. 在"规则定义"下拉列表框中选择"（新建样式表文件）"选项。

4. 单击 确定 按钮。

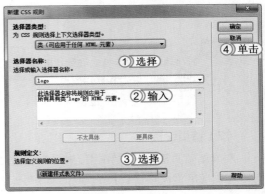

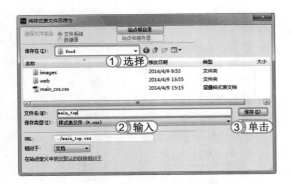

STEP 05： 保存新建的 CSS 样式

1. 打开"将样式表文件另存为"对话框，在"保存在"下拉列表框中选择站点所在的文件夹"food"选项。

2. 在"文件名"文本框中输入 CSS 样式表的名称"main_top"。

3. 单击 保存(S) 按钮。

STEP 06： 设置 CSS 规则的定义

1. 在打开对话框的"分类"列表框中选择"方框"选项卡。
2. 在"方框"栏中将"Width"设置为"224"像素。
3. 将"Float"设置为"left"。
4. 单击 确定 按钮。

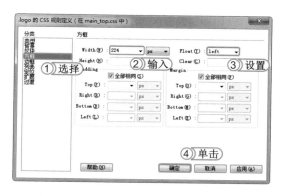

STEP 07： 添加 Spry 导航

1. 将插入点定位到 Logo 图像后。
2. 在"插入"浮动面板中，单击 ▼ 按钮，在弹出的下拉列表中选择"布局"分类列表。
3. 在"布局"分类列表中，单击"Spry 菜单栏"按钮 🗒。

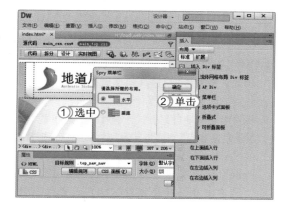

STEP 08： 插入 Spry 菜单

1. 打开"Spry 菜单栏"对话框，选中"水平"选项前的单选按钮。
2. 单击 确定 按钮，插入 Spry 菜单。

读书笔记

STEP 09： 删除多余的菜单列表

1. 选择"Spry 菜单栏"。
2. 在其属性面板的第一个列表框中选择"项目1"选项。
3. 在第二个列表框中依次选择其他选项，单击其上方的 ━ 按钮，将多余的菜单列表删除。

提个醒

　　使用 Spry 菜单栏，可制作导航菜单，并且还可制作级连菜单，即下一级菜单，本次制作的网站则不存在级连菜单，因此要将多余的菜单列表删除。

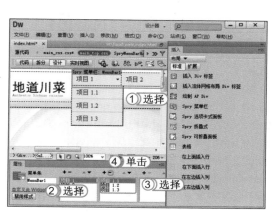

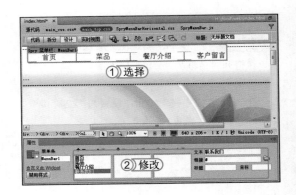

STEP 10： 重命名菜单列表

1. 选择"Spry 菜单栏"，在其属性面板中的第一个列表框中选择"项目一"。
2. 在其中输入"首页"。使用相同的方法将其他菜单列表更改为"菜品"、"餐厅介绍"和"客户留言"。

STEP 11： 设置菜单命令的 CSS 样式

1. 在"筛选相关文件"栏中选择"SpryMenuBar Horizontal.css"样式表文件。
2. 在该文件中将注释的代码全部删除，并对菜单列表的背景设置为"白色"，其颜色值为"#FFF"，返回"设计"视图中查看效果。

提个醒 "SpryMenuBarHorizontal.css"文件是在添加 Spry 菜单栏时，系统自动生成的。

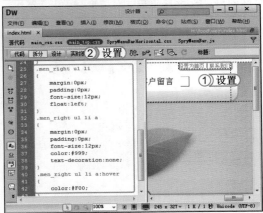

STEP 12： 使用 Div 标签制作导航

1. 将插入点定位到 Logo 图像后面，添一个 Div 标签，并将其命名为"men_right"，并在该标签中添加项目列表，分别为"设置为首页"和"联系我们"，并将其添加为超级链接形式。
2. 在"main_top.css"样式表文件中为"men_right"标签添加 CSS 样式的代码，将其定位到右上角，并将其默认颜色设置为灰色"#999"，当鼠标指上去时为红色"#F00"。

STEP 13： 设置为首页

切换到"代码"视图，在其中找到"设置为首页"和"联系我们"的项目列表，分别为其设置代码为 <a onclick="this.style. behavior="url(#default#homepage)";this. setHomePage("http://www.wlzxy.com/ blog/"); href="#"> 设 置 为 首 页 </a> 和 <a href="mailto:540397256@qq.com"> 联系我们 </ a>，设置在单击"设置为首页"和"联系我们"链接文本时，在打开的对话框中将当前页设置为首页以及发送邮件到指定的邮箱中。

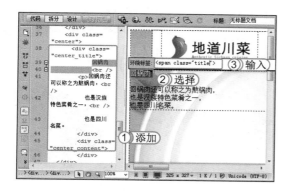

STEP 14： 添加文本并设置其 CSS 样式

1. 将插入点定位到 <center></center> 标记对之间，添加两个 Div 标签，并分别命名为 "center_title" 和 "center_content"。

2. 将插入点定位到 "center_title" 标签之间，输入文本，并用
 作为换行符，并选择输入的文本 "回锅肉"。

3. 按 Ctrl+T 组合键，打开 "环绕标签" 编辑器，输入 "<span class="title">"，按 Enter 键，将自动在代码中添加结束标记 </span>。

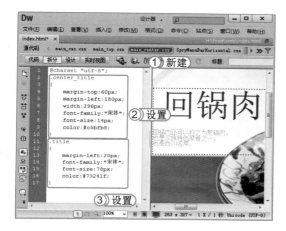

STEP 15： 添加 CSS 样式代码

1. 新建一个名为 "main_center" 的 CSS 样式表文件。

2. 打开该样式表文件，为标签 "center_title" 和 "title" 添加 CSS 样式，分别将字体、字号和颜色设置为 "宋体"、"14px" 和 "#c5bfb8"。

3. 将标签 title 中的字体、字号和颜色分别设置为 "宋体"、"78px" 和 "#73241f"。

STEP 16： 打开 "插入表格" 对话框

1. 在 "回锅肉" 标签下方添加 Div 标签，并命名为 "center_content"。

2. 在添加的标签中添加另外两个标签，分别命名为 "center_content_box1" 和 "center_content_box2"。

3. 将插入点定位到 "center_content_box1" 标签中，按 Ctrl+Alt+T 组合键，打开 "插入表格" 对话框。

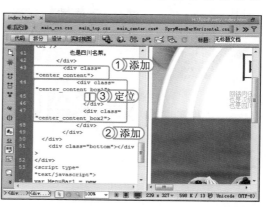

STEP 17： 设置表格

1. 在打开的表格对话框中，将 "行数"、"列" 和 "表格宽度" 分别设置为 "4"、"2" 和 "350"。

2. 在 "标题" 文本框中输入表格标题 "特别推荐"。

3. 单击 确定 按钮，插入一个 4 行 2 列的表格。

读书笔记

323

72☒
Hours

62
Hours

52
Hours

42
Hours

32
Hours

22
Hours

12
Hours

STEP 18: 添加文本

将插入点定位到表格的第 1 个单元格中，输入文本，并将其调整表格的大小。

> **提个醒**
> 在插入表格后，默认情况下其单元格的大小是相同的，此时可根据实际情况，使用鼠标拖动的方法调整单元格的大小。

STEP 19: 插入其他表格并添加内容

在名为"center_content_box2"的标签中插入一个 2 行 3 列的表格，并设置其宽度为"328"像素，标题设置为"菜品展示"，在插入的第 1 行单元格中添加图像，在第 2 行单元格中添加文本。

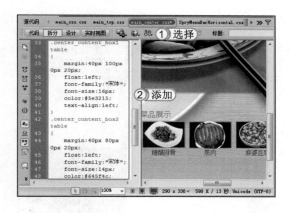

STEP 20: 添加 CSS 调整表格的位置

1. 在"复选相关文件"栏中，选择"main_center.css"样式表文件。
2. 在其中添加 CSS 样式，调整表格的位置。

> **提个醒**
> 在添加 CSS 样式时，除了为表格中所有的 Div 标签添加 CSS 样式外，还需对表格和标题进行相应的 CSS 样式设置。

STEP 21: 制作底部信息及链接

将插入点定位到"bottom"标签之间，添加两个 Div 标签，分别命名为"bottom_left"和"bottom_right"。在第一个"bottom_left"标签中添加一个图像"bottom_logo.png"，在"bottom_right"标签中添加文本。

读书笔记

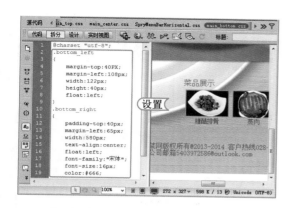

325

72☒
Hours

STEP 22： 为底部信息添加 CSS 样式

新建一个 CSS 样式表文件，并命名为 "main_bottom"，在该 CSS 样式表文件中，为 "bottom_left" 和 "bottom_right" 标签添加 CSS 样式，调整标签位置和字体等，添加完成后，按 Ctrl+S 组合键保存每个 CSS 文件，并保存整个网页，完成网站首页的制作。

3. 制作子网页

首页制作完成后，便可制作其子网页了，在制作子网页时，可直接在 "文件" 浮动面板中新建网页文档，然后在网页文档中进行布局和添加网页元素。

（1）新建网页文档并布局

在 "文件" 浮动面板的 "Web" 文件夹中新建一个网页文档，并对新建的网页文档进行布局操作。其具体操作如下：

STEP 01： 新建网页文档

1. 关闭制作的网站首页，按 **F8** 键，打开 "文件" 浮动面板，展开网站站点，选择 "web" 文件夹，并单击鼠标右键。
2. 在弹出的快捷菜单中选择 "新建文件" 命令。将新建的文件命名为 "menu.html"，按 **Enter** 键结束命名。

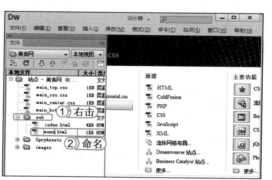

STEP 02： 添加背景的 Div 标签

1. 将插入点定位到 <body></body> 标记对之间，输入代码 <div class="menu_main"></div>，在网站站点中双击 "main_css" 样式表文件，将其打开。
2. 在该文件中添加 menu_main 标签的 CSS 样式，设置该标签的 margin 为 "auto"，width 为 "1100px"，height 为 "1420px"。

读书笔记

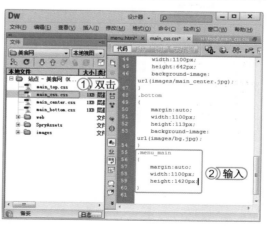

提个醒　在使用 Div+CSS 进行网页布局时，一般会将所有的 Div 标签，放置在第一个大的 Div 容器中，以便控制整个网页的位置。

62
Hours
▲

52
Hours
▲

42
Hours
▲

32
Hours
▲

22
Hours
▲

12
Hours
▲

STEP 03: 准备引用外部样式表

1. 按 Ctrl+S 组合键保存打开的 CSS 样式表文件，切换到 "menu.html" 网页文档中。
2. 按 Shift+F11 组合键，打开 "CSS 样式" 浮动面板，在其右下角单击■按钮。
3. 打开 "链接外部样式表" 对话框，单击 浏览... 按钮。

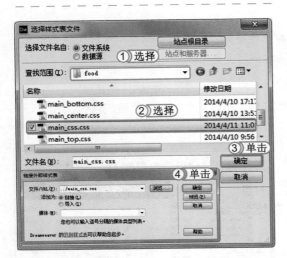

STEP 04: 选择引用的外部样式表

1. 在打开对话框的 "查找范围" 下拉列表框中选择网站所在的站点位置。
2. 在下拉列表框中选择外部样式表文件 "main_css.css" 选项。
3. 单击 确定 按钮，返回 "链接外部样式表" 对话框，即可在 "文件 /URI" 文本框中查看到链接外部样式的路径。
4. 单击 确定 按钮，完成外部样式表的引用。

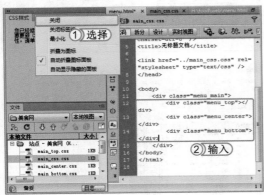

STEP 05: 添加其他 Div 标签

1. 在浮动面板的空白处单击鼠标右键，在弹出的快捷菜单中选择 "关闭" 命令，将所有浮动面板关闭。
2. 将插入点定位到 "menu_main" 标签中。添加 3 个 Div 标签，并分别名为 "menu_top"、"menu_center" 和 "menu_bottom"。

STEP 06: 添加 CSS 样式调整 Div 标签

切换到 "main_css.css" 样式表文件中，在其中为 "menu_top"、"menu_center" 和 "menu_bottom" 添加 CSS 样式，调整其 Div 标签的大小及位置。

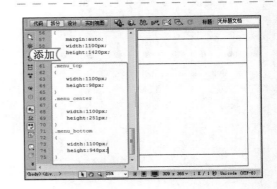

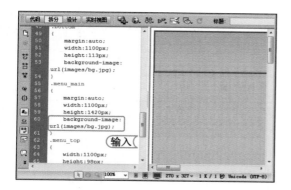

STEP 07： 为 menu_main 标签添加背景

在"main_css.css"样式表文件中添加 CSS 代码"background-image:url(images/bg.jpg);"，为整个网页添加背景图片。

> **提个醒** 在添加背景图片时，可根据实际情况对其进行重复或不重复的设置。

（2）制作头部导航

对网页进行布局后，便可对其进行制作。在制作网页时，一般由上到下进行制作，这里制作子网页也不例外，首先对网页的头部进行制作，即对导航部分进行制作。因为导航部分与网站首页的导航部分是相同的，这里就可以直接使用首页的导航部分，其具体操作如下：

STEP 01： 复制代码

在"文件"浮动面板中打开"index.html"网页，选择 <top></top> 标记对之间的内容，按 Ctrl+C 组合键进行复制。切换到"menu.html"网页中，将插入点定位到 <menu_top></menu_top> 之间，按 Ctrl+V 组合键进行粘贴。

> **提个醒** 在制作网站时，如果网站的结构一样，则可制作完一个页面后，直接复制该页面，保留相同部分，删除不同的部分，再进行制作，从而提高制作速度。

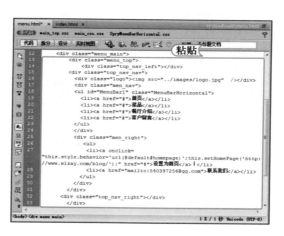

STEP 02： 引用外部样式表

1. 关闭"index.html"网页文档，将插入点定位到"menu.html"代码文档的 </head> 上方，打开"文件"浮动面板，选择"main_top.css"样式表文件，按住鼠标左键的同时拖动鼠标至插入点定位的位置后，释放鼠标。

2. 使用相同的方法，在"文件"浮动面板中，展开"SpryAssets"文件夹，选择"SpryMenuBarHorizontal.css"样式文件，将其拖动到 </head> 标记上方。

> **提个醒** 在"menu.html"网页文档中使用了"index.html"网页文档的相关 HTML 代码，因此关于该代码的 CSS 样式表也要进行引用，否则达不到相同的效果。

> **提个醒** 使用拖动方法，可快速将同一站点的 CSS 样式表引用到当前网页中。

62
Hours

52
Hours

42
Hours

32
Hours

22
Hours

12
Hours

STEP 03： 查看效果

关闭浮动面板，切换到"设计"视图中便可查看
到头部的导航效果和网站首页的导航相同。

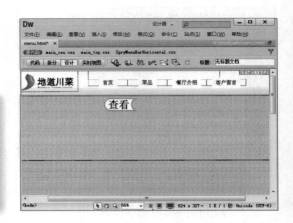

（3）制作 banner 部分

　　一般的网页，都会有 banner 部分，该部分在布局时，可将其划分到头部，但这里是作为
一个单独的部分存在，banner 部分其实就是一个网站图片。其具体操作如下：

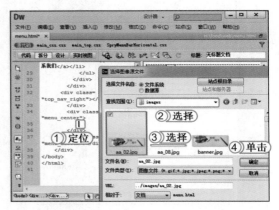

STEP 01： 选择图像源文件

1. 在将插入点定位到"menu_center"Div 标签
   之间，按 Ctrl+Alt+I 组合键，打开"选择图像
   源文件"对话框。
2. 在"查找范围"下拉列表框中选择站点路径
   中的"images"文件夹。
3. 在下方的列表框中选择图像文件"aa_02.
   jpg"选项。
4. 单击 确定 按钮，在打开的对话框中单击
   确定 按钮，完成选择图像源文件的操作。

STEP 02： 查看效果

切换到"设计"视图中，在视图中查看到添加的
banner 图像。

（4）制作网页内容和底部信息

　　网页的内容及底部信息的制作是该网页的重要部分，没有该部分，子网页就没有存在的意
义，因为本部分是承载整个网页中所要传达的所有信息量。制作不同的网页，可根据不同人的
制作习惯，将其划分为不同的部分进行制作。其具体操作如下：

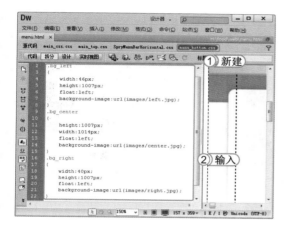

STEP 01： 添加 Div 标签

将插入点定位到"menu_bottom"标签之间，在其中添加两个 Div 标签，并分别命名为"menu_bottom_content"和"bottom_foot"，然后在"menu_bottom_content"添加 3 个 Div 标签，分别命名为"bg_left"、"bg_center"和"bg_right"。

STEP 02： 添加 CSS 样式

1. 新建一个 CSS 样式表文件，命名为"menu_bottom"，并将其打开。
2. 在其中分别为"bg_left"、"bg_center"和"bg_right"添加代码，设置"menu_bottom"Div 标签的背景。

提个醒 在设置其背景图片时，可使用整张背景图片，但是那样会拖慢网页浏览的速度，因此可添加多个 Div 标签，并为标签设置背景。

STEP 03： 添加 Div 对底部进行布局

切换到"拆分"视图中，将插入点定位到"bg_center"之间，添加两个 Div 标签，并分别命名为"bg_center_nav"和"bg_center_content"。

读书笔记

STEP 04： 添加 CSS 样式设置 Div 的大小

1. 在"筛选文件"栏中选择"menu_bottom"样式表文件，并将插入点定位到文档末尾。
2. 在其中分别为命名为的 Div 标签添加 CSS 样式，在"bg_center_nav"和"bg_center_content"标签下，设置其"width"和"height"分别为"199px"、"879px"和"752px"、"879px"。

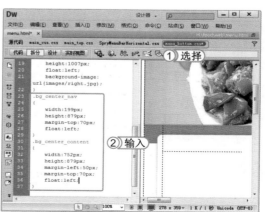

62 Hours
52 Hours
42 Hours
32 Hours
22 Hours
12 Hours

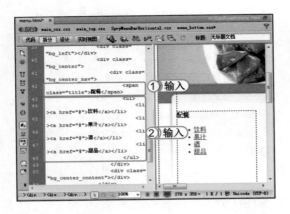

STEP 05： 添加项目列表

1. 将插入点定位到"bg_center_nav"标签之间，在其中添加一个 <span></span> 标记对将其命名为"title"。
2. 将插入点定位在 <span></span> 标记对下方，输入项目列表的代码，并对其添加链接及文本。

STEP 06： 设置项目列表效果

1. 切换到"menu_bottom" CSS 样式表文件中，将插入点定位到该文档的末尾。
2. 在其中添加 CSS 代码，设置其项目列表的效果，可在"拆分"视图中查看其代码效果和添加代码后界面效果。

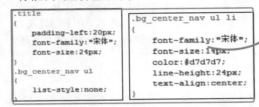

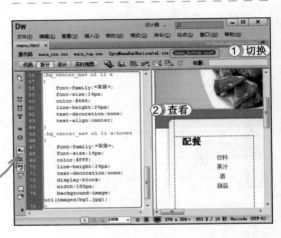

STEP 07： 添加 Div 标签

切换到"源代码"文档中，将插入点定位到"bg_center_content"标签之间，添加 1 个 Span 标签和 Div 标签，并分别命名为"content_title"和"box"。

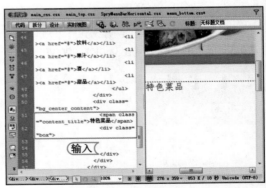

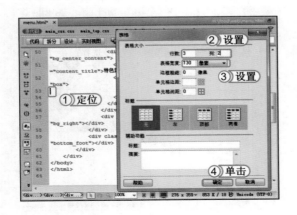

STEP 08： 添加表格

1. 将插入点定位到"box"标签中。
2. 按 Ctrl+Alt+T 组合键，打开"插入表格"对话框中，将"行数"和"列"分别设置为"3"和"2"。
3. 将"表格宽度"设置为"730"像素。
4. 单击 确定 按钮，插入 3 行 2 列的表格。

STEP 09： 添加图片

1. 将插入点定位到表格的第 1 行的第 1 个单元格中，按 Ctrl+Alt+I 组合键，打开"选择图像源文件"对话框。
2. 在"查找范围"下拉列表框中选择站点路径下的"images"文件夹。
3. 在下方的列表框中选择需要插入的图像"center1.jpg"。
4. 单击 确定 按钮，完成图片的添加。

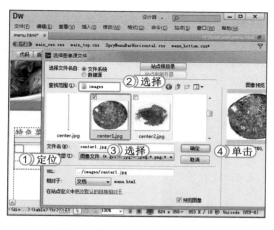

STEP 10： 添加其他图像

使用相同的方法，为表格的第 2 行的第 2 个单元格和第 3 行的第 1 个单元格，分别添加图像"center2.jpg"和"center3.jpg"。

提个醒　在制作网页的相关部分的内容时，可选择使用相同的 div 标签进行设置，也可以选择表格进行制作。

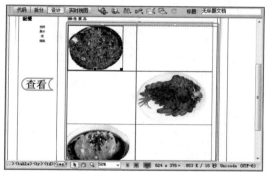

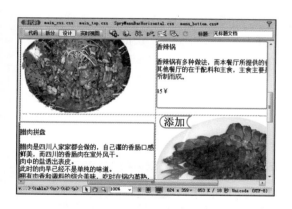

STEP 11： 添加文字

在表格的第 1 行的第 2 个单元格、第 2 行的第 1 个单元格和第 3 行的第 2 个单元格中输入文本。

读书笔记

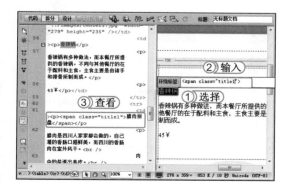

STEP 12： 添加 Span 标签

1. 选择"香辣锅"文本，按 Ctrl+T 组合键，打开"环绕标签"编辑器。
2. 在其中输入 <span class="title1">，按 Enter 键确认输入。
3. 使用相同的方法，依次选择"腊肉拼盘"和"伤心凉粉"，并为其添加 <span class="title1"> 代码。

62
Hours

52
Hours

42
Hours

32
Hours

22
Hours

12
Hours

STEP 13： 为 title1 标签添加 CSS 样式

切换到 "menu_bottom" 样式表文件中，将插入点定位到文档的末尾位置，输入 CSS 代码，设置其字体、字号和颜色分别为 "仿宋"、"34" 和 "#333"，最后设置其字体为 "加粗"。

提个醒 在 CSS 代码中，设置字体的粗体效果，是使用的 "font-weight" 属性，其属性值也可以是数字型。

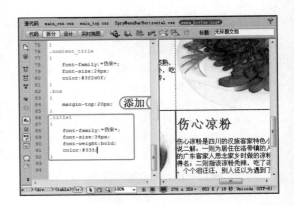

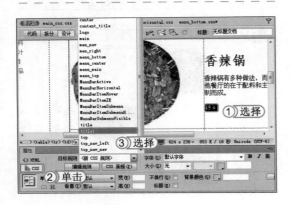

STEP 14： 应用相同 CSS 样式

1. 分别选择单元格中的价格文本。
2. 按 Ctrl+F3 组合键，打开 "属性" 面板，在 "属性" 面板左侧单击 CSS 按钮，切换到 CSS 类的属性面板中。
3. 在 "目标规则" 下拉列表框中选择 "title1" 选项，即可为所有的价格文本应用 title1 中的所有样式。

STEP 15： 设置单元格的 CSS 样式

将插入点定位到 "menu_bottom" CSS 样式文档的末尾，设置 td 标记的 CSS 样式。

STEP 16： 复制代码

打开 "index.html" 网页文档，选择 "bottom" 标签之间的代码，按 Ctrl+C 组合键，对其进行复制，切换到 "menu.hmtl" 网页文档中，将插入点定位到 <bottom_foot></bottom_foot> 标记对之间，按 Ctrl+V 组合键，将其进行粘贴。

读书笔记

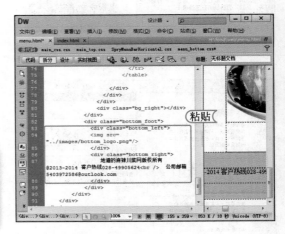

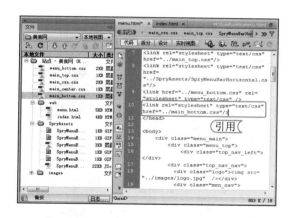

STEP 17： 引用样式

按 F8 键，打开"文件"浮动面板，将"main_bottom"CSS 样式文件拖动到"menu.html"网页文档的头部，即可在"menu.html"网页文档中引用外部 CSS 样式，按 Ctrl+S 组合键进行保存。

读书笔记

4. 保存模板网页并新建网页

完成第一个子网页的制作后，要制作其他子网页，除了内容不相同外，其网页结构相同时，可直接将网页文档保存为模板文档，并使用模板文档创建网页，其具体操作如下：

STEP 01： 保存为模板文档

1. 将"menu.html"网页文档中的表格及表格和"特色菜品"文本删除。
2. 选择【文件】/【另存为模板】命令，打开"另存模板"对话框。在"另存为"文本框中输入"menu_comp"。
3. 单击 保存(S) 按钮，在打开的提示对话框中单击 是(Y) 按钮，保存模板。

STEP 02： 插入可编辑区域

1. 将插入点定位到删除内容的空白区域中。
2. 选择【插入】/【模板对象】/【可编辑区域】命令，打开"新建可编辑区域"对话框。

读书笔记

STEP 03： 新建可编辑区域

1. 在"名称"文本框中输入可编辑区域的名称"Edit"。
2. 单击 确定 按钮。即可在插入点插入一个可编辑区域。按 Ctrl+S 组合键，保存模板网页。

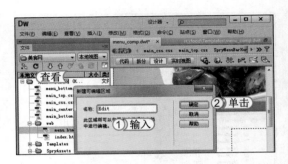

STEP 04： 新建基于网页的模板

1. 关闭存储的网页模板，选择【文件】/【新建】命令，打开"新建文档"对话框，在左侧对话框中选择"模板中的页"选项卡。
2. 在"站点"列表框中选择"美食网"选项。
3. 在"站点'美食网'的模板"列表框中选择"menu_comp"选项。
4. 单击 创建(R) 按钮，新建基于网页的模板。

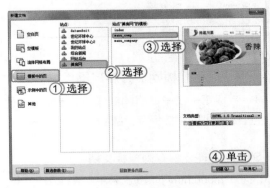

STEP 05： 添加文本

1. 选择网页文档的"Edit"文本，将其修改为"餐厅介绍"。
2. 按 Enter 键进行换行，输入其他文本。

读书笔记

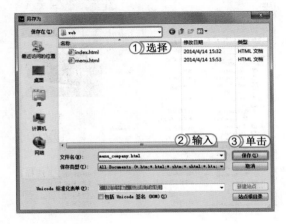

STEP 06： 保存网页

1. 按 Ctrl+S 组合键，打开"另存为"对话框，在"保存在"下拉列表框选择站点路径下的"web"文件夹。
2. 在"文件名"下拉列表框中输入网页名称"menu_company.html"。
3. 单击 保存(S) 按钮，完成网页的保存操作。

提个醒 在同一个网站中，子网页的结构相同，可将制作好的子网页保存成模板，使用模板创建其他子网页，可提高制作网页的速度。

5. 链接各个网页

在一个网站中，其子网页的风格比较统一，有兴趣的读者可以将其他子网页制作出来。
这里将制作好的各个网页进行链接，达到单击链接时跳转至其他网页的效果。其具体操作
如下：

STEP 01： 链接第一个子网页

1. 按 F8 键，打开"文件"浮动面板，在"web"
   文件夹中，双击"index.html"选项，打开网
   站首页。
2. 在网页文档的导航栏中选择"菜品"文本，
   按 Ctrl+F3 组合键，打开"属性"面板。
3. 单击 <> HTML 按钮，切换到"HTML"属性面板。
4. 在"链接"下拉列表框中输入链接网页的
   URL 地址"menu.html"，按 Enter 键确认输入。

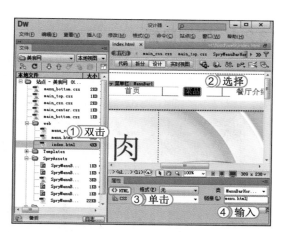

STEP 02： 链接其子网页

1. 在导航栏中选择"餐厅介绍"文本。
2. 在"HTML"属性面板中的"链接"下拉列
   表框中输入链接的 URL 地址"menu_company.
   html"。

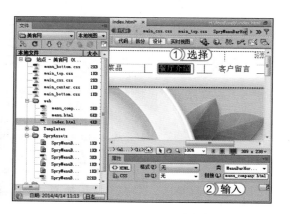

读书笔记

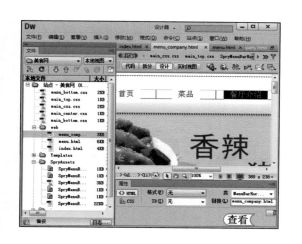

查看

STEP 03： 在其他子网页中进行链接

分别打开"menu.html"和"menu_company.
html"网页文档，使用相同的方法，分别将"首
页"、"菜品"和"餐厅介绍"各个网页文本分
别链接在"index.html"、"menu.html"和"menu_
company.html"网页上，按 Ctrl+S 组合键保存各
个网页，完成整个例子的制作。

提个醒
在对各个网页进行链接时，可直接
在"链接"下拉列表框后，单击 ⊕ 按钮，并按
住鼠标左键不放，将其拖动到"文件"浮动面
板中需要链接的网页文档上，即可将其快速
链接。

13.2 上机 2 小时：制作后台管理网页

使用 Dreamweaver CS6 制作一个后台管理的网页，在制作该网页时，可进一步巩固使用 Dreamweaver CS6 制作动态网页效果。在制作动态网页时，将用到 IIS 的配置、服务器的配置、数据库的创建、读取、修改、删除以及分页显示数据库的数据。下面将分别进行介绍。

13.2.1 实例目标

在制作后台管理网页时，是将网页与数据库进行链接后，网页从数据库中读取数据等操作，并且在制作网页前，还需要对 IIS 和服务器进行相应的配置以及对数据库进行创建，最后实现网页与数据库之间的数据传输功能。最终效果如下图所示。

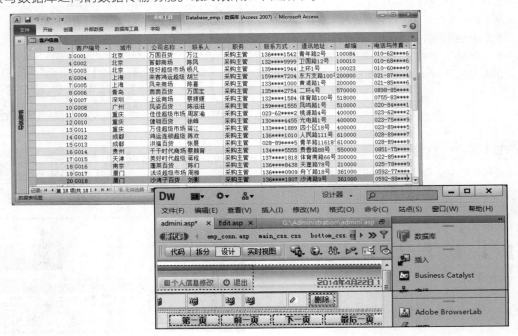

13.2.2 制作思路

使用 Dreamweaver CS6 制作后台管理网页，可分为 4 个部分，第一部分为：配置 IIS 和服务器，在配置服务器的同时将创建后台管理网页的站点；第二部分为：创建后台管理需要连接的数据库表，并添加数据源的驱动器；第三部分为：对后台管理网页进行制作，包括网页的制作及相关网页元素的添加；第四部分为：连接数据库，读取数据，对数据进行操作。完成后台管理网页的整个制作过程。

13.2.3 制作过程

下面详细讲解制作后台管理网页的制作过程。

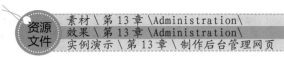

资源文件

素材 \ 第13章 \Administration\
效果 \ 第13章 \Administration\
实例演示 \ 第13章 \制作后台管理网页

1. 配置 IIS 和服务器

在制作后台管理网页前，需要先对 IIS 和服务器进行配置，在配置时也要创建站点。因此在配置 IIS 和服务器前，先创建站点，然后再对其进行配置。

（1）创建站点

创建站点是将制作后台网页中所需要的素材放置在创建的站点中，其中包括制作网页的图片、数据库、网页文档和 CSS 样式等。其具体操作如下：

STEP 01： 新建文件夹

1. 在计算机中，打开"本地磁盘（G:）"窗口。
2. 单击 新建文件夹 按钮，新建一个文件夹，并将其命令名为"Administration"。

> 提个醒　用户可在自己的计算机中（除系统盘）的任意一个磁盘上进行创建，该文件夹主要是用作创建站点时的根目录。

337

72☐
Hours

62
Hours

52
Hours

42
Hours

32
Hours

22
Hours

12
Hours

STEP 02： 新建站点

1. 启动 Dreamweaver CS6，在 Dreamweaver CS6 界面中选择【站点】/【管理站点】命令，打开"管理站点"对话框。
2. 在该对话框中单击 新建站点 按钮。

STEP 03： 选择站点根目录

1. 在打开对话框的"站点名称"文本框中输入网站名称"后台管理"。
2. 在"本地站点文件夹"文本框后，单击"浏览文件夹"按钮，打开"选择根文件夹"对话框。
3. 在"选择"下拉列表框中选择"本地磁盘（G:）"选项，在下拉列表框中选择"Administration"选项。
4. 单击 打开(O) 按钮。

STEP 04： 完成站点设置

1. 在打开的对话框中，单击 [选择(S)] 按钮。
2. 在站点设置对象对话框的"本地站点文件夹"文本框中则是所选择根目录路径。
3. 单击 [保存] 按钮，完成站点的设置。

（2）配置 IIS 环境

在创建好站点后，则可对 IIS 环境进行配置。这里将在添加网站的同时配置 IIS 环境。其具体操作如下：

STEP 01： 打开"管理工具"窗口

1. 选择【开始】/【控制面板】命令，打开"控制面板"窗口，在该窗口的"查看方式"下拉列表中选择"大图标"选项。
2. 在窗口中单击"管理工具"超级链接，打开"管理工具"窗口。

STEP 02： 打开"添加网站"对话框

1. 在打开的窗口中，双击"Internet 信息服务（IIS）管理器"选项，打开"Internet 信息服务（IIS）管理器"窗口。
2. 在左侧列表框中展开所有的文件，选择"网站"选项并单击鼠标右键，在弹出的快捷菜单中选择"添加网站"命令，打开"添加网站"对话框。

STEP 03： 添加网站

1. 在该对话框的"网站名称"文本框中输入网站的名称"admini"。
2. 在"物理路径"文本框中输入路径"G:\Administration"。
3. 单击 [确定] 按钮，完成添加网站操作。

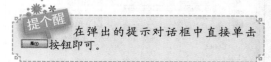

提个醒　　在弹出的提示对话框中直接单击 [是(Y)] 按钮即可。

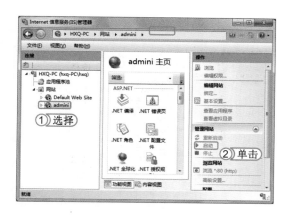

STEP 04： 启动添加的网站

1. 在"Internet 信息服务（IIS）管理器"窗口的左侧选择添加的网站"admini"选项。
2. 在窗口右侧的"管理网站"列表框中单击"启动"超级链接，将添加的网站启动。

> **提个醒**
> 默认情况下，在"网站"文件夹中有个默认的网站，使用的端口号与添加的网站所用的端口号相同，则不能同时启动。

（3）配置服务器

IIS 环境配置完成后，则可在 Dreamweaver CS6 中对站点所使用的服务器进行配置，其具体操作如下：

STEP 01： 管理站点

1. 在 Dreamweaver CS6 的"管理站点"对话框的"您的站点"列表框中选择"后台管理"选项。
2. 在列表框下方单击"编辑当前选定的站点"按钮 ✏。

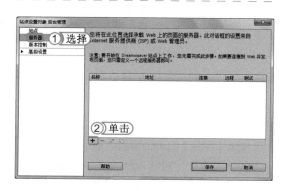

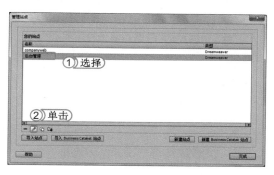

STEP 02： 添加服务器

1. 在打开对话框左侧列表框中选择"服务器"选项卡。
2. 在右侧列表框下方，单击"添加新服务器"按钮 ＋。

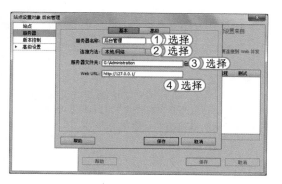

STEP 03： 设置基本服务器

1. 在打开对话框的"服务器名称"文本框中输入服务器名称"后台管理"。
2. 在"连接方法"下拉列表框中选择"本地 / 网络"选项。
3. 在"服务器文件夹"文本框中输入根目录文件夹"G:\Administration"。
4. 在"Web URL"文本框中输入"http://127.0.0.1"，表示本地服务器。

STEP 04： 高级设置

1. 选择"高级"选项卡。
2. 在"服务器模型"下拉列表框中选择"ASPJavaScript"选项。
3. 单击 保存 按钮，完成服务器设置。

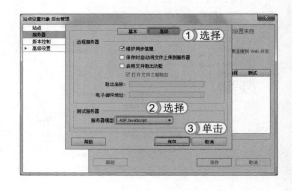

读书笔记

STEP 05： 完成服务器配置

1. 在返回对话框的"测试"栏中选中其复选框。
2. 单击 保存 按钮，在返回的对话框中单击 完成 按钮，完成服务器设置。

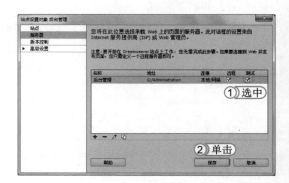

提个醒
在弹出的提示对话框中，直接单击 确定 按钮，重建站点。

2. 创建数据库并选择数据源

在将 IIS 环境和服务器配置完成后，则可以创建存储数据的数据库了，下面就用 Access 2010 创建数据库及表，然后再添加数据源驱动。

（1）创建数据库

下面将使用 Access 2010 创建数据库及表，创建完成后，则将其保存到站点文件夹下。其具体操作如下：

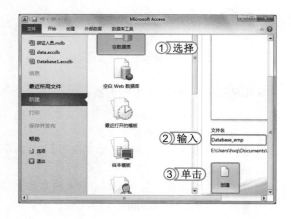

STEP 01： 创建数据库

1. 选择【开始】/【Microsoft Office】/【Access 2010】命令，启动 Access 2010，选择【文件】/【新建】/【空数据库】命令。
2. 在最右侧的"文件名"文本框中输入数据库名称为"Database_emp"。
3. 单击"创建"按钮，创建空数据库。

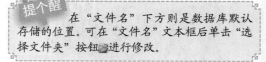

提个醒
在"文件名"下方则是数据库默认存储的位置。可在"文件名"文本框后单击"选择文件夹"按钮进行修改。

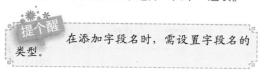

STEP 02： 设置字段类型

1. 在"表1"中单击"单击以添加"后的下拉按钮 ▼。

2. 在弹出的下拉列表中选择"文本"选项。

提个醒　在添加字段名时，需设置字段名的类型。

STEP 03： 输入数据

使用相同的方法，添加其他的字段，并在相应字段下方输入数据。

读书笔记

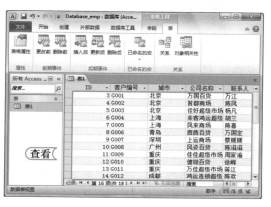

341

72☒
Hours

62
Hours

52
Hours

42
Hours

32
Hours

22
Hours

12
Hours

STEP 04： 保存表

1. 按Ctrl+S组合键，打开"另存为"对话框，在"表名称"文本框中输入表名称"客户信息"。

2. 单击 确定 按钮，保存表。

STEP 05： 另存为数据库

1. 选择【文件】/【数据库另存为】命令，在弹出的提示对话框中单击 是(Y) 按钮，打开"另存为"对话框。

2. 在该对话框中选择站点所在的文件夹"Administration"。

3. 其余设置保持默认状态，单击 保存(S) 按钮，保存数据库，并关闭对话框。

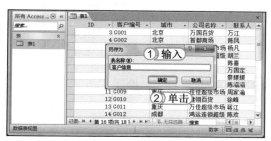

读书笔记

（2）添加数据源

创建完数据库及表后，为了在制作网页时能顺利连接到数据库，则需要先添加数据源及驱动，其具体操作如下：

STEP 01： 添加数据源管理器

1. 在"管理工具"窗口中，双击"数据源（ODBC）"快捷方式，打开"ODBC 数据源管理器"对话框。
2. 在该对话框中选择"系统 DSN"选项卡。
3. 单击 添加(D)... 按钮，打开"创建新数据源"对话框。

读书笔记

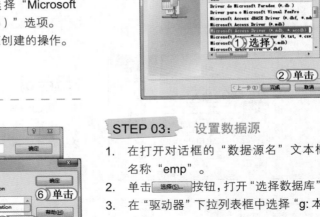

STEP 02： 创建数据源

1. 在打开对话框的列表框中选择"Microsoft Access Driver（*.mdb,*.accdb）"选项。
2. 单击 完成 按钮，完成数据源创建的操作。

STEP 03： 设置数据源

1. 在打开对话框的"数据源名"文本框中输入名称"emp"。
2. 单击 选择(S)... 按钮，打开"选择数据库"对话框。
3. 在"驱动器"下拉列表框中选择"g: 本地磁盘"选项。
4. 在"目录"列表框中双击"Administration"选项。
5. 在"数据库名"列表框中选择"Database_emp.accdb"选项。
6. 依次单击 确定 按钮，完成数据源设置。

3. 制作网页并添加相应元素

将制作网页前的所有准备工作都做好的情况下，即可对网页进行制作了。下面将对后台网站进行页面布局和添加导航元素等。

（1）创建网页文档并对其布局

在创建网页文档后，可选择不同的方式对其进行布局，这里使用 Div+CSS 对网页进行布局，其具体操作如下：

在制作网页前，对于其准备工作可以不按上述顺序进行设置，如可以创建站点时配置服务器，再制作网页，创建数据库，然后添加数据源，在网页中连接数据库，再读取数据等操作，最后在 IIS 中添加网站。

STEP 01： 新建网页文档

1. 在 Dreaweaver CS6 界面中，按 F8 键，打开"文件"浮动面板，选择"后台管理"站点，单击鼠标右键。
2. 在弹出的快捷菜单中选择"新建文件"命令，新建一个网页文档。

> **提个醒** 如果要对创建的网页文档进行删除，可直接选择【编辑】/【删除】命令。

STEP 02： 重命名并打开网页文档

将刚创建的网页文档重命名为"admini.asp"，按 Enter 键确认命名。双击所命名的网页文档，将其打开。

读书笔记

STEP 03： 添加 Div 标签

1. 切换到"拆分"视图中。
2. 将插入点定位到 <body></body> 标记对之间。添加第一个 Div 标签，并命名为"main"，然后在"main" Div 标签中添加 3 个 Div 标签，分别命名为"top"、"center"和"bottom"。

读书笔记

343

72☑
Hours

62
Hours

52
Hours

42
Hours

32
Hours

22
Hours

12
Hours

STEP 04： 为 ".main" 添加 CSS 样式

1. 按 **Ctrl+F3** 组合键，打开"属性"面板，在该面板中单击 ▤css 按钮，切换到"CSS"属性面板。
2. 单击 编辑规则 按钮，打开"新建 CSS 规则"对话框。
3. 在"选择器类型"下拉列表框中选择"类"选项。
4. 将"选择器名称"下拉列表框中输入".main"。
5. 在"规则定义"下拉列表框中选择"（新建样式表文件）"选项。
6. 单击 确定 按钮。

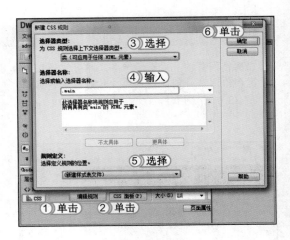

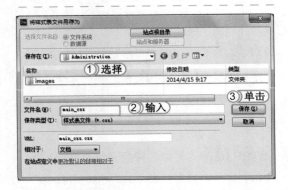

STEP 05： 保存新建的样式文件

1. 在打开对话框的"保存在"下拉列表框中选择文件夹"Administration"选项。
2. 在"文件名"文本框中输入 CSS 文件名"main_css"。
3. 单击 保存(S) 按钮，完成保存 CSS 样式的操作。

提个醒 新建 CSS 样式后，如果在代码文档的 <body></body> 标记对之间添加了其他标签，可将其删除。

STEP 06： 设置 CSS 样式

1. 在打开的对话框中选择"方框"选项卡。
2. 在"方框"栏中，分别将"Width"和"Height"设置为"978"和"528"像素。
3. 在"Margin"栏中的"Top"下拉列表框中选择"auto"选项，将其设置为居中效果。
4. 单击 确定 按钮，完成 CSS 样式的设置。

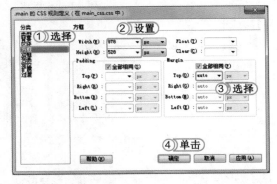

STEP 07： 为其他 Div 标签添加 CSS

1. 在"源代码"栏中选择"main_css.css"选项，切换到该文档代码中。
2. 将插入点定位到该文档的末尾处，然后分别为"top"、"center"和"bottom"添加 CSS 代码，设置其大小为"978px、60px"、"978px、444px"和"978px、24px"。

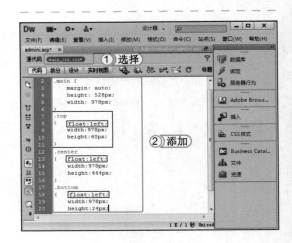

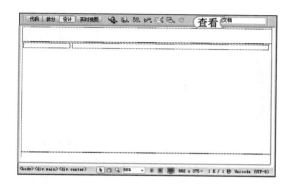

STEP 08： 再次添加 Div 标签

切换到"源代码"文档中,将插入点定位到"center"标签之间,在其中添加两个 Div 标签,分别命名为"center_left"和"center_righ",并在"main_css.css"样式文件中添加 CSS 样式,分别设置其宽度为"182px"和"770px",设置浮动和位置为"left"和"5px",设置完成后,切换到"设计"视图中查看整体的布局效果。

（2）制作导航并添加相应元素

对网页进行布局后,则可在各个部分添加相应的网页内容,如文本、图片和表格等,其具体操作如下:

STEP 01： 制作图片导航

1. 在"top"Div 标签中添加两个 Div 标签,分别命名为"top_left"和"top_rigth",将插入点定位到"top_left"Div 标签中,添加一张名为"logo.jpg"的图片。
2. 在名为"top_right"Div 标签中添加项目列表,并在项目列表中添加空链接和图片。
3. 复制项目列表,保留两个列表项,将多余的删除,并修改调整其图片。

STEP 02： 添加内部 CSS 样式

1. 将插入点定位到 <head></head> 标记对之间,添加内部样式引用代码 <style type="text/css"></style>。
2. 将插入点定位到内部样式引用代码之间,添加样式代码,设置项目列表为左浮动,没有项目符号。

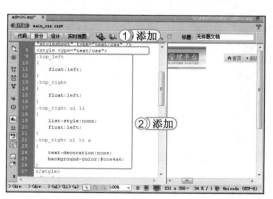

STEP 03： 添加背景颜色

切换到"main_css.css"样式文件中,在"main"和"top"样式中添加背景图片和颜色的样式代码"background-color:#d6e7a3;"和"background-image:url(images/top_nav.jpg);"。

62
Hours

52
Hours

42
Hours

32
Hours

22
Hours

12
Hours

STEP 04： 打开"插入日期"对话框

1. 切换到"源代码"文档中，在"top"Div 标签中添加一个 Div 标签，命名为"date"，并将插入点定位在其中。
2. 选择【插入】/【日期】命令，打开"插入日期"对话框。

读书笔记

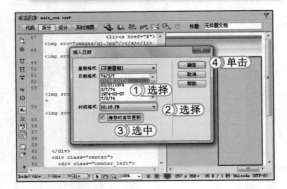

STEP 05： 设置日期

1. 在打开对话框的"日期格式"列表框中选择"1974 年 3 月 7 号"选项。
2. 在"时间格式"下拉列表框中选择"10:18 PM"选项。
3. 选中 ☑储存时自动更新 复选框，则日期则会根据当前系统的日期而改变。
4. 单击 确定 按钮，完成设置日期的操作。

STEP 06： 添加 CSS 样式

将插入点定位到 </style> 标记上方，为"date"标签添加 CSS 样式代码，设置其边距为"25px"、浮动为"right"、字体为""方正粗倩简体"、字号为"12px"以及颜色为"#4c871d"。

STEP 07： 添加边框

在"center_left"和"center_right"样式中添加设置边框样式为"solid"、边框大小为"1px"和边框颜色我"#a8ce61"。其缩写代码分别为"border:1px""solid #a8ce61;"。

提个醒 　如果设置边框大小、颜色和颜样式不缩写，则分别写为"border:1px;border-color:#a8ce61;border-style:solid;"。

STEP 08: 布局左侧导航

在 "center_left" Div 标签中添加 Div 标签,并在 `</style>` 标记上方为添加的 Div 标签添加 CSS 代码,设置 Div 标签的大小和背景颜色。

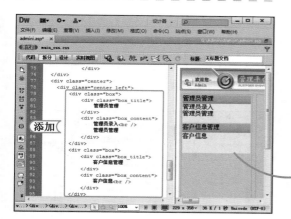

STEP 09: 添加文本并设置 CSS 样式

在刚添加的 Div 标签中添加文本,并在 `</style>` 标记上方添加 CSS 代码,设置其字体、字号和颜色。

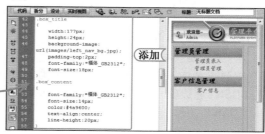

STEP 10: 在右侧添加 Div 并设置背景

在 "center_right" 标签中添加 3 个标签,并分别命名为 "bg1"、"bg2" 和 "bg3",并为其添加背景图片。

```
<div class="center_right">
    <div class="bg1"></div>
    <div class="bg2"></div>
    <div class="bg3"></div>
</div>
```

读书笔记

62
Hours

52
Hours

42
Hours

32
Hours

22
Hours

12
Hours

表格

表格大小

① 设置

行数 3   列 1

表格宽度 760 像素 ② 输入
边框粗细 0 像素
单元格边距 ③ 输入
单元格间距

标题

无   左   顶部   两者

辅助功能

标题 客户信息 ④ 输入
摘要

⑤ 单击

帮助   确定   取消

STEP 11： 添加表格

1. 将插入点定位到"bg2"标签中，按 Ctrl+ Alt+T 组合键，打开"插入表格"对话框，在"行数"和"列"文本框中分别输入"3"和"1"。
2. 在"表格宽度"文本框中输入"760"，设置其表格宽度。
3. 将"边框粗细"设置为"0"。
4. 在"标题"文本框中输入"客户信息"，作为表格的标题。
5. 单击 确定 按钮，即可完成添加表格的操作。

4. 连接数据源并设置功能

对网页进行布局完成后，则可连接数据库，读取数据库表中的数据记录，并设置相应的功能。读取数据前，还需要与数据库进行连接，连接后插入数据集，读取记录，其具体操作如下：

STEP 01： 准备连接数据源

1. 在"数据库"浮动面板中，单击 + 按钮。
2. 在弹出的下拉列表中选择"数据源名称（DSN）"选项，打开"数据源名称（DSN）"对话框。

> **提个醒**
> 在"数据库"选项卡中，如果 + 按钮是禁用的，则可直接单击列表框中的"文档类型"超级链接，在弹出的提示框中单击 确定 按钮。

STEP 02： 设置数据源

1. 在打开对话框的"连接名称"文本框中输入连接名称"emp_conn"。
2. 在"数据源名称"下拉列表框中选择"emp"选项。
3. 选中 ● 使用本地DSN 单选按钮。
4. 单击 确定 按钮，连接数据源。

> **提个醒**
> 设置完数据源后，则可直接在该对话框中单击 测试 按钮，测试设置的数据源是否成功。

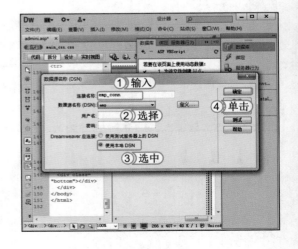

STEP 03： 打开"记录集"对话框

1. 在"绑定"浮动面板中，单击➕按钮。
2. 在弹出的下拉列表中选择"记录集（查询）"选项，打开"记录集"对话框。

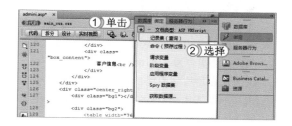

STEP 04： 设置记录集

1. 在"名称"文本框中输入记录集名称"Rd_emp"。
2. 在"连接"下拉列表框中选择"emp_conn"选项。
3. 其余保持默认设置后，单击 确定 按钮。

提个醒
　　在该对话框中，可直接单击 测试 按钮，测试是否读取到所选表格中的数据，如果读取成功则会在打开的对话框中显示表格中的数据，否则会弹出错误信息。

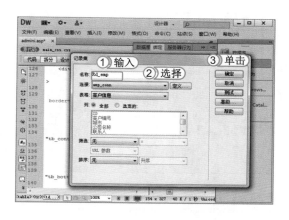

STEP 05： 选择"动态表格"选项

1. 按 Ctrl+F2 组合键，打开"插入"浮动面板。在该面板中，单击下拉按钮▾，在弹出的下拉列表中选择"数据"选项，切换到"数据"分类列表中。
2. 单击"动态数据"按钮▣右侧的下拉按钮▾，在弹出的下拉列表中选择"动态表格"选项，打开"动态表格"对话框。

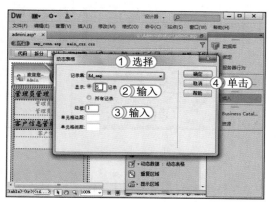

STEP 06： 设置动态表格

1. 在"记录集"下拉列表框中选择"Rd_emp"选项。
2. 在"显示"栏的文本框中输入"5"，设置每页显示 5 条记录。
3. 在"边框"文本框中输入"1"，设置其表格边框为"1"。
4. 单击 确定 按钮，完成动态表格的设置。

62
Hours
▲

52
Hours
▲

42
Hours
▲

32
Hours
▲

22
Hours
▲

12
Hours
▲

STEP 07： 为表格添加类名

1. 切换到"代码"视图中，在"ID"文本上方的 <tr> 标记中添加代码 class="tb_title"，表示该行的类名为"tb_titile"。

2. 将插入点定位到表格的最后一个单元格中，在其中添加代码 class="tb_bottom"，表示该单元格的类名为"tb_bottom"。

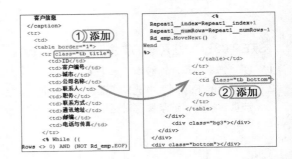

STEP 08： 为类名和表格添加 CSS

将插入点定位到代码文档的 </style> 标记上方，添加 CSS 代码设置表格和行的样式。

STEP 09： 插入列

1. 切换到"设计"视图中，选择表格的最后两个单元格，单击鼠标右键。

2. 在弹出的快捷菜单中选择"插入行或列"命令，打开"插入行或列"表格。在"插入"栏中选中 ● 列(C) 单选按钮。

3. 在"列数"数值框中输入"2"。

4. 在"位置"栏中选中 ● 当前列之后(A) 单选按钮。

5. 单击 确定 按钮，在表格后插入两列单元格。

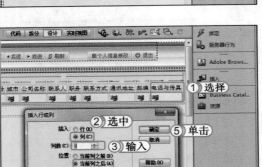

STEP 10： 在单元格中添加文本和图片

1. 将插入点定位到添加的第 1 个单元格中，输入文本"编辑"，在第 2 个单元格中输入文本"删除"。

2. 选择第 2 行的第 1 个单元格，添加图片"bj.jpg"，并将其选中。

3. 按 Ctrl+F3 组合键，打开"属性"面板，单击 <> HTML 按钮，切换到"HTML"属性面板中。在"链接"文本框输入 Edit.asp?id=<%=(Rd_emp.Fields.Item("ID").Value)%>，则可在单击该图片时链接到"Edit.asp"网页。

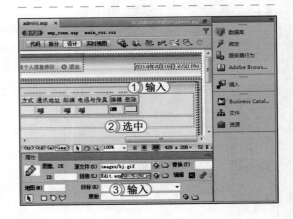

提个醒 该代码不仅表示跳转到"Edit.asp"网页，并且在跳转的同时，还会将所选择的那行数据按 ID 号传递到 Edit.asp 网页中。

STEP 11：　插入表单

1. 将插入点定位到"删除"列下方的空白单元格中。
2. 选择【插入】/【表单】/【表单】命令，在插入点插入表单。

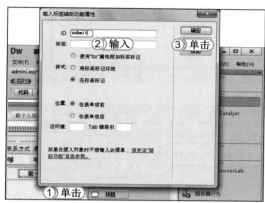

STEP 12：　添加按钮

1. 将插入点定位到刚添加的表单中，并在"插入"浮动面板的"表单"分类列表中，单击"按钮"按钮□。
2. 在打开对话框的"ID"文本框中输入"submit"，其他保持默认设置。
3. 单击 确定 按钮，完成按钮的添加。

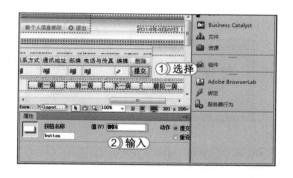

STEP 13：　修改按钮属性

1. 按 Ctrl+F3 组合键，打开"属性"面板，然后选择刚插入的提交按钮。
2. 在其属性面板的"值"文本框中输入文本"删除"。

STEP 14：　添加删除功能

1. 在"服务器行为"浮动面板中，单击⊕按钮，在弹出的下拉列表中选择"删除记录"选项。
2. 打开"删除记录"对话框，在"连接"下拉列表框中选择"emp_conn"选项。
3. 分别将"从表格中删除"、"选取记录自"和"唯一键列"设置为"客户信息"、"Rd_emp"和"ID"。
4. 单击 确定 按钮，添加删除功能。

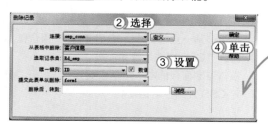

62
Hours
▲

52
Hours
▲

42
Hours
▲

32
Hours
▲

22
Hours
▲

12
Hours
▲

STEP 15： 插入表格

1. 将插入点定位到最后一行的单元格中，按 **Ctrl+Alt+T** 组合键，打开"插入表格"对话框，在该对话框中将"行数"和"列"分别设置为"1"和"5"。
2. 将"表格宽度"设置为"400"。
3. 单击 确定 按钮，插入一个 1 行 5 列的表格。

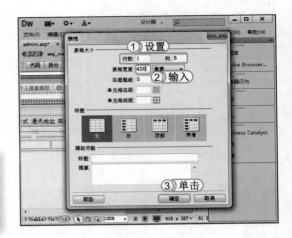

STEP 16： 添加第一页分页链接

1. 将插入点定位到刚添加表格中的第 1 个单元格，在"服务器行为"浮动面板中，单击 ➕ 按钮。
2. 在弹出的下拉列表中选择"记录集分页"/"移至第一条记录"选项。
3. 在打开的对话框中，保持默认设置，单击 确定 按钮，添加第一页链接。

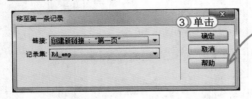

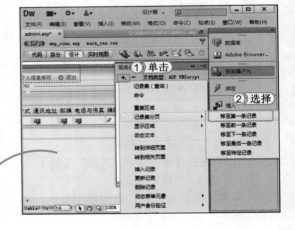

STEP 17： 添加其他分页链接

使用相同的方法，在其他单元格中添加分页链接，其分页链接的名称分别为"前一页"、"下一页"和"最后一页"。

提个醒 在添加的分页链接后，可选择相应的链接文本，对其进行修改。

STEP 18： 准备新建 CSS 规则

1. 选择"第一页"文本，按 **Shift+F11** 组合键，打开"CSS 样式"浮动面板。
2. 在该浮动面板的右下角单击 按钮，打开"新建 CSS 规则"对话框。

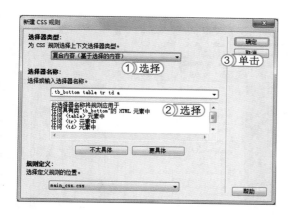

STEP 19： 新建 CSS 规则

1. 在"选择器类型"下拉列表框中选择"复合内容（基于选择的内容）"选项。
2. 在"选择器名称"下拉列表框中选择".tb_ bottom table tr td a"选项。
3. 单击 确定 按钮，新建复合类 CSS 规则。

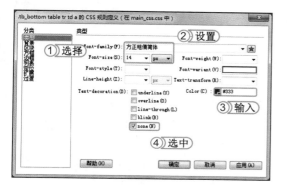

STEP 20： 设置类型样式

1. 在打开对话框的"分类"列表框中选择"类型"选项卡。
2. 在右侧窗格中，将"Font-family"和"font-size"分别设置为"方正粗倩简体"和"14"像素。
3. 将颜色"Color"设置为"#333"。
4. 选中 ☑none(N) 复选框。

STEP 21： 设置背景

1. 在"分类"列表框中选择"背景"选项卡。
2. 在右侧窗格中，将背景图片"Background-image"设置为"images/tb_bg.gif"。

读书笔记

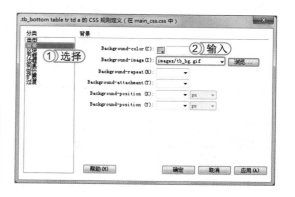

STEP 22： 设置区块

1. 在"分类"列表框中选择"区块"选项卡。
2. 在右侧窗格中，将文本位置"Text-align"设置为"center"。
3. 在显示样式"Display"下拉列表框中选择"block"选项。
4. 单击 确定 按钮，完成整个 CSS 样式的设置，系统则会自动在"main_css.css"文件中添加 CSS 代码。

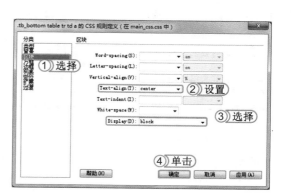

62
Hours

52
Hours

42
Hours

32
Hours

22
Hours

12
Hours

STEP 23： 设置鼠标单击链接后的样式

切换到"拆分"视图，将插入点定位到网页文档的末尾。并添加 CSS 样式，设置其鼠标移至分页链接文本上时的样式。

> **提个醒**
>
> 在制作动态网页时，如果出现"Microsoft JScript 编译错误'800a03f7'"提示时，则可在代码文档顶部添加 <%@ LANGUAGE="VBSCRIPT" CODEPAGE="65001"%>，因为系统默认是用 JavaScript 语言编写的代码。

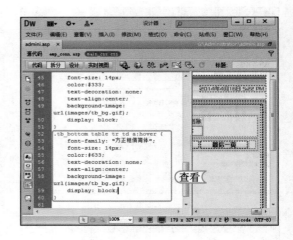

5. 制作底部信息

制作完所有的操作后，则可制作网页底部信息，其具体操作如下：

STEP 01： 添加 Div 标签

1. 切换到"拆分"视图中，将插入点定位到"Bottom"标签中。
2. 在其中添加 2 个 Div 标签，分别命名为"bottom_left"和"bottom_right"。

读书笔记

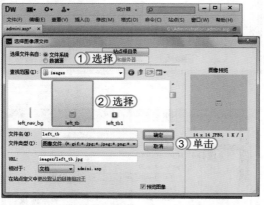

STEP 02： 添加文本和图片

1. 将插入点定位到"bottom_left"标签之间，然后按 Ctrl+Alt+I 组合键，打开"选择图像源文件"对话框，在"查找范围"下拉列表框中选择站点文件夹"images"选项。
2. 在下方的列表框中选择所需图片"left_tb"。
3. 依次单击 [确定] 按钮，完成图片的添加。

读书笔记

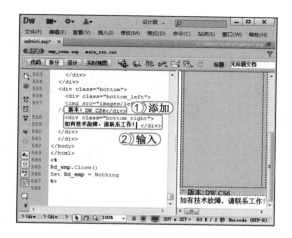

STEP 03： 添加其他文本

1. 在图片代码后添加文本"版本：DW CS6"。
2. 将插入点定位到"bottom_right"标签中，在其中输入文本"如有技术故障，请联系工作人员！"。

STEP 04： 为"bottom_left"添加样式

将插入点定位到当前网页文档的 </style> 标记上方，在其中添加 CSS 代码，设置"bottom_left"标签宽度为"150px"、浮动"float"设置为"left"、文本的位置"text-alight"为"center"、文本字体和字号分别为"楷体_GB2312"和"14px"，最后将字体颜色设置为"#527f20"。

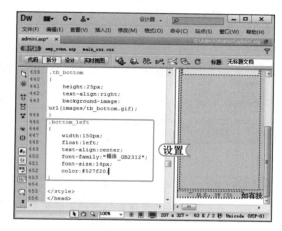

STEP 05： 为"bottom_right"添加样式

将插入点定位到当前网页文档的 </style> 标记上方，在其中添加 CSS 代码，设置"bottom_left"标签宽度为"300px"、浮动"float"设置为"right"、文本的位置"text-alight"为"center"、文本字体和字号分别为"楷体_GB2312"和"14px"，最后将字体颜色设置为"#527f20"。

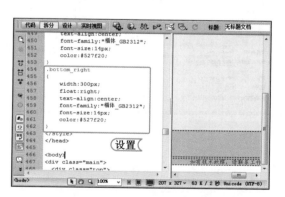

STEP 06： 设置底部信息的背景

1. 切换到"main_css.css"样式网页文档中，并将插入点定位到"bottom"类中。
2. 在该文档的插入点位置添加设置浮动位置的代码和背景图片的代码"float:left;"和"background-image:url(images/bottom_bg.gif);"。

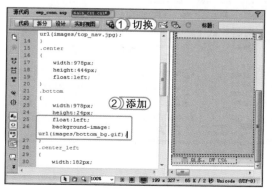

62
Hours

52
Hours

42
Hours

32
Hours

22
Hours

12
Hours

STEP 07： 拆分代码

1. 切换到"源代码"网页文档中。
2. 在代码文档中选择类名为"top_left"和"tb_bottom"之间的所有样式。
3. 在左侧的工具栏中，单击"移动或转换CSS"按钮 🔧。
4. 在弹出的下拉列表中选择"移动CSS规则"选项，打开"移至外部样式表"对话框。

STEP 08： 移动样式表

1. 在打开的对话框中选中 ⊙ 新样式表 (N)... 单选按钮。
2. 单击 确定 按钮，打开"将样式表文件另存为"对话框。

STEP 09： 保存 CSS 样式

1. 在打开对话框的"保存在"下拉列表框中选择站点所在的文件夹"Administration"。
2. 在"文件名"文本框中输入 CSS 样式文件表的名称"center_css"。
3. 其他保持默认设置，单击 保存(S) 按钮，完成CSS 样式的分离操作。

STEP 10： 分离另外两个类样式

使用相同的方法，将"admini.asp"网页文档中的另外 2 个类"bottom_left"和"bottom_right"进行分离，并将其保存为"bottom_css.css"文件表，在站点文件夹中则可查看到分离后的样式文件表。

> 提个醒
> 将不同部分的 CSS 样式分为不同的样式表文件进行存放，在修改样式时，直接打开相应的样式表文件即可修改。

13.3 练习 1 小时

本章主要是介绍制作美食网站和动态网站的后台管理页面的方法，用户要想在日常工作中熟练使用它们，还需再进行巩固练习。下面以制作美食网站的客户留言网页和科技网页面为例，进一步巩固这些知识的使用方法。

1. 制作美食网的留言页面

本次练习将制作美食网站的客户留言网页，使用制作美食网站时所创建的模板网页创建留言客户网页，在模板的编辑区添加表单，在表单中制作客户留言的表单元素，最终效果如下图所示。

357

72 ☒
Hours

62
Hours

52
Hours

42
Hours

32
Hours

22
Hours

12
Hours

资源文件

效果 \ 第 13 章 \ 留言客户 \

实例演示 \ 第 13 章 \ 制作美食网的留言页面

提个醒

制作美食网的留言页面的操作提示步骤：第一步：新建基于网页模板的页面；第二步：在模板编辑区添加表单；第三步：在表单中添加验证单选按钮组，将其男标签值为 1，女标签值设置为 -1，然后再添加文本字段、列表和文本区域；第四步：对文本区域进行验证区域设置，并将"验证于"设置为"onBlur"；第五步：添加按钮，并保存网页。

2. 制作科技网页面

  本次实例制作"科技网"网站中的各个子页面，这些子页面都是通过网页模板进行制作的，其中每个页面有不同的内容，并建立一个完整站点，通过该练习进一步巩固网页制作技巧，其最终效果如下图所示。

资源文件	素材 \ 第13章 \ 科技网 \
	效果 \ 第13章 \ 科技网 \
	实例演示 \ 第13章 \ 制作科技网页面

读书笔记

附录 A 秘技连连看

一、网页制作的基本操作

1. 网页色彩的搭配方法

网页色彩搭配是否合理会直接影响到访问者的情绪，好的色彩搭配会给访问者带来很强的视觉冲击力，从而使其心情舒畅，不恰当的色彩搭配则会让访问者浮躁不安，影响浏览的效果。搭配网页色彩的方法有以下几种。

🔑 **同种色彩搭配**：是指首先选定一种色彩，然后调整其透明度和饱和度，将色彩变淡或加深，而产生新的色彩，这样的页面看起来色彩统一，具有层次感。

🔑 **邻近色彩搭配**：是指在色环上相邻的颜色，如绿色和蓝色、红色和黄色即互为邻近色。采用邻近色搭配可以使网页避免色彩杂乱，易于达到页面和谐统一的效果。

🔑 **对比色彩搭配**：一般来说，色彩的三原色（红、黄、蓝）最能体现色彩间的差异。色彩的强烈对比具有视觉诱惑力，对比色可以突出重点，产生强烈的视觉效果。合理使用对比色，能够使网站特色鲜明、重点突出。在设计时，通常以一种颜色为主色调，其对比色作为点缀，以起到画龙点睛的作用。

🔑 **暖色色彩搭配**：是指使用红色、橙色和黄色等色彩的搭配，这种色调的运用可为网页营造出稳定、和谐和热情的氛围。

🔑 **冷色色彩搭配**：是指使用绿色、蓝色及紫色等色彩的搭配，这种色彩搭配可为网页营造出宁静、清凉和高雅的氛围。冷色色彩与白色搭配一般会获得较好的视觉效果。

🔑 **有主色的混合色彩搭配**：是指以一种颜色作为主要颜色，再辅以其他色彩混合搭配，形成缤纷而不杂乱的搭配效果。

🔑 **文字与网页的背景色对比要突出**：底色深，文字的颜色就应浅，以深色的背景衬托浅色的内容（文字或图片）；反之，底色淡，文字的颜色就要深一些，以浅色的背景衬托深色的内容（文字或图片）。

2. 网页导航的制作技巧

网页导航主要用于网页间的跳转，要了解网站的结构和网站的内容，就必须访问导航或者页面中的一些小标题。所以使用稍微具有跳跃性的色彩，可以吸引浏览者的视线，让其感觉网站清晰明了，层次分明；反之，则会让浏览者感到混乱。因此，制作一个好的网页导航非常重要。

3. 自定义 Dreamweaver CS6 的工作界面

安装并启动 Dreamweaver CS6 后，新建一个空白网页即可看到 Dreamweaver CS6 的工作界面，此时默认的是"设计器"工作界面，在 Dreamweaver CS6 的标题栏中的下拉列表框中单

击 设计器 按钮，在弹出的下拉列表中可以选择其他的工作界面，如"经典"、"编码器"等。

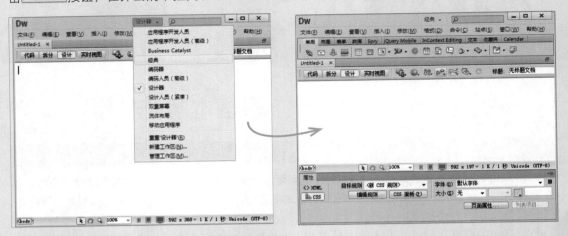

4. 新建文档默认参数的设置

　　Dreamweaver CS6 默认新建文档的格式为"html"，用户可选择【编辑】/【首选参数】命令，在打开的"首选参数"对话框的"分类"列表框中选择"新建文档"选项，在右侧窗格中的"默认文档"下拉列表框中可选择文档的格式，在"默认扩展名"文本框中可设置文档的默认格式，在"默认编码"下拉列表框中可选择文档编码。

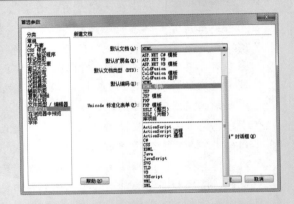

5. 使用标签选择器选择对象

　　标签选择器位于状态栏的最左边，其中显示的是光标所在位置周围的 HTML 标签，当选择其中一个 HTML 标签时，这个 HTML 标签及其中的内容都将被选中。在许多情况下，例如在表格嵌套时，如果嵌套的表格边框和空白都设置为 0，通过鼠标几乎不能准确地选中每个表格，此时利用标签选择器就可以轻松快捷地进行选择。

6. 新建站点的几种方法

　　在 Dreamweaver CS6 中可通过以下几种方法新建站点：

🔑 选择【站点】/【新建站点】命令进行新建。

🔑 选择【站点】/【管理站点】命令，在打开的对话框中单击 新建站点 按钮进行新建。

🔑 在"文件"浮动面板中单击第一个下拉列表框右侧的下拉按钮 ▼，在弹出的下拉列表中选择"管理站点"选项，在打开的对话框中单击 新建站点 按钮进行新建。

7. 定义网页的关键字

　　当用户使用搜索引擎搜索网站时，关键字起着不容忽视的作用。而大多数搜索服务器会每隔一段时间自动探测网络中是否有新网页产生，并把它们按关键字进行记录，以方便用户查询。因此可对网页的关键字进行编辑，其方法是：在 Dreamweaver CS6 源代码视图中的 <head> </head> 标签中添加 <meta name="keywords" content=" 关键字 " /> 代码，其中"content"属性的值就是关键字的内容，如果需要输入多个关键字，可以用"；"号隔开，数目没有限制。

8. 使用表格布局消除分辨率的差异

由于不同的用户使用的电脑不同，因此网页呈现给不同用户的效果可能也不相同，因此在设计网页时，可以将表格的宽度设为 100%，使表格宽度自适应浏览器的大小。

9. 为网页添加背景图片

在"属性"面板中单击 页面属性... 按钮，打开"页面属性"对话框，在"分类"列表框中选择"外观（CSS）"选项，在右侧窗格中的"背景图片"文本框右侧单击 浏览... 按钮，在打开的对话框中选择需要的网页背景图片，然后返回"页面属性"对话框中单击 确定 按钮即可。

10. 为表格添加背景图片

在网页中插入表格后，可为表格添加背景图片，其方法是：切换到网页的源代码编辑界面，将鼠标光标定位在 table 标签中，在其中添加代码 background=" 图片地址 " 即可，此时添加的图片会重复填充，直到充满整个表格。

二、网页元素设置技巧

1. 为文本添加横线

在 Dreamweaver CS6 中可为文本添加各种横线，如下划线、上划线和删除线等。可通过 CSS 的 text-decoration 属性来进行设置，其属性值和作用如下表所示。

text-decoration属性值和作用

属 性 值	作 用	属 性 值	作 用
none	默认值，不添加	line-through	对文本添加删除线效果
underline	对文本添加下划线效果	blink	设置闪烁文字效果
overline	对文本添加上划线效果		

2. 设置水平线的颜色

在文档中添加水平线后，可在水平线的"属性"面板中设置水平线的宽度、高度和对齐方式等效果，但并不能直接对水平线的颜色进行设置，如果需要修改其颜色，可切换到"代码"视图中，在水平线标签 <hr/> 中添加其颜色的 HTML 代码，如 <hr color="#66CD00"/>，其中 color="#66CD00" 引号中的内容即为对应的颜色 16 进制值。

3. 设置文本滚动效果

在浏览网页时，我们常常可以看到一种跑马灯似的滚动文字效果，这种效果可以使用 <marquee> 标签来实现。<marquee> 标签是一种实现网页文字特效的标签，其使用方法是：<marquee 属性 = ' 属性值 '> 需滚动的文本内容 </marquee>。

4. 设置首字下沉效果

在许多报刊和杂志中，经常会将第一个字设置得很大，让其呈现首字下沉的效果来吸引浏览者的视线。在 Dreamweaver CS6 中可通过定义文本标签的属性来实现，只要在 p 或 span 中设置 font-size、float 和 padding-right 的值即可。

5. 为图片添加提示信息

浏览网页时，当鼠标光标停留在图片对象上时，光标右下方有时会出现一个提示信息框，对目标进行一定的注释说明。它的设置方法有两种，一种是在插入图片时，在对话框中的"替换文本"文本框中添加提示信息；另一种是插入图片后，选中图片对象，在"属性"面板的"替换"文本框中输入提示的内容。

6. 为图片添加指定颜色的边框

对于没有边框的图片而言，直接插入到网页中，其显示效果并不理想，因此可为图片添加边框颜色，其方法是在 Dreamweaver CS6 的源代码编辑界面中，在图像的源代码中添加 style 属性的值，style 属性中都是图片的属性，而 border 标签即为设置图片的边框，要为边框添加颜色则可设置 solid 标签的值，如使用 <img alt="" src=" 图片地址 " style="width:100px; height:200px; border:1px solid red;"> 代码即可添加宽度为 1、颜色为红色的图片边框。

7. 去掉图片和表格间的空隙

要使图片和表格接触的地方不留空隙，仅在表格的"属性"面板上把"边框"的值设为 0 是不行的，还需要在表格的"属性"面板上把"填充"和"间距"两个值都设置为 0（其对应的 HTML 代码的属性是 cellspacing 和 cellpadding，即 cellspacing="0" 和 cellpadding="0"）。

8. 为链接添加提示信息

为了对超级链接进行标识，也可为其添加提示信息。为链接添加提示信息与为图片添加提示信息的方法不同，不能直接通过"属性"面板来进行，而是需要在 HTML 源代码编辑界面中的超链接标签 <a> 中添加"title"属性，然后设置 title 的值即可。

9. 添加空格的技巧

Dreamweaver CS6 默认状态下是不允许添加空格的，这是因为 Dreamweaver CS6 中的文档格式都是以 HTML 的形式存在，而 HTML 文档只允许字符之间包含一个空格。要在网页文档中添加连续的空格，可使用以下几种方法：

- 在"文本"插入栏中单击"已编排格式"按钮，再连续按 Space 键即可。
- 选择【插入记录】/【HTML】/【特殊字符】/【不换行空格】命令可添加一个空格，如果需要添加多个空格，重复操作即可。
- 按 Ctrl+Shift+Space 组合键添加一个空格，如果需要添加多个，重复操作即可。
- 将输入法切换到全角状态（通常按 Shift+Space 组合键可以进行全、半角状态切换），直接按 Space 键，需要多少个空格就按多少次 Space 键。

10. 使日期自动更新

选择【插入】/【日期】命令，打开"插入日期"对话框，在"日期格式"列表框中选择需要插入的日期的格式，在"时间格式"下拉列表框中选择时间的格式，选中 ☑ 保存时自动更新 复选框，单击 确定 按钮即可在网页中完成日期的插入。当下次打开网页时，网页中插入的日期将进行自动更新。

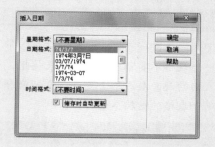

11. 设置 Flash 的背景

在 Dreamweaver CS6 中插入 Flash 动画后，可在"属性"面板中更改相应的参数来设置 Flash 的背景，其方法是：在"Wmode"下拉列表框中进行选择，包括"不透明"、"窗口"和"透明" 3 个选项，可根据需要进行选择。

12. 通过源代码添加背景音乐

通过源代码添加背景音乐的方法很简单，只需在 HTML 源代码编辑界面中的 <body> 标签中添加 <bgsound> 标签，并设置其属性值即可，如 <bgsound src=" 音乐文件 " loop="-1" />。其中 src 属性的值即为音乐文件的路径。

13. 设置文本段落首行缩进

Dreamweaver CS6 中输入的文本默认设置为不缩进，用户可在 CSS 中通过 Text-index 属性来进行设置，其方法是：在新建字体的 CSS 样式时，在 CSS 规则定义对话框中选择"区块"选项，在右侧窗格的"Text-index" 文本框中输入缩进的具体数值，在后面的下拉列表框中选择缩进的单位即可。

14. 设置字符间距

字符间距主要可通过 Letter-spacing 属性来进行设置，其属性值包括 normal（正常的间距），也可以自行进行设置，重新设置字符间距的数值和单位，只需在 CSS 规则定义对话框中选择"区块"选项，在右侧窗格的"Letter-apacing"文本框和下拉列表框中进行设置即可。

15. 插入鼠标经过的图片效果

所谓鼠标经过图像是指在浏览网页时，当鼠标光标经过图像时图像变为其他图像，光标移出图像范围时则显示原始图像。设置方法是：选择【插入】/【图像对象】/【鼠标经过图像】命令，打开"插入鼠标经过图像"对话框。在"图像名称"文本框中输入图像的名称，在"原始图像"文本框中设置原始图像的路径，在"鼠标经过图像"文本框中设置鼠标经过时的图像路径即可。

363

72 ⊠
Hours

62
Hours

52
Hours

42
Hours

32
Hours

22
Hours

12
Hours

三、布局及 Div+CSS 的设置

1. 使用表格的技巧

使用表格进行布局时，需要注意以下几个方面：

🔑 整个表格不要都嵌套在一个表格里，尽量拆分成多个表格。

🔑 表格的嵌套层次尽量要少，最好嵌套表格不超过 3 层。

🔑 单一表格的结构尽量整齐。

2. 隐藏表格

如果要将表格隐藏，可在编辑表格后，将"属性"面板的"填充"、"间距"和"边框"都设置为"0"。

3. 快速增加行

将鼠标光标定位在最后一行的最后一个单元格中，按 Tab 键，会在当前行下方添加一个新行。

4. 导入 Excel 表格数据

选择【文件】/【导入】/【Excel 文档】命令，在打开的对话框中选择需要导入的 Excel 表格，单击 打开(O) 按钮即可将数据以表格的形式导入到网页中。

5. 设置框架集的标题

由于框架集文件就是最终要显示的网页，因此，最终在网页中要显示的标题在框架中设置是没有用的，应该在框架集中进行设置。设置的方法是先选择框架集，然后在文档窗口中的"标题"文本框中输入网页的标题即可。

6. 设置层的透明度

使用 Div+CSS 进行布局时，如果需要将网页的背景显示出来，可通过设置 CSS 的透明度来实现，主要是通过设置 filter 和 opacity 的属性来实现，其 CSS 代码如下：

```
<style>
body { background:url(/upfile/images/bg.jpg)}
#layout { position:absolute; top:50px; left:50px; width:500px; height:500px; border:1px solid #006699; background:#fff; filter: alpha(opacity=70); opacity: 0.7;}
</style>
```

其中，"filter: alpha(opacity=70); opacity: 0.7;"代码中的 70 和 0.7 可根据用户的具体需要进行更改。

7. 定义多重类（class）

一个标签可以同时定义多个类（class），如定义了两个样式，一个样式设置背景颜色为 #666；第二个样式设置边框为 10 px，则其 CSS 代码为：.one{width:200px;background:#666;}，.two{border:10px solid #F00;}；其页面代码为：<div class="one two"></div>，这样最终的显示效果是该 div 既有 #666 的背景颜色，也有 10px 的边框。

8. 清除浮动

使用 Div+CSS 布局，通过浮动法进行定位时，如果下面的层被浮动的层所覆盖，或者层里嵌套的子层超出了外层的范围时，则需要清除浮动，其方法是：设置 clear:both 属性或 overflow:hidden 属性即可。

9. 调整 AP Div 的大小

如果创建的 AP Div 大小不符合要求，可对其进行调整，方法有以下几种：

🔑 选择 AP Div，将鼠标光标移到 AP Div 边框四周的控制点上，当光标变为 ↗、✥ 形状时，按住鼠标左键不放，并拖动鼠标，可改变 AP Div 的大小。

🔑 选择需要调整大小的 AP Div，在其属性面板中的"宽"、"高"文本框中输入所需的宽度和高度值，按 Enter 键确认即可。

🔑 选择 AP Div，按住 Ctrl 键，再按住键盘上的方向键，可每次移动 AP Div 的右边框和下边框 1 个像素的大小；按住 Shift+Ctrl 组合键再按方向键，可每次移动 10 个像素的大小。

10. 快速选中表格

快速选中表格的方法有如下几种：

🔑 将鼠标光标移到表格左上角，当边框线变为红色且鼠标光标变为 🔲 形状时，单击鼠标左键即可。

🔑 将鼠标光标移动到表格的边框上，当鼠标光标变为 ↗ 或 ✥ 形状时单击鼠标左键即可。

🔑 将光标插入点定位到表格的任一单元格中，单击窗口左下角标签选择器中的 <table> 标签。

🔑 将插入点定位在表格中的单元格内，按 Ctrl+A 组合键选中光标所在单元格，再按一次 Ctrl+A 组合键则选中整个表格。

11. 快速选中单元格

选中单元格分为选中单个单元格、选中连续单元格和选中不连续的多个单元格，选中方法分别如下。

🔑 选中单个单元格：将鼠标光标定位到需要选中的单元格中，单击即可选中该单元格。

🔑 选中连续单元格：将鼠标光标定位到要选中的连续单元格区域中 4 个角上的某一单元格中，然后按住鼠标左键不放，向对角方向拖动鼠标到对象最后一个单元格中，释放鼠标。

🔑 选中不连续的多个单元格：按住 Ctrl 键不放，单击要选中的各个单元格即可选中不连续的多个单元格。

12. 设置表格边框的颜色

在 Word 中，有时需要将某些内容放在单独的一页，常用的方法是在这些内容的结尾处敲许多回车，直到该页的结尾为止。此方法虽然可行，但若减少行，下页内容将上移。最简单的方法是：将鼠标光标定位在内容结尾处，按 Ctrl+Enter 组合键（加入分页符），即可达到目的。此外，按 Shift+Enter 组合键，还可强行换行。

13. 分割框架

创建好框架集后，将鼠标光标放置在需要调整的框架边框线上，当光标变为 ↕ 形状时，按

365

72 ☒
Hours

62
Hours

52
Hours

42
Hours

32
Hours

22
Hours

12
Hours

住 Alt 键并拖动鼠标至合适位置即可将一个框架拆分为两个框架。

14. 设置框架的边框

选择【窗口】/【框架】命令，打开"框架"面板，在其中选择需要设置的框架，在"属性"面板的"边框颜色"文本框中输入需要的颜色或单击色块，在弹出的颜色列表中选择需要的颜色，然后按 Enter 键即可。

15. 嵌套选择器

在 Dreamweaver CS6 中主要有类（class）、ID、标签和复合内容 4 种选择器，除了通过"CSS 样式"面板分别创建单独的选择器类型外，也可在不同的选择器之间进行嵌套，减少重复的 CSS 代码，如 #div1 p a{color:#900;} 表示设置 ID 为 div1 的 p 标签内的 a 标签的文字颜色为红色，嵌套选择器后就不需要再单独为 ID 为 div1 标签的 p 标签内的 a 标签单独定义类（class）选择器或者 ID 选择器。

16. CSS 控制 HTML 页面效果的几种方法

通过 CSS 控制 HTML 页面效果的方法有 4 种，即行内方式、内嵌方式、链接方式和导入方式，分别介绍如下。

🔑 行内方式：行内方式是最直接、最简单的一种，可直接对 HTML 标签使用 style 属性，如 `<p style="color:#F00; background:#CCC; font-size:12px;"></p>`，该方法虽然较直接，但在制作页面时需要为很多的标签设置 style 属性，因此会导致 HTML 页面不够纯净，文件体积过大，不利于搜索，导致后期维护成本较高。

🔑 内嵌方式：内嵌方式是将 CSS 代码写在 `<head></head>` 之间，并且用 `<style></style>` 进行声明，如 `<!DOCTYPE html PUBLIC "-//W3C//DTD XHTML 1.0 Transitional//EN" "http://www.w3.org/TR/xhtml1/DTD/xhtml1-transitional.dtd"><html xmlns="http://www.w3.org/1999/xhtml"><head><meta http-equiv="Content-Type"content="text/html; charset=gb2312" /><title>无标题文档</title><style type="text/css"></style></head><body><div id="div1"><img src=/images/ico/2days.gif /></div></body></html>`，使用该方法需要在每个页面中进行定义，如果一个网站中有很多页面，每个文件都会变大，如果文件很少，CSS 代码也不多，可采用这种方式。

🔑 链接方式：链接方式是使用频率最高、最实用的方式，只需要在 `<head></head>` 之间加上 `<link href="style.css" type="text/css" rel="stylesheet" />` 就可以了，这种方式将 HTML 文件和 CSS 文件彻底分成两个或者多个文件，实现了页面框架 HTML 代码与 CSS 代码的完全分离，使得前期制作和后期维护都十分方便，并且如果要保持页面风格统一，只需要把这些公共的 CSS 文件单独保存成一个文件，其他的页面就可以分别调用自身的 CSS 文件，如果需要改变网站风格，只需要修改公共 CSS 文件就可以了。

🔑 导入方式：导入样式和链接样式比较相似，采用 import 方式导入 CSS 样式表，在 HTML 初始化时，会被导入到 HTML 文件中，成为文件的一部分，类似第二种内嵌方式。

17. 添加图片编辑器

如果是绿色版或免安装版的图片编辑软件是不会自动出现在图片的"编辑器"列表框中的，此时可以将其添加到其中，其方法是：在"首选参数"对话框中选择"文件类型 / 编辑器"选项，在"编辑器"列表框上方单击"添加"按钮⊞，打开"选择外部编辑器"对话框，在其中选择图片编辑器的启动程序即可。

18. 通过跟踪图像来定位网页中元素的位置

　　"跟踪图像"是 Dreamweaver CS6 一个非常有效的功能，它允许用户在网页中将原来的平面设计稿作为辅助的背景。这样，用户就可以非常方便地定位文字、图像、表格、层等网页元素在页面中的位置。其使用方法为：首先使用绘图软件作出一个网页的布局结构图，然后将此图保存为网络图像格式（包括 .gif、.jpg、.jpeg 和 .png），再通过 Dreamweaver CS6 打开所编辑的网页，选择【修改】/【页面属性】命令，在打开的对话框中选择"跟踪图像"选项卡，在右侧窗格中的"跟踪图像"文本框中设置创建的网页布局结构图所在位置。最后在图像透明度中设定跟踪图像的透明度。

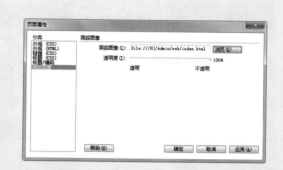

　　设置完以后，用户就可以在当前网页中方便地定位各个网页元素的位置了。使用该方法时，在 Dreamweaver CS6 中进行编辑时不会再显示背景图案，但当使用浏览器浏览时则正好相反，跟踪图像将不会显示，只会显示经过编辑后的网页效果。

19. 设置图片链接无边框

　　设置图片链接后，Dreamweaver CS6 默认会为图片添加边框，此时，可选中图像对象，在其 HTML 源代码界面中设置 border 属性的值为 0，取消边框的显示。

20. 显示 / 隐藏 AP Div

　　选择【窗口】/【AP 元素】命令，打开"AP 元素"面板，此时系统默认 AP Div 为可见状态，但在 AP Div 的 ID 前并未显示出其状态，如果要对其进行设置，可选择需要设置其显示 / 隐藏的 AP Div，单击 AP Div 的 ID 前"眼睛图标"栏中对应的位置，此时显示出图标，则 AP Div 被隐藏，再次单击图标，该图标变为图标，此时 AP Div 为可见状态。

21. 创建基于模板的网页

　　选择【文件】/【新建】命令，打开"新建文档"对话框。选择"模板中的页"选项卡，在"站点"列表框中选择所需站点，然后在右侧的列表框中选择所需的模板，单击创建(R)按钮，通过模板创建的新网页将出现在窗口中，网页文档中模板部分除可编辑区域外均是不可编辑的。

22. 删除可编辑区域

　　选中要删除的可编辑区域，选择【修改】/【模板】/【删除模板标记】命令，即可将可编辑区删除。

23. 更新页面

　　修改模板后，需要对模板进行保存，此时即会提示用户更新模板，也可选择【修改】/【模板】/【更新页面】命令，或在"资源"面板的"模板"窗格中单击右上角的按钮，在弹出的下拉菜单中选择"更新站点"命令。

24. 图像管理

在"资源"面板中可对图像进行添加、查看和删除等管理，其方法分别介绍如下。

🔑 **添加图片**：在"资源"面板中单击"图像"按钮，在打开的窗格中单击"添加到收藏夹"按钮，可将图像添加到收藏夹中。

🔑 **查看图片**：在"图像"资源面板中选中🔘收藏单选按钮，在打开的窗格中可查看添加到收藏夹中的所有图片。

🔑 **删除图片**：在"图像"资源面板中单击"从收藏中删除"按钮，可将图片从收藏夹中删除。

25. 控制文本域的字符长度

文本域主要用来输入文本，有三种形式，即单行、密码和多行，可在"属性"面板中的"类型"栏中进行切换。当文本域为单行显示时，如果要限制用户输入文本的长短，可通过"属性"面板上的"字符宽度"文本框设置单行文本框的宽度，通过"最大字符数"文本框设置输入的最长字符数，在"初始值"文本框中则可以输入初始文本。

26. 使用图形按钮

提交表单时，如果不想千篇一律地使用标准按钮，则可以通过使用图形按钮的方法来美化网页。在表单结尾处，单击"表单"插入栏中的"图像域"按钮，在打开的对话框中选择需要的图片即可。

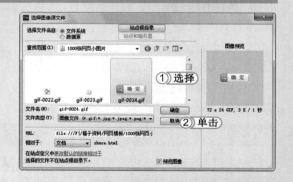

27. 添加标签

在 Dreamweaver CS6 的表单对象中，还可以添加 lable 标签，用于显示需要的值，其方法为：在"表单"插入栏中单击"标签"按钮，系统自动在网页的 HTML 源代码中添加一个 <label></label> 的标签，在标签中输入需要显示的内容即可。

28. 跳转网页的设置

若想利用单击网络广告赚钱，可以通过 <body> 标签的事件来实现。先添加一个"跳转URL"的行为，将网页设置为正常的浏览网页，并将事件定义为 Onfocus，再定义一个"跳转URL"行为，将网页设置为广告商的网页，并将事件定义为 Onblur，这时网页是在最小化或未被激活的状态，这样就可以利用浏览者浏览其他网页的时间，不知不觉地进行链接。

29. 同时链接两个网页

通常在网页中设置的超级链接一次只能链接到一个网页中，如果需要在不同的框架页面中打开新页面，可以使用"转到URL"行为来实现。打开一个包含框架的网页，选择页面中需要设置链接的文字或图像，单击"行为"面板上的"添加行为"按钮 ，在弹出的下拉菜单中选择"转到URL"命令，打开"转到URL"对话框，在该对话框中显示所有可用的框架，选择其中一个需要设置链接的框架并输入相应的链接地址，再选择另一个框架并输入另一个链接地址即可。

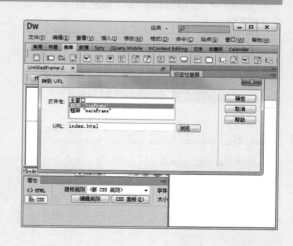

30. 定义弹出窗口

如果要实现网页下载完成时弹出窗口的效果，可在 Dreamweaver CS6 中通过"打开浏览器窗口"行为来实现，并对弹出的窗口样式进行设置即可。

四、制作动态网站技巧

1. 选择数据库的技巧

选择数据库时需要根据具体的项目来确定。如果是小型的网站，数据量比较少，且访问量也不是很大时，可以采用 Access 数据库。而如果数据量比较大时，可以采用 MySQL、MSSQL 或 Oracle 等数据库。另外，选择数据库时还需要根据自己的预算进行确定，通常Access 数据库是免费的，其空间与网页空间共用，而 MySQL、MSSQL 或 Oracle 数据库则需要支付一定的费用（某些网站对 MySQL 数据库也免费），且采用的是独立的数据库空间。

2. 开发语言与数据库的搭配技巧

严格来说，开发语言与数据库的选择没有直接关系，比如 ASP 语言可以选择 Access 数据库，也可以选择 MSSQL 数据库。但在实际使用过程中还是有一些规则可循，如使用 PHP语言进行网站开发时，一般选择 MySQL 数据库；ASP.NET 则常采用 Access 或 MSSQL 数据库。

3. 修改 DSN 数据源

在"控制面板"窗口中单击"管理工具"超级链接，打开"管理工具"窗口，在其中双击"数据源（ODBC）"选项，打开"ODBC 数据源管理器"对话框，选择"系统 DSN"选项卡，在其中选择需要修改的数据源，单击 按钮，在打开的对话框中进行修改即可。

369

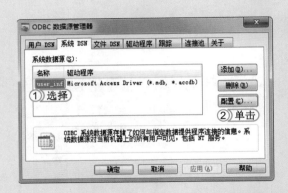 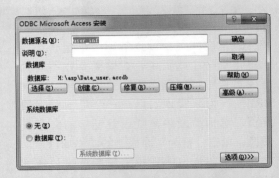

4. 增加数据库的安全

　　为了数据库的安全，还可以为数据库文件设置密码。如设置 Access 数据库的密码时，需要以独占方式打开数据库，然后选择【工具】/【安全】【设置数据库密码】命令，在打开的对话框中进行设置即可。需要注意的是，如果数据库设置了密码，则在进行数据源连接时，在"数据源名称（DSN）"对话框中需要输入用户名和数据库密码才能进行连接。

5. 编辑记录集

　　如果创建的记录集不符合使用的需要，可对其进行修改，其方法是：在"绑定"面板中双击需要进行修改的记录集，在打开的对话框中进行编辑即可。

6. 使用翻页按钮替换翻页超级链接文本

　　在设置分页的操作过程中，可在页面中添加"前一页"超级链接文本。有的时候，这样的超级链接文本不太符合外观设计的要求，且不太美观，因此需要对其进行修改和完善，可以用翻页按钮来替换这些文本，只要保证原来的翻页超级链接上的链接地址不丢失即可。

附录 B 72 小时后该如何提升

在创作这一本书时，虽然我们已尽可能设身处地为您着想，希望能解决您遇到的所有与 Dreamweaver CS6 网页制作相关的问题，但我们不能保证能面面俱到。如果您想学到更多的知识，或学习过程中遇到了困惑，还可以采取下面的渠道。

1. 加强实际操作

俗话说："实践出真知"。在书本中学到的理论知识未必能完全融会贯通，此时就需要按照书中所讲的方法，进行上机实践，在实践中巩固基础知识，加强自己对知识的理解，以将其运用到实际的工作生活中。

2. 总结经验和教训

在学习过程中，难免会因为对知识不熟悉而造成各种错误，此时可将易犯的错误记录下来，并多加练习，增加对知识的熟练程度，减少操作的失误，提高日常工作的效率。

3. 吸取他人经验

学习知识并非一味的死学，若在学习过程中遇到了不懂或不易处理的内容，可在网上搜索一些优秀的视频讲解和网页制作的网站等，借鉴他人的经验进行学习，这不仅可以提高自己制作网页的速度，还能了解更多风格的网站和制作网页的不同方法，更能拓宽网页制作的知识面。

4. 加强交流与沟通

俗话说："三人行，必有我师焉"，若在学习过程中遇到了不懂的问题，不妨多问问身边的朋友、前辈，听取他们对知识的不同意见，扩宽自己的思路。同时，还可以在网络中进行交流或互动，如在百度、搜搜、天涯问答、道客巴巴中提问等。

5. 通过网上提供的视频进行学习

在制作网页时，不同风格的网站类型，在制作、布局方式以及对网页功能要求上会有所不同。如果在制作上遇到困难可在网上搜索与该网页制作相关的教程视频进行学习，以掌握其相关知识及操作。

6. 上技术论坛进行学习

本书已对静态网页和动态网页的制作方法进行了详细讲解，但由于篇幅有限，仍不可能面面俱到，因此读者可以采取其他方法获得帮助。如在专业的与软件相关的网站中进行学习，包括妙味课堂-视频教程网、我要自学网等。这些网站各具特色，能够满足用户的不同设计需求。

妙味课堂-视频教程

网址：http://www.miaov.com

特色： 妙味课堂-视频教程网站中为初学者，或想学代码编辑的人员提供了许多学习 HTML+CSS 的视频教程，可在该网站中学到许多想学习的网页知识。该网站得到很多网页设计师和一些网页制作者的青睐和喜爱。

我要自学网

网址：http://www.51zxw.net

特色： 我要自学网是国内最丰富最详细的网页制作学习平台之一，该网站中提供了各种网页知识、网页软件、网页书籍、网页设计和制作等教程以及软件下载资源，深受网页设计者、网页制作及各种代码编辑人员的喜爱。